Wolfgang Pinner

Ethische Investments

Wolfgang Pinner

Ethische Investments

Rendite mit „sauberen" Fonds

GABLER

Bibliografische Information Der Deutschen Bibliothek
Die Deutsche Bibliothek verzeichnet diese Publikation in der Deutschen Nationalbibliografie; detaillierte bibliografische Daten sind im Internet über <http://dnp:ddp.de> abrufbar.

1. Auflage November 2003

Lektorat: Susanne Kramer

Der Gabler Verlag ist ein Unternehmen von Springer Science + Business Media.

http://www.gabler.de

Umschlaggestaltung: Nina Faber de.sign, Wiesbaden
Satz: DTP-Service Lars Decker, Vechelde
Druck und Bindung: Wilhelm & Adam, Heusenstamm
Gedruckt auf säurefreiem und chlorfrei gebleichtem Papier.
Printed in Germany

ISBN 3-409-12535-3

Geleitwort

Die letzten drei Börsenjahre haben für Anleger wie Emittenten, aber auch für den ganzen Finanzsektor dazwischen, eine nachhaltige Wirkung hinterlassen – die Vertrauenskrise steckt noch in allen Gliedern. Dass an den Weltbörsen all das verloren wurde, was drei Jahre zuvor an Börsenkapitalisierung kumuliert wurde – knapp 13 Billionen US-Dollar –, hat zu einem Umdenken geführt. Nicht nur, dass Fehlverhalten in der Finanzindustrie aufgedeckt – und mittlerweile auch geahndet – wurde. Auch die Unternehmen haben ihre Ausrichtung überdacht. Nach dem Motto – „back to the basics" – zählt wieder das seriöse Grundgeschäft. Vor allem aber hat die erfolglose Jagd nach dem schnellen Geld Emittenten und Anleger gleichermaßen gelehrt, wie kurzsichtig das Kurzfrist-Denken ist.

Heute ist nachhaltige Wertsteigerung das unbestrittene Ziel des Wirtschaftens. Ein Ziel, das um so mehr – soziale! – Bedeutung erlangt, je mehr die Altersvorsorge nach dem Kapitaldeckungsprinzip, also über Anlagen auf dem Weltkapitalmarkt, vordringt.

Wie kann die dafür erforderliche nachhaltige Wertsteigerung erzielt werden? Die erste These lautet, dass die Unternehmen die besseren sind, die selbst nachhaltig Wert schaffen, indem sie Ökologisches und Soziales zum Gegenstand ihres Unternehmenserfolges machen und/oder sich auch intern daran orientieren. Ökologische Kriterien wirken in diesem Zusammenhang immer weniger als Beschränkungen, vielmehr als Impulsgeber der Wirtschaft. Nach der zweiten These wird rentable Vermögensanlage in den kommenden Jahrzehnten nur im globalen Horizont möglich sein. Wer sonst, wenn nicht die jungen Emerging Markets, soll die geforderten Renditen für die überalterte europäische Bevölkerung aufbringen? Dafür sind aber wieder weltweit verbindliche Spielregeln die Voraussetzung, etwa nach dem Muster der Weltbankstandards, der Global-Compact-Initiative der UNO oder des Kyoto-Protokolls, die zum einen gleiche Chancen schaffen, zum anderen aber auch kurzatmigen Raubbau ausschließen.

Und was ist zu tun, damit sich diese „vernünftige Sicht“ der Dinge auch tatsächlich durchsetzt? Der Markt kann das nicht leisten. Er ist definitionsgemäß nur der Platz für die Preisfindung zwischen Angebot und Nachfrage, und die Banken sind Vermittler auf diesem Markt. Wie überall gilt aber auch hier: Wer das Geld hat, hat das Sagen: nämlich die Anleger und ihre Beauftragten, die Pensionskassen, Investmentfonds, die institutionellen Investoren, all jene, die Kapital sammeln und damit Einfluss gewinnen. Der nötige Druck kann nur von der Anlegerseite ausgehen – durchaus mit Unterstützung der NGOs und nicht zuletzt auch durch Vorgaben der staatlichen Aufsicht – sowie durch internationale Regeln und supranationale Institutionen. Je stärker die Marktmacht der Investoren im Sinne des „Dreicks der Nachhaltigkeit: Ökonomie + Ökologie + Soziales“ eingesetzt wird, um so eher werden die Unternehmen im Wettbewerb um das Kapital diese Kriterien in ihren Geschäftsmodellen berücksichtigen und ihre laufende Geschäftsgebarung daran ausrichten. Ethisch-ökologische Anlagen sind im post-industriellen Zeitalter voll und ganz systemkompatibel. Es besteht kein logischer Widerspruch zwischen dem betriebswirtschaftlich Sinnvollen und dem ökologisch oder sozial Erwünschten, sofern nur der Zeithorizont stimmt.

In diesem Sinne möge sich die Idee der ethisch-ökologischen Anlage stetig weiter durchsetzen und den Investoren nicht nur ein gutes Gewissen, sondern auch die verdiente „nachhaltige“ Wertsteigerung bescheren.

GERHARD RANDA
Mitglied des Vorstandes, HypoVereinsbank

Vorwort

Die Zeiten sind rauher geworden – an der Börse wie auch in der Weltpolitik. Ein Blick auf die aktuellen „Buh-Themen" der Gazetten zeigt Bereiche, wie etwa „Globalisierung vernichtet Arbeitsplätze" oder „Börsenkrise belastet Wirtschaft" eindeutig im Vordergrund. Das „böse Kapital" wird wieder einmal für viele Probleme der Welt verantwortlich gemacht. In der Tat sprechen umweltbezogene und gesellschaftliche Antriebskräfte, wie der Anstieg der Naturkatastrophen, der zunehmende Verlust der Tropenwälder, die Armut in weiten Teilen der Welt oder das überbordende Bevölkerungswachstum für eine Alternative zum bisherigen Tun. Der nachhaltige Gesichtspunkt tritt verstärkt in den Mittelpunkt – als Gegenüber oder Ergänzung zum System des Kapitalismus samt Globalisierung.

Damit kommen wir aber auch gleich zur wesentlichen Fragestellung, der dieses Buch gewidmet ist. Sie lautet: Ist Kapital wirklich zwanghaft „böse"? Oder liegt es an uns, mit Geld verantwortungsbewusst umzugehen? Mit der Frage des „bösen" Kapitals verknüpft, ist die Ursachenforschung, wer denn hinter diesem „bösen" Kapital stehen sollte? Der „gemeine" Kapitalist im Lederstuhl – zu sehen in den älteren Filmabenteuern von 007 oder auch personifiziert durch Michael Douglas in „Wall Street" – hat ausgedient. Heute ist das Kapital, das an den Börsen für das regelmäßige Auf und Ab sorgt, zu einem großen Teil Kapital, das keinesfalls kriminellen und auch nicht wirklich kapitalistischen Zockern zuzuordnen ist. Ein sehr hoher Prozentsatz der Volumina wird aus langfristigen, positiven Motiven heraus veranlagt – nämlich aus Vorsorgezwecken und nicht zur Spekulation. Kapitalgedeckte Pensionskassensysteme sind trotz anders lautender politisch geprägter Aussagen keineswegs dem Spekulationsmotiv zuzuordnen. In den USA sind bereits 37 % des Veranlagungsvolumens Pensionsfonds zugehörig. Ein großes Potential für eine langfristige und nachhaltige Veranlagung, wie auch immer die Definition ausfallen sollte. 30-, 40-, ja sogar 60-jährige Veranlagungsperioden erinnern an das Denken eines Forstwirts, der weiß, dass ein neu gepflanzter Baum erst in ferner Zukunft Ertrag bringen wird. Die Bedingungen werden dann möglicherweise anders sein und die Bedürfnisse auch – aber das angewachsene Kapital kann jede Lebenssituation finanzieren. Wenn man nun einwendet, dass auch der Forstwirt seinen Wald zur Gänze schlagen kann, so ist dies theoretisch möglich – wenn auch in unseren Breiten aufgrund gesetzlicher Möglichkeiten untersagt. Aber die kurzfristige Realisierung vernichtet jedenfalls jegliche Zukunftschance. Ein wenig wird in diesem Zusammenhang auch der „gute Hausvater" sichtbar. Bereits vor zweihundert Jahren im bürgerlichen Recht festgeschrieben, hat er nichts an Aktualität verloren, wenn man ihn in einem nachhaltigen Zusammenhang als Treuhänder für seine Kinder versteht. Also ein Generationenvertrag, geprägt durch die langfristige, nachhaltige und ethische Sicht im Kleinen. Auch im Großen dauert das Prinzip an – man braucht dieselbe Idee nur auf zukunftssichernde Institutionen zu übertragen. Pensionskassen, die Mitarbeitervorsorge und das Prinzip der Riester-Rente tun gut daran, Reichtum mit Anstand zu sichern. Das Prinzip des Treuhänders ist aber auch auf die Positionierung eines Unternehmens in der Gesellschaft anwendbar. Unternehmen bestehen letztendlich durch die Gesellschaft und für die Gesellschaft und nicht aus Selbstzweck. Ein verantwortungsvoller Umgang mit Ressourcen und dem Faktor Mensch sollte daher eine Grundvoraussetzung sein.

In unserer Welt des Kapitals bereiten Geldanlagen mit Verlusten große Sorgen. Zudem wird der Anleger in letzter Zeit durch unaufhörliches Auf und Ab zermürbt. Die Gewinne mit Börsenwerten, die sich in der zweiten Hälfte der 90er Jahre noch so positiv entwickelten, drohen seit der Jahrtausendwende in einer dreijährigen Baisse ausradiert zu werden. Aber auch auf täglicher Basis sind die Schwankungsbreiten enorm. Positive Performances – also Wertsteigerungen –, die früher innerhalb eines Jahres erwirtschaftet wurden, werden jetzt in wenigen Stunden gewonnen oder verloren. Die Sicherheit der Investments scheint daher deutlich abgenommen zu haben.

Eben wegen dieses unter die Räder gekommenen Sicherheitsaspektes sehnt sich der Investor mehr denn je nach Veranlagungen, die einerseits guten Ertrag bringen und andererseits auch geringes Risiko aufweisen. Bei eigenen, „hausgemachten" Versuchen der Veranlagung begegnet man all jenen Problemstellungen, die letztendlich auch der Profi zu bewältigen hat – wie das „Market Timing", also einerseits die richtigen

Titel auszuwählen und dann noch ein gutes zeitliches Geschick bei Käufen und Verkäufen an den Tag zu legen.

An dieser Stelle möchte ich die ethisch-nachhaltige Komponente ins Spiel bringen. Die ethische Veranlagung bietet neue Aspekte in vielerlei Hinsicht. Statt dem einfachen Drauf-los-Investieren ergibt sich eine Ebene, die stärker nach Sinnhaftigkeit, nach Langfristigkeit, nach einem Gewinn ohne Übervorteilung anderer ausgerichtet ist. Verantwortungsvolles Investieren hat vielerlei Namen – ethisch, nachhaltig oder auch ökologisch. Jede Veranlagung ist freilich zukunftsorientiert, ethisch-nachhaltige Veranlagung aber möglicherweise noch etwas stärker.

Die Vorteile, die der auf ethischen Prinzipien aufbauende Kapitalismus haben kann, liegen vor allem in der langfristigen und zugleich auch geringer schwankungsintensiven Dimension der Veranlagung. Nachhaltiges Investment im engeren Sinn versucht das kurzfristige Überschießen der Märkte in bullisher wie bearisher – also positiver wie negativer – Manier durch entsprechende Sektor- und Einzeltitelauswahl zu glätten. Somit sind ethische „Veranlagungsprodukte" eine gute Alternative in eigentlich jeder Börsenphase, wahrscheinlich abgesehen von der ausgeprägten Hausse oder der alle Einzeltitel umfassenden Endphase der Hausse, der „Bubble". Sie weisen auf Basis der Erfahrungen der letzten Jahre eindeutig einen defensiven Charakter auf, ergänzt um eine nicht unwesentliche Gewichtung von aus ethischer Sicht vielversprechenden Small Caps – also „kleinen und mittleren" Unternehmen.

Wie gehen nun ethisch-nachhaltige Veranlagungsprozesse vor sich? Viele ethische Fonds schließen Wertpapiere aus, die aus Branchen kommen, in denen etwa moralische, soziale oder umwelttechnische Defizite bestehen. Das Universum, in dem sich der ethische Investor bewegt, ist somit etwas eingeengt. Daraus zwingend eine Underperformance aller ethisch-nachhaltigen Veranlagungen abzuleiten, erscheint aber keinesfalls legitim. Statistische Vergleiche zwischen Ethik-Indizes und deren „kapitalistischen Pendants" zeigen kein eindeutiges Bild. Vielmehr erscheint bei zum Teil geringerem Risiko und deutlich besserem Gewissen eine gleichwertige Performance erzielbar, was als großes Kompliment für die ethische Veranlagungsgemeinschaft gewertet werden kann. Der Hintergrund der geringeren Volatilität oder

Schwankungsbreite ethischer Veranlagungen liegt offenbar in deren längerfristigen Ausrichtung und im geringeren Fokus auf kurzfristige und damit auch zyklische Veranlagungen. Auch Fonds, die gemäß „Best-in-Class", sprich die nachhaltig besten Unternehmen jeder „Klasse" oder Branche werden gekauft, investieren, zeigen oben genannte Vorteile, allerdings in abgeschwächter Form. Andererseits bieten „Best-in-Class"-orientierte Fonds aber wieder einen anderen Vorteil: Sie weichen weniger stark vom Gesamtmarkt ab und sind deshalb etwa in ausgeprägten Haussephasen wahrscheinlich etwas näher am Markt dran. Der Best-in-Class-Ansatz hat zuletzt innerhalb der ethisch-nachhaltigen Anlageklasse deutlich an Bedeutung gewonnen.

Der „gute Kapitalismus" gewinnt vor allem unter institutionellen Anlegern zunehmend an Bedeutung. Dennoch ist der Bereich Ethik/ Nachhaltigkeit für die Börse mehr als eine kurzfristige Modeerscheinung oder Laune. Verantwortungsvolles Handeln scheint auch im Bereich der Veranlagung langsam die Oberhand zu gewinnen. Freilich bleibt ethisch-nachhaltige Veranlagung eine stark subjektive Übung, weil die Definitionen mitunter recht unterschiedlich sind. Um die unterschiedlichen Grenzziehungen plastisch darzustellen, scheint ein wenig „Schwarz-Weiß-Malerei" angebracht: Es könnte sein, dass etwa ein Pensionsinstitut der Mitarbeiter amerikanischer Atomkraftwerke – das ist zumindest denkmöglich – andere Schwerpunkte festlegt als die Greenpeace-Belegschaft es tun würde. Mit dem „Risikoansatz" ist eine gewisse Objektivierung möglich. Die Fokussierung auf den Risikoaspekt bedeutet, dass die nachhaltige Entwicklung und damit das ethisch-nachhaltige Investment die Begrenzung von Risiken als Ziel hat – Risiken, die sowohl den wirtschaftlichen, den ökologischen oder den sozialen Bereich betreffen können. Derartige, mit der Nachhaltigkeit im Widerspruch stehende, Risiken sollen durch ethisch-nachhaltige Veranlagung verringert werden. Dabei ist ein wesentliches Kennzeichen von Umwelt- und Sozialrisiken deren oft nicht sofort erkennbares Ausmaß. Diese Art von Risiken sind immer vorhanden und bauen sich zudem immer weiter auf. Bei Umwelt- und Sozialrisiken ist es also kaum vorhersehbar, ob und wann sie eintreten werden.

Das zuvor erwähnte Phänomen eines subjektiven Zuganges ist aber auch bei anderen Veranlagungsgrundsätzen wie etwa „Bottom-up" – in einem Investmentstil, wo sich einander konträr Denkende („Contrarians") und Wachstumsgläubige begegnen können – zu beobachten. Ethisch-nachhaltige Veranlagung ist ein selbstständiger Investmentstil, der unter anderem defensive Ausrichtung und Wachstumsorientierung miteinander vereint. Außerdem ist auch eine gewisse Neigung zum „Contrarian", also zur konträr zum Trend ausgelegten Veranlagungsstrategie, zu erkennen.

Wie schlimm ist aber unsere Lage wirklich? Agieren wir wirklich wie Autisten, die in einer Scheinwelt leben und die wahren Entwicklungen um sich herum nicht mehr erkennen können beziehungsweise die Sicht der Dinge schönfärben und aus einer extrem eng definierten Warte heraus betrachten? In eine ähnliche Richtung geht ein Kommentar von Anton A. Guha aus 1994: „Statt unsere Lage als lebensgefährlich zu begreifen, regieren wir wie viele Kleintiere, die dem tödlichen Räuber nicht mehr entrinnen können: Sie fangen an, sich zu putzen oder possierliche Gesten zu vollführen, als gäbe es die Gefahr nicht. Was als Groteske erscheint, ist in Wahrheit der hilflos-hilfreiche Versuch, totale Ohnmacht zu verdrängen".

Im Bericht der Brundtland-Kommission aus 1987 ist nachzulesen, dass „nachhaltige Entwicklung eine Entwicklung ist, die den Bedürfnissen der heutigen Generation entspricht, ohne die Möglichkeiten künftiger Generationen zu gefährden, ihre eigenen Bedürfnisse zu befriedigen". Diesem Ziel kann auf der Veranlagungsseite durch die Befolgung ethisch-nachhaltiger Kriterien Folge geleistet werden.

Investment bedeutet Verantwortung. Verantwortung auf Seiten des Investors, der seinerseits das verantwortliche Agieren der Unternehmen einzufordern hat. „Investor Citizenship" kontrolliert „Corporate Citizenship" – im Sinne einer nachhaltigen Entwicklung.

WOLFGANG PINNER

Inhaltsverzeichnis

1. Einleitung

„Distribution should undo excess and each man have enough“
(King Lear)

Ethische Veranlagungskonzepte

Zu Beginn des Buches soll ein kurzer Überblick über das aktuelle Angebot sowie über einige für das Verständnis der auf den folgenden Seiten immer wiederkehrenden Begriffe gegeben werden.

Die Veranlagung gemäß ethischen oder nachhaltigen Kriterien im weiteren Sinn – eine Begriffsabgrenzung folgt später – hat in den letzten Jahren einen spürbaren Auftrieb erhalten. Gesetzliche Rahmenbedingungen für die Veranlagung, etwa von Pensionsgeldern, aber auch erfolgreiche Produkte haben dazu beigetragen. Dabei ist zu erwähnen, dass der Gesetzgeber bei der Einrichtung einer zweiten Säule neben der staatlichen Altersversorgung immer wieder auf „Ethik“ und „Nachhaltigkeit“ zurückkommt. Prominente Beispiele für gesetzliche Verankerungen in dieser Richtung stammen aus Großbritannien oder aus Schweden. Auch das „Grünbuch“ der Europäischen Kommission aus dem Jahr 2001 zeigt eine klare Identifizierung mit dem Thema des ethisch-nachhaltigen Verhaltens zunächst von der Seite der Unternehmen unter dem Schlagwort „Corporate Social Responsibility“. Diese noch relativ junge Initiative der Europäischen Kommission ist aber nur ein Hinweis auf die wachsende Bedeutung und steigende Bekanntheit der Thematik.

Das Interesse an ethisch-nachhaltigen Veranlagungsprodukten stammt zunächst noch vor allem von der Seite der institutionellen Investoren, die sich mit der langfristigen Veranlagungskonsequenz genauso wie mit rechtlichen Rahmenbedingungen und Lobbyisten vor allem aus dem gewerkschaftlichen Bereich konfrontiert sehen. Die private Nachfrage bleibt vorerst moderat, bedingt einerseits durch die Befürchtung geringerer Renditen bei ethisch-nachhaltigen Produkten – einem Vorurteil, mit dem später noch aufgeräumt werden soll. Andererseits sind die privaten Anleger aber nach drei Jahren Börsenabschwung bei Aktienveranlagungen auch generell risikoavers eingestellt. Diese Tatsache schränkt auch die Potentiale für quasi „neue" Produkte, sofern es sich nicht um kapitalgesicherte Strukturen handelt, ein.

Auf der Anbieterseite für ethisch-nachhaltige Produkte sind im Wesentlichen zwei Ausprägungen zu unterscheiden. Auf der einen Seite versuchen fast alle großen Asset-Management-Gesellschaften auf den Zug aufzuspringen und bieten unter anderem – auf Basis einer „me too"-Mentalität – auch das eine oder andere ethisch-nachhaltige Produkt an. Die zweite Ausprägungsform sind wirkliche Spezialisten, die sich innerhalb der letzten Jahre herausgebildet haben. Dabei waren unter anderem Schweizer Adressen unter den Vorreitern, wie die SAM-Group oder Sarasin. Auch in Großbritannien sind Spezialisten entstanden, unter ihnen Baillie Gifford oder Friends, Ivory & Sime. Der Flagship-Fonds der Bank Sarasin, der ValueSar, der im Juni 1999 aufgelegt wurde, konnte seine Benchmark seit damals um jährlich 1,88 % outperformen. Das eingegangene Risiko lag dabei mit 19,02 % gegenüber 19,25 % leicht unter jenem der Benchmark.

Begriffsabgrenzungen zu Ethik und Nachhaltigkeit

Nun aber zur begrifflichen Abgrenzung. Die Geldanlage mit aus sozialer, ökologischer oder kultureller Sicht – um nur einige Begriffe zu verwenden – verantwortungsvollem Hintergrund hat viele Namen. Das Ziel ist aber meist dasselbe, nämlich ein verantwortungsvoller, nachhaltiger Ansatz.

Sozial, ökologisch und kulturell bezeichnen für die Veranlagung Teile des umfassenderen ethischen Konzeptes. In der Folge wird dieses Buch meist durch die Begriffe „ethisch-nachhaltig" und „ethisch-ökologisch" geprägt sein. Der wesentliche Unterschied besteht dabei in der Berücksichtigung der ökonomischen Komponente. Diese ist im „ethisch-nachhaltigen" Ansatz im Gegensatz zum „ethisch-ökologischen" Ansatz immer enthalten. Der „ethisch-ökologische" Ansatz ist nicht ausdrücklich auch ertragsorientiert. Die folgende Abbildung soll diesen Zusammenhang verdeutlichen.

Der Begriff der „Nachhaltigkeit" allein wird in Bezug auf die generelle Geisteshaltung abseits von Veranlagung und veranlagungsspezifischen Themen verwendet. Nachhaltigkeit ist aber nur eine von mehreren

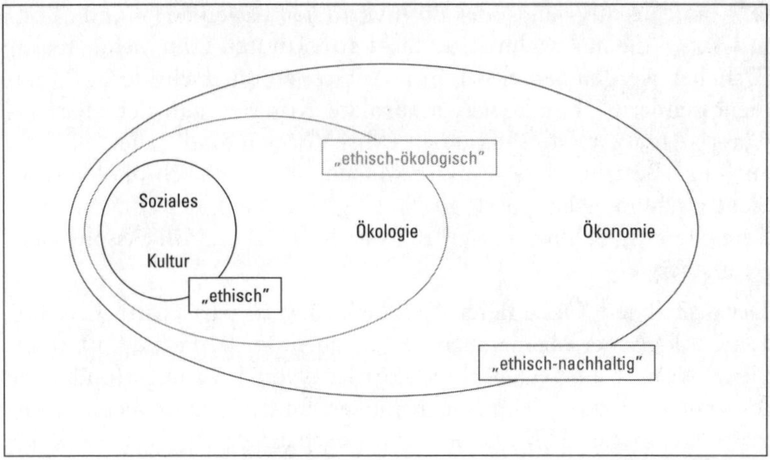

Abbildung 1: Ethische Konzepte

denkmöglichen Übersetzungen des englischen Begriffs „sustainability". Möglich wäre auch die Interpretation in Richtung „Zukunftsfähigkeit" oder „dauerhafte Umweltgerechtigkeit", wobei in letzterer Definition Umwelt weiter als rein ökologisch zu betrachten ist. Das Thema Gerechtigkeit spielt stark in die Nachhaltigkeitsthematik hinein. Es geht zum Beispiel um eine Verteilungsgerechtigkeit, und zwar im Inland wie auch international.

Nun aber zurück zum Bereich der Veranlagung. Eine weitere Unterscheidungsmöglichkeit ist diejenige in „unternehmensbezogene" und „produktbezogene" Kriterien für ethisch-nachhaltig orientierte Investmentfonds. Alle genannten Konzepte würden in den Bereich „unternehmensbezogen" fallen, als Investmentfonds auf Basis von „produktbezogenen" Kriterien würden hingegen Umwelttechnologiefonds gelten. Die Bezeichungen für ethisch-nachhaltige „Veranlagungs-Produktfamilien" sind aber auch länderspezifisch unterschiedlich. In den USA etwa ist der Begriff „SRI" (Social Responsible Investment) für „ethisch-nachhaltig" gängig, in Großbritannien spricht man hingegen von „Ethical Investments".

Kommen wir zu den verschiedenen Spielarten der ethisch-nachhaltigen Veranlagung. Bezüglich der Investments sind „prinzipienorientierte“ – auf Negativ- und/oder Positivkriterien basierende – und „Best-in-Class“ (die aus nachhaltiger Sicht attraktivsten Unternehmen aller Branchen werden berücksichtigt) -Ansätze zu unterscheiden. „Prinzipienorientierte“ Fonds weisen absolute Kriterien auf, der „Best-in-Class“-Ansatz relative Kriterien. Mischformen sind dabei möglich, auch im „Best-in-Class“-Ansatz können die aus ethisch-ökologischer Sicht „schlimmsten“ und gleichzeitig am wenigsten umstrittenen Bereiche ausgeschlossen werden, wie etwa Tabak, Glücksspiel oder Atomenergie.

Der Begriff der „Ökoeffizienz“ schließlich ist als wirtschaftlicher Nutzen ökologischer Maßnahmen zu verstehen. Im Bereich der Ökoeffizienz existiert eine eigene Produktpalette von Investmentfonds. Die folgende Abbildung zeigt Nachhaltigkeit auf Basis der in diesem Konzept vereinbarten Dimensionen „Gesellschaft/sozial“, „Natur/ökologisch“ und Wirtschaft/ökonomisch“.

Ein weiteres Konzept zur Veranschaulichung der gegenseitigen Abhängigkeit der Dimensionen Umwelt, Wirtschaft und Gesellschaft bilden die von Diefenbacher u. a. 1997 entwickelten Zauberscheiben der

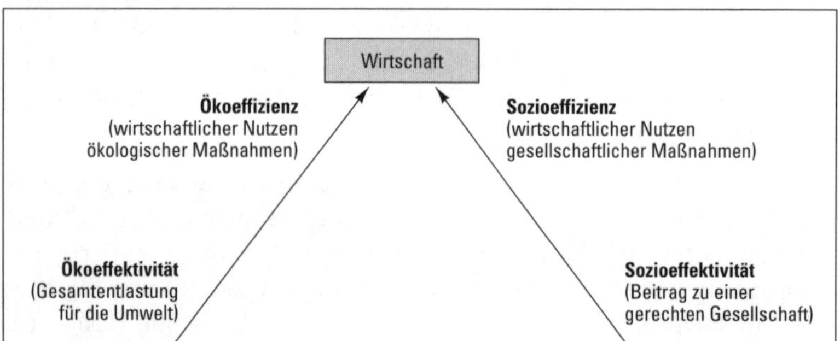

Abbildung 2: Perspektiven auf Basis der Nachhaltigkeit
Quelle: Armbruster, Christian (2000). Entwicklung ökologieorientierter Fonds

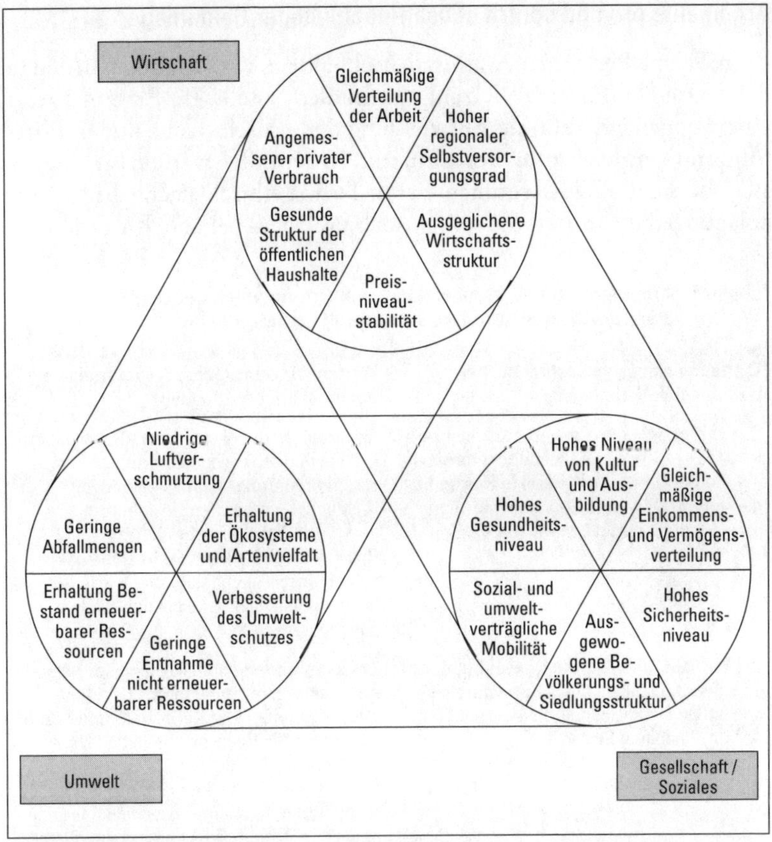

Abbildung 3: Zauberscheiben der Nachhaltigkeit
Quelle: Diefenbacher, Hans (2001). Gerechtigkeit und Nachhaltigkeit

Nachhaltigkeit. Keiner der drei genannten Teilbereiche kann verfolgt werden, ohne die jeweils beiden anderen zu beachten. Änderungen im Zielerreichungsgrad in einer der Zauberscheiben haben notwendige Folgewirkungen in den beiden anderen.

Argumente pro und contra ethisch-nachhaltiger Geldanlagen

Zum Thema Performance ethisch-nachhaltiger Veranlagung wurden in den letzten Jahren eine Vielzahl von Studien erstellt. Ihr Ergebnis zeigt eine weitgehend neutrale Entwicklung der ethisch-nachhaltigen Portfolios im Vergleich zum Gesamtmarkt. In der Folge werden für eine erste Übersicht einige Argumente zum Thema ethisch-nachhaltiger Veranlagungen diskutiert, die später noch im Detail behandelt werden.

Tabelle 1: Argumente zur Wertentwicklung ethisch-nachhaltiger Geldanlagen
Quelle: Grieble, Peter (2001). Ethisch-ökologische Geldanlage

Wertentwicklung schlechter als bei traditioneller Veranlagung	Wertentwicklung gleich & besser als bei traditioneller Veranlagung
Die Berücksichtigung anderer als finanzieller Kriterien – wie soziale oder ökonomische – bedeutet direkte und indirekte Kosten für die Unternehmen, die Gewinne und Wertsteigerung für die Aktionäre schrumpfen	Ein soziales oder ökologisches Positivimage kann eine Hochpreispolitik ermöglichen, eine Vorreiterrolle kann vor negativen rechtlichen Konsequenzen schützen, ein geringerer Rohstoffverbrauch etwa und Rohstoffrecycling kann die Kosten senken, neue (ethisch-nachhaltig) orientierte Anleger können die Kapitalbeschaffung günstiger machen
Die Berücksichtigung von Umwelt- und von Sozialverträglichkeit muss zu Kompromissen bei den finanziellen Erfolgsaussichten der Unternehmen führen	Zwischen sozialer und ökologischer Komponente muss kein Widerspruch bestehen, eine integrierte Finanz-, Umwelt- und Sozialbewertung (im Sinne der Definition Nachhaltigkeit) berücksichtigt drei Ebenen, Unternehmen mit aus etwa ökologischer Sicht einzigartigen Produkten und finanziell negativen Perspektiven haben keine Chance auf Berücksichtigung
Shareholder-Value Orientierung ist letztendlich lukrativer als der Stakeholder-Value Ansatz, weil die Gewinne nicht mehrmals verteilt werden müssen	Langfristig ist die eindimensionale Betrachtungsweise und die Orientierung nur an der Shareholder-Gruppe suboptimal und bringt in einer komplexen vielschichtigen Gesellschaft keine nachhaltigen Erfolge
Die ökologische Außenwirkung bei vielen Unternehmen stimmt oft nicht mit den tatsächlichen Entwicklungen und gesetzten Maßnahmen überein, was zu einer Ernüchterung bei den Investoren führen kann	Eine verstärkte Betonung der Information (ethisch-ökologisches Rating) und differenzierte Handlungen von Anlegern und auch Verbrauchern deckt jegliche Art von Etikettenschwindel auf

Das Anlageuniversum in der ethisch-nachhaltigen Veranlagung ist auf Branchen- wie auch auf Unternehmensebene beschränkt, dadurch ergeben sich erhöhte Schwankungsrisiken und geringere Diversifikationsmöglichkeiten im Portfolio	Das Anlageuniversum ist bei einem sinnvoll gewählten Kriterienkatalog ausreichend, jeder aktive und/oder fundamentale Ansatz schränkt zudem das Universum ein, historische Daten widerlegen die Theorie der höheren Risiken
Unternehmen im ethisch-nachhaltigen Fokus sind oft Small Caps, daher in bestimmten Börsenphasen unterdurchschnittliche Entwicklung	Small Caps zeigen in bestimmten Börsenphasen überdurchschnittliche Entwicklung, ethisch-nachhaltige Portfolios weisen oft eine Mischung aus defensiven Blue Chips und Small Caps auf
Für „ethisch-nachhaltige" Investments fehlt die kapitalmarkttechnische „Infrastruktur" wie eigenen Börsensegmenten, Benchmarks, anerkannten Ratings	Die Entwicklungen bezüglich einer kapitalmarkttechnischen „Infrastruktur" sind zuletzt äußerst dynamisch, Indizes/Benchmarks und Ratings wurden deutlich verbessert
Rating- und Researchkosten der Anleger reduzieren die Rendite	„Economies of scale" haben bereits eingesetzt, auch bei traditioneller Veranlagung – zumindest bei verschiedenen Investmentstilen fallen hohe Rating- und Researchkosten an

2. Gut und reich – ideell wie materiell

„Put money in thy purse“ (Othello)

Die erste, grundlegende Prämisse bei ethischen Veranlagungen muss lauten, dass die Wertentwicklung trotz – oder vielleicht auch gerade wegen – der Berücksichtigung einschränkender Faktoren zufriedenstellend sein soll. Das bedeutet, dass vom Investor keineswegs zwanghaft – wegen seines Glaubens an das „Gute“ – auf Performance verzichtet werden soll. Warum auch? Das in sich schlüssige Konzept der ethisch-nachhaltigen Veranlagung muss nichts kosten, sondern kann sogar im Gegenteil etwas bringen. Spezifische Strukturen sollen Langfristigkeit und letztendlich auch geringeres Risiko in sich vereinen. Das heißt, dass sich, obwohl das ethische-nachhaltige Konzept zwar zweifelsfrei nicht nur am ökonomischen Erfolg interessiert ist, dennoch eine Vielzahl von Chancen und Möglichkeiten im Investment ergeben können.

Chancen eher auf idealisierter Basis

Trotz der angedeuteten Chancen auf der absoluten Performanceebene sollen zunächst die ursächlichen und im Bereich der Sinnhaftigkeit angesiedelten Chancen diskutiert werden. Der ethisch-nachhaltige Investor ist klarerweise stark an einem gewissenhaften und verantwortungsvollen Agieren an den Finanzmärkten interessiert. Verantwortungsvolles Agieren ist in diesem Zusammenhang sowohl für die ausgewählten Unternehmen selbst als auch für die Manager der Gelder und deren Auswahlprozess als Ziel zu formulieren.

Die Orientierung an ethisch-nachhaltigen Prinzipien ist natürlich auch der eigenen Selbstschätzung des Investors förderlich, und bringt dem Anleger im institutionellen Bereich möglicherweise auch Vorteile im Bereich des Marketings. Schließlich kann das ethisch-ökologische Investment auch eine gute Möglichkeit darstellen, um Konfliktpotentialen vorzubeugen. Der Terminus Konfliktpotentiale ist dabei auf mehreren Ebenen zu sehen. Hintergrund der Vermeidungsstrategie ist der Versuch, keine Übervorteilung irgendeines Teiles des „Systems Weltordnung" zuzulassen. Ein Ausnützen sowohl von Menschen, als auch sonstigen Lebewesen oder der Natur soll unterbunden werden.

Die Möglichkeiten im konkreten Bereich – „Risikoansatz"

In einer realen Sichtweise hat der Investor das Sagen, wo sein Geld veranlagt werden soll. Mittel können gezielt investiert werden oder einfach überall und „egal wo" nach geeigneten Renditen suchen. Bei Einschränkungen in der Veranlagungspolitik bestehen die Chancen für den Anleger daher in einem mittel- bis langfristigen Umlenken finanzieller Mittel. Und zwar einem Unlenken in letztendlich von dem Investor als Akteur vor dem Hintergrund der Ziele der Gemeinschaft. Auf diese Weise kann auch das gesellschaftliche System an Stabilität gewinnen und der Investor seiner Funktion im Sinne des – später noch im Detail diskutierten – „Investor Citizenship" nachkommen.

Aktivitäten im Bereich der ethisch-nachhaltigen Veranlagung können thematisch auch auf einem „Risikoansatz" aufgesetzt werden, der den Vorteil hat, subjektive Vorstellungen und unterschiedliche Definitionen ethisch-nachhaltiger Veranlagung weitgehend zu entschärfen. Die Philosophie des Risikoansatzes bedeutet, dass es bei nachhaltiger Entwicklung um die Begrenzung von Risiken geht, die den wirtschaftlichen, den ökologischen oder den sozialen Bereich betreffen können. Derartige Risiken, die der Nachhaltigkeit widersprechen, sollen durch ethisch-nachhaltige Veranlagung deutlich begrenzt werden. Ein wesentliches Kennzeichen von Umwelt- und Sozialrisiken ist deren latenter und auch kumulativer Charakter. Das bedeutet, dass diese oft nicht offensichtlich oder sofort erkennbar sind und dass es nicht vorhersehbar ist, ob und wann sie eintreten werden. Bezüglich der Risiken und damit auch betreffend positiver und negativer Ereignisse ist in der Praxis oft auch eine gewisse Disproportionalität zu erkennen. Negative Ereignisse – wie Störfälle mit Umweltverschmutzung oder die Anklage bezüglich der Nutzung von Kinderarbeit – führt oft zu deutlichen Einbußen im Aktienkurs, positive Ereignisse – wie die Verleihung eines Umweltpreises – zeigen meist aber nur wenig signifikante Effekte. Die Verfolgung einer ethisch-nachhaltigen Unternehmenspolitik ist demnach eindeutig langfristig geprägt, mit dem Ziel vor allem durch Vermeidung negativer Ereignisse einen relativen Mehrwert darzustellen.

Magisches Viereck der Geldanlage

Für eine optimierte und auch eine nachhaltig optimierte Veranlagung sind mehrere Faktoren zu berücksichtigen. Das oft zitierte magische Dreieck der Geldanlage als Vereinigung aller wesentlichen Ziele der effizienten Veranlagung umfasst die Teilbereiche Rentabilität, Sicherheit und Liquidität. Die optimale Geldanlage entspricht rein theoretisch allen drei Kriterien in einem hohen Ausmaß. De facto bestehen freilich Unvereinbarkeiten – Trade-offs – zwischen den einzelnen Zielen, so wie es eben einer magischen Struktur entspricht. Wie im Kapitel der Risikoprämie dargestellt, sind etwa Veranlagungen mit höherem Risiko langfristig mit besseren Renditen versehen – wie am Beispiel von Aktien- und Rentenveranlagungen veranschaulicht.

Mit dem Ziel der Miteinbeziehung der Ethik, genauer gesagt der ethischen Verantwortbarkeit, tritt eine weitere Ebene zum Dreieck hinzu. Aus dem Dreieck wird durch die neue Dimension also quasi ein Viereck, das um Ethik-Themen wie Soziales, Humanes und Ökologie erweitert wird. Das Prinzip der ethisch-nachhaltigen Ausrichtung wäre in diesem Zusammenhang insofern fehl am Platz oder eine Überdefinition, als schon im magischen Dreieck wiederum die ökonomische Komponente enthalten wäre, die als Ziel „Rentabilität“ aber bereits Bestandteil der Urkonstruktes ist.

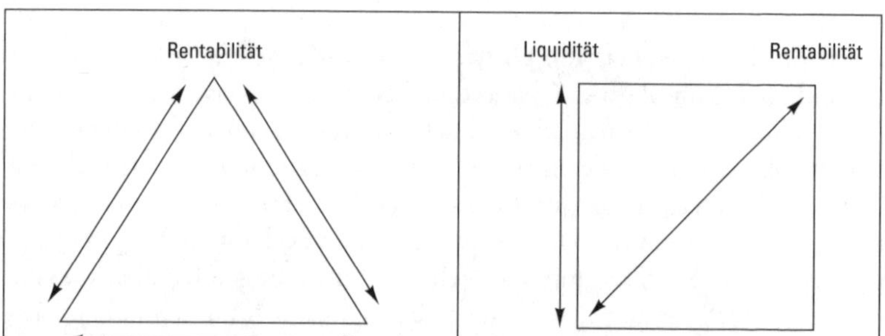

Abbildung 4: Magisches Dreieck und Magisches Viereck
Quelle: Sallmutter, Hans & Freyschlag, Fritz (Hrsg.) (2001). Ethische Investments

Der ethisch-nachhaltige Contrarian

Um auf die reale Veranlagungsebene zurückzukehren, kann man die ethisch-nachhaltige Veranlagung in der Art charakterisieren, dass der Investor in gewisser Weise im Sinne eines Contrarians – also eines gegen den Marktrend handelnden, konträren Denkers – agiert. Dies gilt natürlich nur solange, als ethisch nachhaltige Veranlagung weltweit nicht zum eindeutig dominierenden Investmentstil avanciert. Derzeit handelt es sich bei dem Investmentstil sicherlich noch um eine Art von Vorwegnehmen von Trends.

Auch wenn ethisch-nachhaltige Investments bereits recht breit angeboten werden, so ist der Umfang der alloziierten Mittel im Vergleich zum „Gesamtkuchen" weiterhin eher gering und liegt in den USA bei 15 % des institutionellen Volumens, allerdings bei sehr breiter Auslegung des Terminus ethisch-nachhaltige Veranlagung.

Auch der Ansatz, Investitionen am Aktienmarkt unter Berücksichtigung von aktuell – noch – nicht verrechneten Kosten, wie beispielsweise Umweltkosten, zu machen, geht in die Richtung eines antizipativen, konträren Stilelements in der Veranlagung. Auch die später noch im Detail dargestellte Sustainability-Studie von WestLB Panmure geht davon aus, dass der ethisch-nachhaltige Veranlagungsstil zumeist mit Contrarian-Ansätzen oder zumindest antizipativen, Entwicklungen vorwegnehmenden, Ansätzen ausgestattet ist. In der Studie, die allerdings stark an Nachhaltigkeit in Form des Best-in-Class-Ansatzes ausgerichtet ist, wird ein klarer Bias in Richtung zuletzt schwach performender Titel sichtbar. Dieser ergibt sich auf Basis einer negativen Gewichtung im Bereich des Risikosubindex für Momentum. Wie im Buch „Die bessere Börsenstrategie – Gewinnen als Contrarian" (Pinner, 1999) dargestellt, will der Contrarian einfach „schlauer sein als die anderen, eine bessere Performance zeigen als die anderen, und außerdem den anderen eine Nasenlänge voraus sein. Der Contrarian will konträr denken, die Fehler der Anderen erkennen, rechtzeitig und erfolgreich dagegen opponieren." Nun kann man es durchaus als „Fehler der Anderen" bezeichnen, sich der langfristig notwendigen nachhaltigen Konzeption zu verschließen.

Ein selbstständiger, erfolgreicher Veranlagungsstil

In der Theorie kann man davon ausgehen, dass prinzipiell jedes Investment eine ethische Dimension hat. Diese wird möglicherweise von den Investoren von der Bedeutung her beiseite gestellt oder nicht aktiv beobachtet, bleibt aber dennoch Teil des Systems. Man kann wohl ethisch sein oder handeln, unethisch sein oder die breite Spanne dazwischen ausnutzen. Keiner ethisch-nachhaltigen Konzeption zu folgen, bedeutet aber nicht sofort ins speziell Unethische zu verfallen. Wichtig erscheint jedenfalls, dass die ethisch-nachhaltige Veranlagung als eigene Stilrichtung der Veranlagung zu betrachten ist, und diese Stilrichtung bei konsequenter Anwendung durchaus erfolgreich sein kann. Wesentliche Elemente des Erfolges sind dabei das antizipative Element, die mengenmäßige wie auch quantitative Beschränkung auf Kriterien, welche die Grundgesamtheit, in die investiert werden darf, nicht zu stark einschränken.

Ineffizienz durch Einschränkung des Anlageuniversums?

Kritiker des ethisch-nachhaltigen Investmentstils bringen gerne das Argument vor, dass durch die Einschränkung des Investmentuniversums durch ethisch-nachhaltige Kriterien eine Verschlechterung des Rendite-/Risiko-Verhältnisses in Kauf genommen werden müsse.

Bei der Erstellung des später noch im Detail dargestellten Domini 400 Social Index, der seit 1990 berechnet wird, wurden beispielsweise 150 von 500 Titel aus dem S&P 500-Index aufgenommen, somit wurden 30 % des Gesamtmarktes als den ethisch-nachhaltigen Kriterien entsprechend definiert.

Zurück zur Theorie der eingeschränkten Grundgesamtheit. Man sollte bedenken, dass in einer quasi „informationslosen“ Welt jede beliebige Restriktion des Anlageuniversums zu einer Verschlechterung des Rendite/Risiko-Verhältnisses führen müsste. In diesem Zusammenhang würde auch ein Bottom-up-Investor, der die Grundgesamtheit an Titeln nach unterbewerteten Aktien durchsucht und teure Werte ausschließt, die Effizienzlinie in negativer Weise verschieben. Andererseits wird das Anlageuniversum in beiden Fällen ja nicht von Beginn an beschränkt – wie etwa bei rein am Börsenwert orientierten Small-Cap-Fonds –, es erfolgen jedoch rigide Auswahlprozesse, die letztendlich

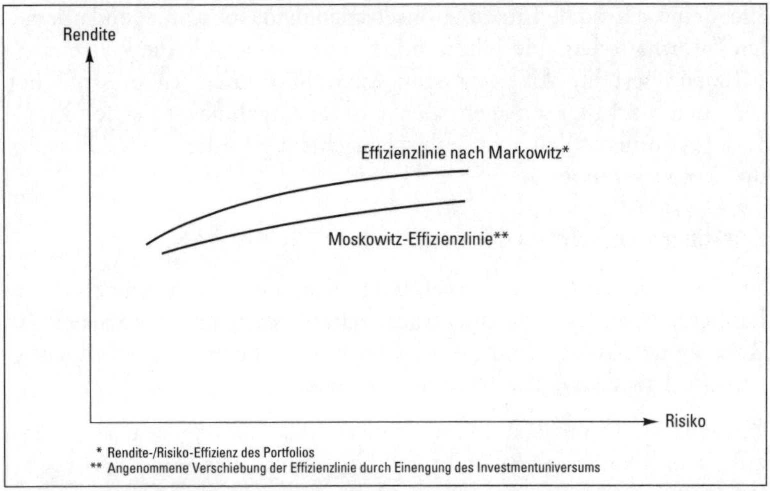

Abbildung 5: Theoretische Verschiebung der Effizienzlinie durch Beschränkung des Anlageuniversums
Quelle: WestLB

die Anzahl der Unternehmen, die für die Auswahl des Portfolios in Frage kommen, deutlich beschränken. Die Verschiebung der Effizienz-Linie nach rechts unten und damit in Richtung höheren Risikos und geringeren Ertrages wurde von Moskowitz (1972) beschrieben.

Der ethisch-nachhaltige Investmentstil geht wie jeder aktive Stil von keiner „Informationslosigkeit" an den Märkten aus und glaubt vielfach an die Möglichkeit der Erzielung von Überrenditen über „Stock-Picking", obwohl auch leicht modifizierte Ansätze vorhanden sind. Die Problematik rund um eine Einschränkung des Anlageuniversums erscheint vor diesem Hintergrund zumindest relativiert. Bezüglich der Informationseffizienz existieren drei Ansätze:

1. Schwache Informationseffizienz (Information über Vergangenheit berücksichtigt)
2. Halb-strenge Informationseffizienz (alle öffentlich verfügbaren Informationen berücksichtigt)
3. Strenge Informationseffizienz (sämtliche Informationen, auch nicht-öffentliche, sind in Kursen berücksichtigt)

Liegt eine schwache Informationseffizienz vor, so ist mit fundamentalen Informationen eine Überrendite erzielbar, weil keine vollständige Effizienz besteht. Mit geeigneten Auswahlkriterien sollte es möglich sein, den Markt zu schlagen. Genau diese Annahme ist für den Erfolg von Investmentstilen wie „ethisch-nachhaltig" oder auch „Bottom-up" Voraussetzung.

Einordnung im Rahmen der verschiedenen Investmentstile

Investments beruhen auf Investmentpolitik. Diese kann je nach Portefeuillemanager und Fondsmanager recht unterschiedlich aussehen. Im Rahmen der Anlagestrategie bei Aktien kann man auf Portfolioebene verschiedene Konzeptionen unterscheiden.

Zunächst sind einmal passive und aktive Anlagestrategien auseinanderzuhalten. Bei näherer Betrachtung der passiven Varianten sind vor allem die reine Indexorientierung und die regelgebundene Antizyklik zu erwähnen. Bei der reinen Indexorientierung liegt die Abweichung von der Messlatte des Fonds in Form der Benchmark – also eines Index oder einer Indexkombination – bei Null oder nahe Null –, gemessen anhand des Tracking Errors. Der Investor nimmt kein Risiko auf sich, hinter seiner Messlatte zu bleiben und hat keine Chance, sie zu übertreffen.

Regelgebundene Antizyklik wiederum kann auf Branchenebene etwa auf Basis des Wirtschaftszyklus erfolgen. Eine weitere Spielweise ist der wiederholte Erwerb der am günstigsten bewerteten Unternehmen aus einem Index. Um zum Thema Wirtschaftszyklus zurückzukommen, kann festgestellt werden, dass jedenfalls unterschiedliche Typen von Unternehmen und unterschiedliche Branchen in unterschiedlichen Phasen der Wirtschaftsentwicklung typische Performances aufweisen. Dazu im Detail später in der Tabelle „Konjunkturzyklus und Branchen".

Der Stil der ethisch-nachhaltigen Veranlagung kann sich wohl nur dann in Richtung einer passiven Anlageform orientieren, wenn ein nach ethisch-nachhaltigen Kriterien formulierter Index nachvollzogen wird. Und auch in diesem Fall wäre die Benchmark wieder aktiv gewählt. Ethisch-nachhaltige Indizes weisen im Vergleich zur Gesamtmarkt-Benchmark einen Tracking Error von 2,5–3,0 % auf. Zu diesem

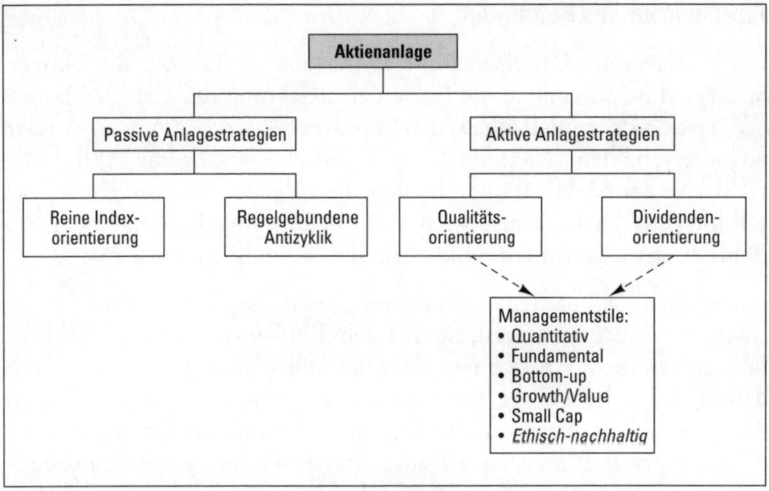

Abbildung 6: Investmentstile im Aktienmanagement

Ergebnis kamen zwei Studien der Commerzbank aus dem Jahr 2002 mit Vergleichen von FTSE4Good zu FTSE Europe und Dow Jones Sustainability zu DJ STOXX 600. Beim Nachbilden einer ethisch-nachhaltigen Benchmark würde es sich um ein passives Nachvollziehen eines aktiven Ansatzes handeln.

Das ethisch-nachhaltige Konzept ist aktiv orientiert

Nachdem die ethisch-nachhaltige Veranlagung, wie dargestellt, offensichtlich keine passive Struktur aufweist, soll das aktive Konzept näher beleuchtet werden. Prinzipiell steht, was die aktiven Strategien betrifft, eine Qualitätsorientierung im Mittelpunkt. Die Qualitätsdimension definiert die ethisch-nachhaltige Veranlagung eben mit sozialen, kulturellen, humanen und ökologischen Kriterien. Was ist nun aber unter Qualitätsorientierung im Ablauf des Investmentprozesses zu verstehen? In den Bereich Qualitätsorientierung fallen vor allem Entscheidungen des Investors, wie die Selektion – also die gute Aktienauswahl aus dem Universum der verfügbaren „Dividendenpapiere“ – und das Timing, also die richtige Wahl von Kauf- und Verkaufszeitpunkten.

Top-down versus Bottom-up

Ein interessantes Unterscheidungskriterium im Rahmen der aktiven Strategien ist auch noch die Frage der „Richtung des Entscheidungsprozesses“. Prinzipiell gilt es, den Top-down- vom Bottom-up-Ansatz zu unterscheiden. Während beim Top-down-Ansatz die Aktienauswahl von der Makroökonomie über die Branche hin zum Einzeltitel erfolgt, geht der Bottom-up-Ansatz vom einzelnen Unternehmen aus. Beide Ansätze gehen von fundamentalen Grundprinzipien aus.

Die ethisch-nachhaltige Veranlagung, die an Negativ- und/oder Positivkriterien ausgerichtet ist, ist eher dem Bottom-up Ansatz zuzurechnen, sofern nicht ein rein negatives Screening durchgeführt wird und danach keinerlei weitere Kriterien zur Anwendung kommen. Durch die spezifischen Auswahlkriterien, die vor allem auf Unternehmensebene angewandt werden, ist auch die Abweichung von herkömmlichen Indexkonstrukten in der Regel höher als bei durchschnittlichen Fonds.

Top-down:
- Globalanalyse
- Branchenanalyse
- Unternehmensanalyse
- Investmententscheidung

Bottom-up:
- Globalanalyse
- Branchenanalyse
- Unternehmensanalyse
- Investmententscheidung

Globalanalyse

Untersuchung der grundsätzlichen Rahmenbedingungen, innerhalb derer sich das Unternehmen entwickelt. Die vorliegenden makroökonomischen Parameter lassen eine Einschätzung des konjunkturellen Umfeldes zu. Konjunkturverlauf, Zinsentwicklung und Wechselkursparitäten nehmen eine zentrale Stellung der Analyse ein.

Branchenanalyse

Aufarbeitung von Branchentrends. Es werden die Chancen und Risiken einzelner Branchen ermittelt. Die Entwicklung einzelner Branchen erfolgt in einem typischen Zyklus im Hinblick auf Konjunktur- und Zinsentwicklung.

Unternehmensanalyse

Analyse der Gewinnentwicklung und der Gewinnerwartung bzw. eigentlich der Entwicklung des Unternehmenswertes.

Abbildung 7: Top-down- und Bottom-up-Ansatz

Einordnung bezüglich anderer Investmentstile

Die Einteilung und die Unterscheidung von Stilen im Asset Management – auch Managementstile genannt – ist äußerst vielfältig und in vielen Fällen auch überschneidend. Der Bottom-up-Ansatz etwa weist in der Regel viele Kriterien des Value-Ansatzes auf, auch Bottom-up- und Small-Cap-Stil überschneiden einander oft. Auch der Stil des ethisch-nachhaltigen Investments weist daher Kriterien verschiedener anderer Stile auf. Blickt man beispielsweise auf die Unterscheidung zwischen Value-Ansatz und Growth-Ansatz, so wurde diese Kategorisierung insbesondere am Ende der Hausse des alten Jahrtausends immer wieder als Spezifikum der Veranlagungsstile herangezogen. Zur Unterscheidung ist zu sagen, dass als Value-Aktien solche Papiere bezeichnet werden, die stärker über Substanz und gute Marktstellung verfügen. Auf der anderen Seite weisen Growth-Aktien typischer Weise hohe Wachstumsraten auf und sind meist in Bezug auf verschiedene Bewertungsrelationen eher „teuer". Hintergrund dieser hohen Bewertung ist die Tatsache, dass Investoren bereit sind, für überdurchschnittliches Wachstum auch überdurchschnittliche Preise zu bezahlen.

Nach ethisch-nachhaltigen Kriterien gewählte Titel sollten auf Basis von Negativkriterien eher dem Value-, auf Basis der Positivkriterien eher den Growth-Werten hinzuzurechnen sein. In einer relativ aktuellen Studie über Fonds aus Großbritannien, den USA und Deutschland von Bauer, Koedijk und Otten (2002) kommen die Autoren zum Schluss, dass ethisch-ökologische Fonds eine Tendenz zur Growth-Tangente aufweisen, die über eine hohe Gewichtung von Small Caps erreicht wird. Die guten Performancechancen der ethisch-nachhaltigen Veranlagungen könnten daher zumindest zum Teil durch den „Size-Effekt" getragen sein, der besagt, dass kleinere Unternehmen – also Small Caps – langfristig eine höhere risikoadjustierte Rendite aufweisen als Blue Chips. Auch der „neglected-firm-Effekt" könnte in diesem Zusammenhang durchaus anwendbar sein. Dieser Effekt weist für Aktien, die von Wertpapieranalysten weniger intensiv verfolgt werden, eine Überrendite aus.

Weitere Dimensionen im Rahmen der aktiven Anlagestrategie bei Aktien sind die Spezialisierung auf High-tech-Titel oder auf die Liquidität abzielende Investment-Varianten, wie Blue Chip oder Small Cap Ansätze. Die bereits erwähnten Small Caps sind von der Börsenbewertung her relativ kleine Unternehmen, oft handelt es sich um Nischenplayer. Im Rahmen der ethisch-nachhaltigen Veranlagungsstrategie sind Small Caps vor allem im Bereich der Umwelttechnologie ein Thema für die Veranlagung. Eine Studie des ZEW (Zentrum für Europäische Wirtschaftsforschung) aus dem Jahr 2003 von M. Schröder untersuchte Strukturen und relative Performances einerseits deutsch/schweizerische und andererseits US-Fonds aus dem Bereich ethisch-nachhaltiger Veranlagung. Eines der wesentlichen Ergebnisse der Studie war eine starke Betonung der Small-Cap-Veranlagungen. Die Tendenz zu „kleinen Werten" ist vor allem bei Fonds aus Deutschland und der Schweiz zu beobachten.

Mehrwert durch ethisch-nachhaltige Veranlagungen

Inwieweit kann mit ethisch-nachhaltiger Veranlagung ein Mehrertrag erwirtschaftet werden? Bei der Beantwortung dieser Frage ist der absolute Performancebeitrag in Form einer Besser-Performance im Vergleich zu herkömmlichen Fonds von der die Ertrags-Risikostruktur verbessernden Beimischung zu unterscheiden.

Eine wesentliche Aussage der bereits erwähnten Studie des ZEW aus dem Jahr 2003 ist die Tatsache, dass ethisch-nachhaltige Veranlagungen als eigene Asset-Klasse bewertet werden können. Eine Beimischung dieser speziellen Asset-Kategorie in ein ausgewogenes Portfolio führt zu positiven Portfolio-Effekten, sprich einer Verbesserung der Ertrags-Risiko-Relation. Der Mehrwert ist in diesem Zusammenhang also zunächst einmal in der „relativen Variante" bestätigt.

Eine Studie der Bank Sarasin aus dem Jahr 2002 mit dem Titel „Aktienperformance und Nachhaltigkeit" kommt zu dem Schluss, dass Aktien von umwelt- und sozialverträglicheren Unternehmen derselben Branche ein geringeres Risiko von Kursschwankungen relativ zum Gesamtmarkt aufweisen. Der Zusammenhang zwischen dem Marktrisiko und dem Unternehmensrating wird durch einen Korrelationskoeffizienten von –0,19 unterstrichen. Im Rahmen der Studie wurden 300 europäische Unternehmen von 1996 bis 2001 untersucht. Es erfolgte ein zweidimensionales Umwelt- und Sozialrating.

Ein wesentliches oder vielleicht das wesentliche Argument für ethisch-nachhaltige Veranlagung ist damit die Aussicht auf ein damit verbundenes geringeres Risiko. Die nächste Frage in diesem Zusammenhang ist jene nach dem absoluten Risiko von ethisch-nachhaltigen Fonds. Die Untersuchungen bei ethisch-nachhaltigen Indizes zeigen, dass der Stil der ethisch-nachhaltigen Veranlagung bezüglich der Volatilität im Marktumfeld im Vorteil sein kann (siehe Tabelle 2). Stichtagsbezogene Untersuchungen sowohl zum Natur-Aktien-Index und seiner Benchmark unter den Gesamtmarktindizes, dem MSCI-World, als auch des Dow Jones World Sustainability zu dessen Pendant Dow Jones World belegen diese Aussage. Das heißt aber auch, dass beide ethisch-nachhaltigen Konzepte – prinzipienorientiert und Best-in-Class – offenbar Vorteile in Form von tieferen Volatilitäten aufweisen.

Der eher „orthodox" ausgerichtete NAI-Index konnte seine Benchmark in Form des MSCI-World-Index seit Indexstart im April 1997 deutlich hinter sich lassen. Der Index kann deshalb als aus ethisch-nachhaltiger Sicht „orthodox" bezeichnet werden, weil Positivkriterien dominieren und nach Branchenleadern etwa im Hinblick auf die Produktgestaltung, die technische Gestaltung des Produktions- und Absatzprozesses oder die soziale Gestaltung des Produktions- und Absatzprozesses bei der Indexzusammensetzung Ausschau gehalten wird.

Die hochgerechneten Performancewerte per 30.6.2003 liegen für

- den NAI-Index bei 62,1 %
- und den MSCI-World bei 8,4 %

Damit konnte der NAI-Index über etwas mehr als sechs Jahre eine Outperformance von insgesamt über 50 %punkten erzielen.

In den USA ist der seit 1990 berechnete Domini 400 Social Index eine viel beachtete Meßlatte im Bereich der ethisch-nachhaltigen Veranlagung. Auf Basis einer Statistik von 1991 bis 2001 konnte der Domini 400 sein Pendant auf Gesamtmarktebene, den S&P 500, klar outperformen. Dies gelang auf Sicht von drei, fünf und zehn Jahren. In der 10-Jahres-Periode wies der Domini 400 Index allerdings, auf Basis des Beta-Faktors, in dieser Zeitleiste ein etwas höheres Risiko auf als der S&P 500. Auf Basis des S&P 500 als Vergleichsmaßstab und einem

Beta von 1 lag der Domini 400 bei 1,1. Peter Camejo erklärt diese Tatsache in „The SRI Advantage“ (2002) mit einer höheren Schwankungsbreite der im Domini 400 enthaltenen Small Caps. Untersuchungen jüngeren Datums zeigen bezüglich des Risikos ein anderes Bild, wie in der Folge im Detail dargestellt.

Zusammengefasst lassen sich folgende Chancen für die Erzielung eines Mehrwertes aus ethisch-nachhaltiger Veranlagung ableiten:

- Zumindest phasenweise geringere Volatilität der Veranlagung, weniger Schwankung bei zumindest ebenbürtigen Ertragschancen
- Risikoreduktion im Portfolio bei Beimischung des selbständigen Stils
- Ertragschancen gegenüber dem Gesamtmarkt, vor allem in Zeiten des Abwärtstrends und der neutralen Entwicklung bis zur gemäßigten Hausse
- Positive Kommunikationseffekte bei institutionellen Mandaten

Camejo fasst die Chancen auf Outperformance durch ethisch-nachhaltige Konzepte folgendermaßen zusammen: Möglichkeiten für eine im Vergleich zum Markt überdurchschnittliche Entwicklung ergeben sich einerseits durch die Vermeidung von erkannten unternehmensspezifische Risiken und andererseits durch das Investment in Unternehmen mit überdurchschnittlichen Finanzzahlen und besonders effektivem Management. Als Beispiel für die geringere Volatilität bei gleichzeitigen Ertragschancen sollen die Daten zum ValueSar-Fonds der Bank Sarasin dienen, die schon in der Einleitung kurz zitiert wurden. Der

Tabelle 2: Ertragsvorteile bei gleichzeitiger Risikoreduktion am Beispiel des ValueSar der Bank Sarasin
Quelle: Bank Sarasin

	ValueSar	**Benchmark**
Performance seit 06/99	–26,93 %	–32,81 %
Return p.a. (seit 06/99)	–7,40 %	–9,28 %
Risiko p.a. (seit 06/99)	19,02 %	19,25 %
Information Ratio	0,22	

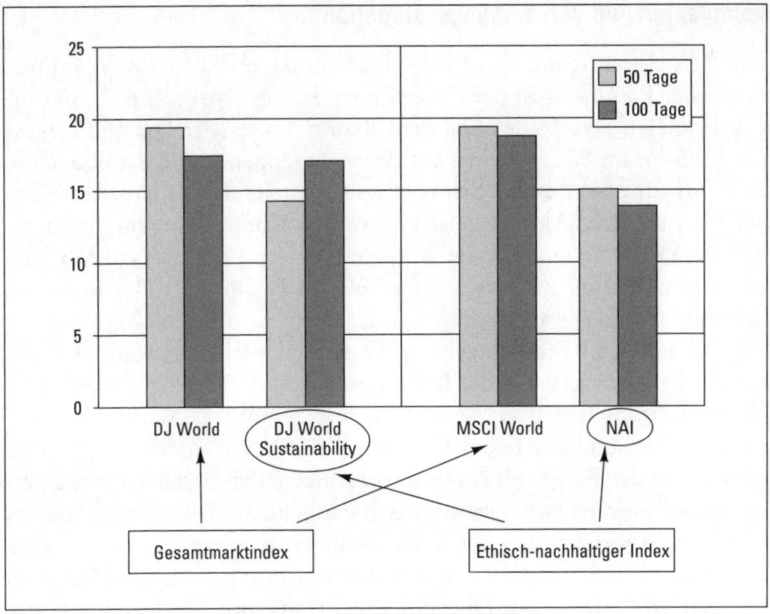

Abbildung 8: Volatilitäten ausgewählter ethisch-nachhaltiger Indizes im Vergleich zu Gesamtmarkt-Indizes

Fonds konnte bei geringerem Risiko deutlich outperformen und erzielte eine deutlich positive Information Ratio als Maß für die Fähigkeit des Portfoliomanagers, risikoadjustiert eine bessere Performance als die Benchmarkperformance zu erzielen. Die folgende Tabelle zeigt die Daten von Anfang Juni 1999 bis Ende Juni 2003 im Überblick.

Zurück zum Thema Volatilität. Die nächste Abbildung zeigt die Werte für die 50 resp. 100 Tage Volatilität per Ende Mai 2003 für ausgewählte ethisch-nachhaltige Indizes im Vergleich zu Gesamtmarkt-Indizes. Bezüglich der Aussagekraft der Darstellung muss allerdings die kurze Beobachtungsperiode von 1997 respektive 1999 bis zum aktuellen Zeitpunkt erwähnt werden. Allerdings umfasst dieser Zeitraum sowohl Aufwärts- als auch Abwärtstrend an der Börse.

Volatilitäten und Veranlagungskategorien

Die Berücksichtigung von Risiko im Veranlagungsprozess ist ein wesentlicher Parameter in der Portfoliogestaltung – vor allem auf der institutionellen Seite. Wie aber wird Risiko gemessen? Die Risikomessung erfolgt im Wesentlichen auf Basis vergangener und damit auch in Zukunft zu erwartender Schwankungsbreiten, die als Volatilität bezeichnet werden. Aktien weisen als in den Kursen überdurchschnittlich stark schwankende Asset-Kategorie ein im Vergleich zur Veranlagungen in Renten historisch weit höheres Risiko auf. Das bedeutet, dass der Anleger etwa nach drei, oder auch zehn Jahren Veranlagung ein viel höheres Risiko eingeht, zu einem willkürlich gewählten Stichtag – möglicherweise bei der Beendigung seiner Veranlagung aufgrund akuten Liquiditätsbedarfs – gerade in eine ungünstige Marktphase hineinzugeraten und bei tiefen Kursen zu verkaufen oder verkaufen zu müssen. In der Folge soll eine risikoreichere (stärker schwankende) einer risikoärmeren (weniger stark schwankenden) Veranlagung gegenübergestellt werden. Bei der risikoreicheren Kategorie könnte es sich etwa um Aktien, bei der risikoärmeren um Bonds handeln. Nun zum fiktiven Szenario selbst: Die stärker schwankende Veranlagungskategorie wies am Beginn der Veranlagungsperiode möglicherweise gerade ein Hoch, am Ende aber ein Tief auf. Der Ertrag über die gesamte Veranlagungsperiode wäre damit trotz langfristig durchschnittlich hoher Renditen möglicherweise äußerst beschränkt oder möglicherweise sogar negativ. Bei der geringer volatilen Veranlagungsform würde sich dieses Quasi-Timinig-Risiko, das sich mit der Länge der Investitionsperiode natürlich laufend reduziert, deutlich weniger ausgeprägt darstellen. Der Investor, der zum Zeitpunkt A kauft und bei B verkauft, hat unglücklicherweise trotz langfristig besserer Performancechancen seiner Asset-Klasse Gewinneinbußen erlitten. Die volatilere Veranlagungskategorie weist im Beispiel eine annähernd doppelt so hohe Ertragserwartung auf als die weniger volatile. Aufgrund des aber starken Aufwärtstrend – bei vielen Aufs und Abs – der volatileren Asset-Klasse wird das Problem mit der Erweiterung der Zeitachse zunehmend relativiert. Die volatilere Asset-Klasse entfernt sich langfristig immer weiter von der risikoloseren, allerdings unter höheren Schwankungen.

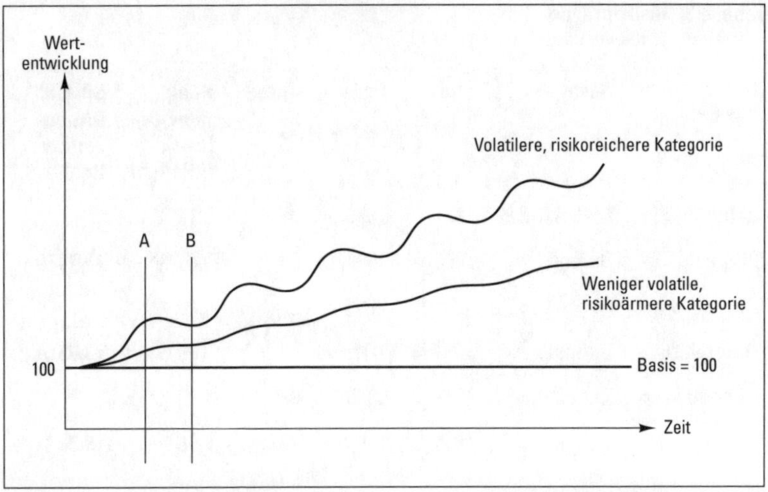

Abbildung 9: Volatilität und Veranlagung

Prinzip der Risikoprämie

In engem Zusammenhang mit der dargestellten Problematik rund um Volatilität und zu erwartendem Ertrag steht das Prinzip der Risikoprämie. Dieses Prinzip besagt, dass Anleger jedes erhöhte Risiko in einer Veranlagungskategorie durch höhere Erträge abgegolten bekommen möchten. Die Systematik ist auf Basis eines Vergleichs von Aktien- und Rentenveranlagung leicht erklärt. Die langfristig höher rentierenden Aktien weisen eine langfristig etwa drei bis vier Mal so hohe Volatilität wie Renten auf.

Statistiken belegen, dass Aktien im langjährigen Durchschnitt eine im Vergleich zu Renten oder Geldmarkt eindeutig überdurchschnittliche Performance aufweisen. Bernstein (1997) ermittelte etwa eine langfristige „Basis-Rendite“ am US-Aktienmarkt und gelangte zum Ergebnis, dass die langfristige Prämie von Aktien versus Bonds bei 3 % liegt. Bei dieser Untersuchung wurde die langfristige „Basis-Rendite“ am US-Markt unter der Prämisse errechnet, das bei den gerechneten Perioden Start- und Endwerte bei Aktien – Basis Dividendenrendite resp. KGV – und bei Renten – Basis Rendite – gleich waren.

Tabelle 3: Risikoprämie
Quelle: Constantia Privatbank 2001

Daten/ Perioden	Asset	Start	Ende	Jahre	Reale Rendite (nach Inflation)	Spread Aktien versus Renten
Jährlich, 19	Aktien (S&P)	1871	1985	56	6,19 %	
Jährlich, 37	Bonds	1803	1964	57	3,45 %	**+2,74 %**
Quartal, 44	Aktien (S&P)	4Q1949	3Q1995	25	5,40 %	
Quartal, 26	Bonds	3Q1926	4Q1996	22	1,75 %	**+3,65 %**
Periode max.	Aktien (S&P)	1887	1985	98	6,30 %	
Periode max.	Bonds	1866	1968	102	2,98 %	**+3,32 %**

Aktuelle Renditeaussichten und Volatilitäten

Die Erwartung höherer Renditen der Aktienmärkte wird auch von bewährten ökonometrischen Modellen, wie von FERI/Bad Homburg unterstrichen. An dieser Tatsache ändern auch immer wieder auftretende schwache „Aktienjahre", wie die Periode 2000–2003 nichts.

Tabelle 4: Renditeaussichten einzelner Asset-Kategorien
Quelle: FERI Institutional, FERI-Langfristprognose 2002–2011, Stand: 26. Juli 2002

	Basis-szenario	Alternativ-szenario	Historie (1971–2001)	FERI Langfrist-prognose
Geldmarkt EMU	4,3 %	4,0 %	5,9 %	**4,3 %**
Renten EMU	4,4 %	4,1 %	7,8 %	**4,7 %**
Aktien Europa	9,4 %	9,1 %	15,0 %	**9,9 %**
Aktien USA	7,6 %	7,1 %	13,0 %	**8,0 %**
Immobilien Europa	7,1 %	6,8 %	7,7 %	**7,1 %**
Wahrscheinlichkeit	60,0 %	30,0 %	10,0 %	

FERI hat die oben zitierte Langfristprognose speziell für die strategische Beratung institutioneller Investoren entwickelt, sie dient der Festlegung der langfristig optimalen Asset-Allocation. Die FERI-Langfristprognose gibt die systematisch erarbeitete Prognose der zukünftig zu erwartenden Performance verschiedener Anlagearten wieder. Die Ergebnisse der Langfristprognose bauen auf einem von der FERI-Wirtschaftsforschung entwickelten ökonometrischen Modell auf, das ca. 2.800 miteinander vernetzte Gleichungen umfasst und volkswirtschaftliche Prognosen für 60 Länder (einschließlich der Schwellenländer) erstellt. Das hinter diesen Einschätzungen stehende Risiko auf Basis von Volatilitätseinschätzungen liegt etwa bei 5 % im Bereich der Euro-Renten, während Aktien Europa und USA Werte zwischen 17 und 18 % aufweisen. Die übrigen in Abbildung 10 dargestellten Asset-Klassen werden mit einer Volatilitätserwartung von 0 % (Geldmarkt) resp. 5 % (Immobilien) eingeschätzt.

Unterschiedliche branchenspezifische Volatilitäten

Innerhalb der Asset-Klasse der Aktien schwankt die Volatilität auch innerhalb der einzelnen Branchen stark. So weisen etwa zyklische Branchen (wie Grundstoffindustrien, in den letzten Jahren auch IT und Telekom) eine deutlich höhere Volatilität auf.

Auf Basis ethisch-nachhaltiger Denkweisen erfolgt eine Auswahl der Branchen selbst und auch die Auswahl der Aktien innerhalb der Branchen in einer Weise, die Volatilitäten reduziert. Auch die erwähnte Studie des ZEW bestätigt eine äußerst geringe Beimischung zyklischer Aktien und zyklischer Branchen in ethisch-nachhaltige Portfolios. Tabelle 5 zeigt die monatliche Volatilität im MSCI World und seinen Branchen, einerseits als Durchschnitt seit 1995, andererseits die Höchst- und Tiefstwerte der Betrachtungsperiode.

Einzelne Branchen weisen wegen ihrer zyklischen oder defensiven Ausrichtung auch meist spezifische Performances im Rahmen des klassischen Konjunkturzyklus auf. Tabelle 6 gibt diese idealtypisch wieder. Die Tabelle zeigt auch das klassisch antizipierende Moment des Aktienmarktes, der als Vorlaufindikator gilt. Aktienkurse steigen also bereits zu einem Zeitpunkt, an dem die Konjunktur noch am Tiefpunkt der Entwicklung verweilt. Parallel mit der Konjunktur entwickeln sich

Tabelle 5: Branchenspezifische Volatilitäten
Quelle: Capital Invest

MSCI World	durchschnittliches Risiko	Minimum	Maximum
Gesamtindex	**19,17 %**	**15,38 %**	**19,89 %**
Grundstoffe	20,40 %	15,76 %	23,17 %
Zyklischer Konsum	23,28 %	15,47 %	24,20 %
Nicht-zyklischer Konsum	13,64 %	12,85 %	19,00 %
Energie	16,61 %	14,59 %	21,68 %
Finanzwerte	20,38 %	17,17 %	25,51 %
Gesundheit	14,78 %	14,78 %	20,28 %
Industrie allgemein	20,69 %	15,53 %	21,47 %
IT	43,18 %	24,57 %	46,15 %
Telekom	29,88 %	12,87 %	31,39 %
Versorger	16,21 %	11,57 %	16,55 %

die Unternehmensgewinne. Die Bewertungen der Unternehmen – in der Tabelle in Form der KGVs dargestellt – steigen in der Rezession auf Basis der Vorwegnahme des kommenden Aufschwunges an.

Auf der anderen Seite weisen Small Caps ein historisch höheres Risiko – gemessen an ihrer Volatilität – auf als große Werte. Dies soll durch den Vergleich der Indizes Dow Jones Industrial Average, S&P 500 und Nasdaq Composite dargestellt werden. Der Dow Jones ist der mit 30 Titeln am weitaus engsten gefasste Index, der S&P 500 ist ein weiter gefasster Blue Chip Index. Der Nasdaq Index umfasst kleinere Titel und Wachstumswerte.

Wie in Tabelle 7 dargestellt, steigt das Risiko mit der Ausweitung des Umfanges der einbezogenen Titel außerhalb der wirklichen Großkonzerne von Weltgeltung im Dow Jones an. Der Nasdaq Composite Index weist das höchste Risiko auf.

Tabelle 6: Konjunkturzyklus und Branchen

Konjunktur	Rentenmarkt	Aktienmarkt	KGVs	Gewinne	bevorzugte Branchen
Rückläufiges Wachstum	abflachende inverse Zinskurve	↘	neutral oder fallen leicht zurück	↘	Defensive Werte (Versorger, Pharma)
Rezession/ Depression	Zinssenkungen, Zinskurve dreht und wird steiler	↑	steigen an, auf hohem Niveau	↓	Konsumgüter, Bau, Banken, Versicherungen
Aufschwung	Allmähliches Abflachen der Zinskurve	↗	neutral oder steigen leicht an	↗	Frühzykliker, Zykliker (Papier, Textilien, Bau, Chemie, Auto)
Boom	Zinserhöhungen Tendenz zur Inversität	↓	sinken	↑	Spätzykliker (Investitionsgüter, Transport), Bergbau, Versorger, Gold

Tabelle 7: Unternehmensgrößenspezifische Volatilitäten
Quelle: Bloomberg

	50 Tages Volatilität	100 Tages Volatilität
Dow Jones Industrial Average	17,31	21,20
S&P 500	17,56	21,27
Nasdaq Composite	21,40	24,72

Spezifika ethisch-nachhaltiger Fondsprodukte

Nach dem bisher Gesagten drängt sich die Frage nach den speziellen Eigenschaften ethisch-nachhaltiger Portfolios auf. Durch die Vielzahl der in den letzten Jahren gestarteten Fondsprodukte steht für eine Untersuchung der Fondsstrukturen im Einzelnen mittlerweile ein angemessen großes Sample zur Verfügung. Die bereits erwähnte Studie des ZEW aus 2003 hat Fonds aus Deutschland und der Schweiz sowie Fonds aus den USA seit deren Auflage untersucht. Aus dieser und anderen Studien ableitbare Ergebnisse bezüglich Stil und Branchengewichtung waren die Folgenden:

- In den betrachteten Fonds existiert ein ausgeprägter Small Cap Bias. Unternehmen mit geringer Marktkapitalisierung werden also vergleichsweise hoch gewichtet, wobei diese Beobachtung vor allem für Fonds aus Deutschland und der Schweiz gilt.
- Fonds aus den USA sind tendenziell stärker im Bereich der Blue Chips veranlagt.
- Die Fonds weisen über ihre hohe Gewichtung von Small Caps zumeist eher Wachstums- also Growth-orientierte Struktur auf.
- Auf der Branchenebene dominieren in den betrachteten Portfolios bei den Blue Chips ganz eindeutig die Branchen „nicht-zyklische Konsumgüter" – wie Nahrungsmittel, Getränke, Gesundheit, Pharma etc. – und „nicht-zyklische Dienstleistungen" – Nahrungsmittel- und Drogerieeinzelhandel oder Telekom. Zusätzlich besteht bei den europäischen Produkten eine hohe Gewichtung von Aktien aus dem Bereich Versorgung, während die in der Studie analysierten US-Fonds auch größere Beträge in Richtung von Aktien aus dem Sektor Informationstechnologie investieren.
- Dabei führen ethisch-nachhaltige Kriterien wie bei Camejo (2002) nachzulesen, in der Aktienauswahl tendenziell zu höheren KBVs (Kurs-/Buchwert-Verhältnissen) und KGVs (Kurs-/Gewinn-Verhältnissen) im Portfolio
- In den betrachteten ethisch-nachhaltigen Fonds werden über die dargestellten nicht-zyklischen Komponenten Abhängigkeiten gegenüber dem allgemeinen Wirtschaftszyklus reduziert, allerdings wird diese geringe Zyklizität durch die erhöhte Gewichtung von Small Caps wieder kompensiert.
- In den Fonds fielen in einzelnen Branchen deutliche Gewichtungsunterschiede zum Gesamtmarkt auf. Untergewichtungen ergaben sich bei Blue Chips etwa bei den „Sin-Sektoren" wie „Grundstoffindustrien", im Bereich „Bergbau/Öl" und im Sektor „Industrie allgemein" – hierzu zählen laut Definition der Studie etwa Luftfahrt und Maschinenbau. Extreme Untergewichtungen oder sogar keine Berücksichtigung fanden die Branchen „zyklische Konsumgüter" – wie die Automobilbranche und „zyklische Dienstleistungen" – wie Einzelhandel, Freizeit, Medien, Transport.

Der Raiffeisen Ethik Aktien Fonds bildet die genannten Strukturen recht gut ab. In dem Fonds sind die 10 größten Positionen Procter & Gamble (US 4,2 %), GlaxoSmithKline (UK 4,0 %), Amgen (US 3,4 %), Nokia (FIN 3,1 %), Home Depot (US 2,7 %), Bank of America (US 2,6 %), AstraZeneca (UK 2,4 %), Royal Bank of Scotland (UK 2,4 %), HSBC (UK 2,3 %) sowie Bristol-Myers (US 2,0 %). Amgen und Bristol-Myers sind dabei als Wetten aus dem Nicht-Blue Chip Bereich zu bezeichnen. Eine große Menge weiterer Wachstumstitel befinden sich unter den geringer gewichteten Titeln.

Auch die Branchenstruktur des Raiffeisen Ethik Aktien Fonds entspricht dem vorher gesagten. Die Finanz dominiert mit 26,5 %, dahinter folgen nicht-zyklische Konsumgüter mit 23,8 %, zyklische Konsumgüter mit 10,2 %, Informationstechnologie mit 9,9 % sowie nicht-zyklische Dienstleistungen mit 7,4 %.

Unterschiedliche Fondsstrukturen

Ein anderes Bild vermittelt eine auf der Basis von Nachhaltigkeitsindizes, wie der DJSI-Familie, aufgebaute Studie (WestLB Panmure, 2002), die später noch im Detail dargestellt wird. Sie zeigt, dass Best-in-Class-orientierte Fonds abweichend zu den Ergebnissen der ZEW-Studie einen Large Cap Bias aufweisen, da das Sustainability-Thema offenbar gerade bei globalen Konzernen zuletzt starke Beachtung genießt.

	Best-in-Class	Prinzipienorientiert (Negativ-/Positivkriterien)
Small Cap Bias	Nein, eher Large Caps	Ja
Defensive Ausrichtung	Neutral	Ja, vor allem bei Blue Chips
Wachstumsorientierung	Ja	Ja, vor allem bei Small Caps
Untergewichtung von „Sin-Sektoren“	Ja	Ja

Abbildung 9: Eigenschaften von „ethisch-nachhaltiger“ Veranlagung, „Best-in-Class“ versus „Prinzipienorientiert“

Unterscheidungen sind auch nach Fondsgesellschaft oder Asset-Manager denkbar. Große Asset-Management-Gesellschaften, wie im folgenden Beispiel Fortis, die sich dem Thema ethisch-nachhaltiger Veranlagung als einem unter vielen Ansätzen nähern, tendieren meist zu „Best-in-Class"-Ansätzen in Verbindung mit einem Ausschluss der „offensichtlich" negativen Sektoren oder Produkte. Je stärker die Spezialisierung des Managers (Fonds Prime Value) oder je stärker die Rolle einer Rating-Agentur in der Auswahl der Einzeltitel ist, desto stärker wird die Ausrichtung in Richtung Small Caps und die Abweichung von klassischen Mandaten. Ein Grund für die stärkere Indexanbindung des Fortis-Produktes könnte auch der generell geringere Risikoappetit des „großen" Asset-Managers mit geringeren Tracking Error Vorgaben sein. Als Beispiele in diesem Zusammenhang sollen die größten 10 Positionen von den beiden Fonds „Prime Value Aktien Europa", einer auf ethisch-nachhaltige Produkte spezialisierten Vermögensverwaltungsgesellschaft und der „Fortis L Fund – Equity Socially

Tabelle 8: Titelauswahl bei ethisch-nachhaltigen Asset-Management-Produkten

Titel nach Größe im Fonds	Prime Value	Fortis L Fund – Equity Socially Responsible Europe
1	Centerpulse CH 5,7 %	Vodafone UK 5,4 %
2	Erste Bank A 4,0 %	BP UK 5,1 %
3	Mayr-Melnhof A 3,8 %	GlaxoSmithKline 4,3 %
4	St. Galler Kantonalbank CH 3,6 %	Royal Bank of Scotland UK 3,9 %
5	SAP D 3,6 %	HSBC UK 3,6 %
6	Verbund A 3,5 %	Shell Transport & Trading UK 3,5 %
7	Altana D 3,3 %	Total F 3,3 %
8	Geberit CH 3,3 %	Nokia FIN 3,0 %
9	Straumann CH 3,2 %	Royal Dutch NL 2,8 %
10	Vodafone UK 3,0 %	Roche CH 2,3 %

Responsible Europe“ einer weniger spezialisierten Einheit gegenübergestellt werden. Fortis gibt als Research-Basis das eigene europäische Aktienteam und als fremden Partner IRIS an. Laut Angaben des Managers des Prime Value wird das Research durch eigene Ethik-Analysten im Ethikbereich und zusätzlich durch ein unabhängiges interdisziplinäres Ethikkomitee mit monatlichen Konferenzen erstellt. Beide Fonds haben den FTSE4Good als Basis.

Beim Vergleich wird die enge Indexanbindung des Fortis Fonds an die europäischen Blue Chip-Index Gewichtungen deutlich, wogegen Prime Value deutliche, auch regionale, Wetten eingeht.

Zum Small Cap Bias und einer breiten Auffächerung an Investments

Besonders prinzipienorientierte Fonds, die mit Negativ- und/oder Positivkriterien arbeiten, weisen wie bereits dargestellt eine Übergewichtung, eine Neigung – im Englischen „Bias“ – zum Investment in Small Caps auf. Diese Tatsache kann unter anderem auch darauf zurückgeführt werden, dass bei kleinen Unternehmen die Einhaltung der Negativkriterien einerseits von Unternehmensseite einfacher darzustellen ist und sich andererseits die Überprüfung der Kriterien einfacher gestaltet. Ein Blick auf den Exkurs am Ende des Buches zeigt den Umfang von ethisch konzipierten Rating-Fragebögen. Eine Überprüfung dieser Kriterien auf der Ebene eines Großkonzerns sollte umfangreiche Kapazitäten erfordern.

Neben dem vielleicht auch wegen der Nachvollziehbarkeit offensichtlich gegebenen Trend zu Small Caps stellt sich die Frage der Ähnlichkeit der Portfoliostrukturen. Auch in diesem Zusammenhang scheint die Auswahl und die Art und Weise der Durchführung von Research und Ratings zu spezifischen Strukturen beizutragen. Eine Untersuchung unter ethisch-nachhaltigen Fonds in Großbritannien zwischen 1978 und 1991 zeigte wenige Übereinstimmungen zwischen den einzelnen Fondsprodukten. Von insgesamt 605 Unternehmen, die in allen 16 untersuchten Fonds Verwendung fanden, waren nur 32 in mehr als fünf Fonds zu finden.

Ethisch-nachhaltiger Performanceüberblick

In einer Vielzahl von Studien wurde eine Performanceuntersuchung bei ethisch-nachhaltigen respektive ökologieorientierten Fonds angestellt. Bei der Diskussion um diese Studie kann eines gleich vorweggenommen werden: Die Ergebnisse dieser Untersuchungen, die vor allem aus den USA stammen, liefern kein wirklich eindeutiges Bild. Folgende Schlussfolgerungen sind abzuleiten:

- Im Schnitt existiert eine „Ethik-Prämie", die der Investor für seinen Verzicht auf einzelnen Sektoren und Unternehmen zu bezahlen hätte, nicht
- die Wahl des Zeitpunktes der Untersuchungen ist von Bedeutung, da ethisch-nachhaltige Produkte offensichtlich einen defensiven Charakter aufweisen
- Je kürzer der Vergleichshorizont gewählt wird, desto geringer ist die Aussagekraft der Studie
- Regional unterschiedliche Aussagen können nicht getroffen werden, trotz nicht völlig deckungsgleicher Produkte im Bereich ethisch-nachhaltig und SRI etwa in Kontinentaleuropa und in den USA weisen die Performancestudien in eine ähnliche Richtung
- Auf Indexebene konnten die in der Folge noch näher diskutierten Index-Konstrukte NAI und Dow Jones Sustainability ihre Benchmarks auf der Gesamtmarktebene seit Auflage 1997 resp. 1999 jeweils deutlich (auf Positivkriterien basierender NAI) resp. leicht (Best-in-Class-orientierter Dow Jones Sustainability) schlagen

Wenn man zwischen den Ansätzen einerseits Negativ- resp. Positivkriterien also „prinzipienorientiert" und andererseits Best-in-Class in der Performanceuntersuchung differenzieren möchte, sieht man eindeutig unterschiedliche Ergebnisse. Die zuletzt an Bedeutung gewinnenden Best-in-Class gemanagten Veranlagungen können in der Regel mit der Gesamtmarktentwicklung mithalten und weisen im Durchschnitt keine Underperformance auf. Was Veranlagungen, die auf der Einhaltung von Negativ- resp. Positivkriterien basieren betrifft, so steht zunächst einmal fest, dass aufgrund der zwangsweise getroffenen Wetten gegenüber dem Gesamtmarkt der Tracking Error – also das Ausmaß der Abweichung vom Gesamtmarkt – deutlich ansteigt. In der Folge ist es von

Tabelle 9: Überblick über Performancestudien

Quelle: Armbruster, Christian (2000), Entwicklung ökologieorientierter Fonds

Studie	Datum der Veröffentlichung	Untersuchte Portfolios/Fonds	Ergebnis
Teper	1992	US-Portfolios	Geringere Renditen, höheres Risiko
Luther/ Matatko/Corner	1992	UK Fonds	Keine deutlichen Performanceunterschiede, starke Gewichtung von Small Caps
Hamilto/Jo/ Statman	1993	US Funds	Ergebnis zeigt durchschnittliche Performance der ethisch-nachhaltigen Fonds
White	1994	Deutsche und US Fonds	Bei US-Fonds Underperformance der ethischen Benchmark und des Gesamtmarktes, deutsche Fonds kaum schlechter als der Gesamtmarkt
White	1995	US-Portfolios	„Grüne Portfolios" erzielen deutlich höhere risikobereinigte Renditen als Portfolios, die sich aus Unternehmen mit geringerem Umweltimage zusammensetzen
Knörzer	1996	Deutschen und UK Fonds	Mehrheit der Fonds konnte weder ihre Benchmark noch die lokalen Aktienindizes schlagen
Kurtz	1997	SRI allgemein	Outperformance der ethisch-ökologischen Benchmarks, negative Diversifikationskosten, aber offenbar positive Informationseffekte
Travers	1997	Internationale Portfolios	Marktkonforme Renditen bei international anlegenden prinzipienorientierten Portfolios
SAM	1997	Internationale Portfolios	Positiver Zusammenhang zwischen Umwelt- und Aktienmarkt-Performance anhand der Branchenbeispiele Chemie und Pharma
Gregory/ Matatko/Luther	1997	UK Fonds	Underperformance prinzipienorientierter Fonds gegenüber der Benchmark
Sauer	1997	Domini 400 Social Index	Im Zeitraum Januar 1986 bis Dezember 1994 keine deutlichen Performanceunterschiede
Gottsman/ Kessler	1998	US-Portfolios	Ausschluss von Unternehmen aufgrund von Umweltkriterien hat keine signifikanten Auswirkungen auf nominale und risikobereinigte Renditen
Zimmermann	1998	Deutsche, UK und US-Fonds	Unterschiedliches Ergebnis, Deutschland tendenziell negativ, USA negativ, UK positiv
DiBartolomeo/ Kurtz	1999	Domini 400 Social Index vs. S&P 500	Im Zeitraum Mai 1990 bis Januar 1999 deutliche Outperformance des Domini 400
Statman	2000	Domini 400 Social Index und US Fonds	Von 1990 bis 1998 zeigte der DSI eine höhere risikoadjustierte Performance als der S&P 500, die Fonds zeigten eine marktkonforme Entwicklung
Kreander/Gray/ Power/Sinclair	2000	Fonds aus Belgien, Deutschland, Niederlande, Norwegen, Schweden, Schweiz, UK	Ethisch-nachhaltige Fonds und konventionelle Fonds zeigen eine sehr ähnliche Performance
Bauer/ Koedijk/ Otten	2002	Deutsche, UK und US Fonds	Deutsche und US Funds zeigten eine Underperformance gegenüber ihren Benchmarks und gegenüber konventionellen Fonds, UK Fonds zeigten eine Outperformance; alle Ergebnisse waren unter den Signifikanzschwellen; die Fonds zeigen allgemein eine Tendenz zu Growth Aktien und zu Small Caps

den Kriterien, dem Timing und der Portfoliogestaltung abhängig, ob eine Outperformance erwirtschaftet werden kann. Jedenfalls ist die Asset-Klasse ethisch-nachhaltig und prinzipienorientiert als deutlich „aktiv“ zu betrachten. Generell scheinen die verfügbaren Zeitreihen für Untersuchungen alle recht kurz zu sein, viele scheinen außerdem ideologisch belastet. Schließlich ist die Abgrenzung des Begriffs „Nachhaltigkeit“ selbst nicht ganz einfach.

Während etwa einige Portfoliountersuchungen zu beweisen scheinen, dass ausgewogene Portfolios ethisch-nachhaltiger Ausprägung nicht zu Nachteilen bei der ökonomischen Performance führen, zeigen manche Fondsstatistiken ein anderes Bild. Ethisch-nachhaltig oder ökologisch orientierte Fonds performten teils schlechter als der Marktindex und als der Fondsdurchschnitt. Letztere Aussage ist allerdings insofern zu relativieren, als ein Großteil aller im Markt befindlichen Fonds regelmäßig hinter den relevanten Indizes resp. Benchmarks zurückbleibt. In der Tabelle auf Seite 51 sind die Ergebnisse einiger Studien der letzten Jahre aufgelistet. Auf den Bereich der Marktindizes und Details zu deren Performance wird später noch in einem eigenen Kapitel eingegangen.

Eine detaillierte Untersuchung zum Thema ethisch-nachhaltiger Veranlagung in den USA wurde 1995 von Pava & Krausz erstellt. Die beiden Autoren untersuchten 21 Studien zum Thema Performance von SRI-(ethisch-nachhaltigen) Veranlagungen. Das Ergebnis der Studien – zugegebener Maßen schon etwas älteren Datums – aus den Jahren 1972 bis 1992 ging eindeutig in Richtung einer Outperformance ethisch-nachhaltiger Veranlagung.

Struktur einer möglichen Outperformance

Wie bereits dargestellt, konnte der ValueSar Fonds des Bankhauses Sarasin seine Benchmarkt über die letzten neunundvierzig Monate mit annähernd 6 % (–26,93 % vs. –32,81 %) deutlich outperformen. Eine Performanceattributionsanalyse dieser im Vergleich zum Index deutlich besseren Entwicklung ist zum gegenwärtigen Zeitpunkt noch nicht verfügbar. Wie in der Sarasin-Studie aus 2002 aber abgelesen werden kann, ist das Anlageuniversum für ein nachhaltiges Portfoliomanagement nicht nachteilig gegenüber dem Gesamtmarkt. Systematische Vorteile in der Performance scheinen vor allem diejenigen Ansätze im Bereich Nachhaltigkeit und Investment zu generieren, die systematisch auf Branchenschwerpunkte setzen. Die zitierte Studie sieht außerdem die Titelauswahl aus dem nachhaltigen Investmentuniversum als wesentlichen Faktor für die Performance des Portfolios oder Fonds.

Pava & Krausz (1995) sehen weitere Erklärungen für eine Outperformance ethisch-nachhaltiger Veranlagung: Sie meinen, dass das konsequente Verfolgen ethisch-nachhaltiger Konzepte durch Unternehmen die Ergebnisentwicklung letztendlich positiv beeinflusst und dass sich nur „gute" Unternehmen leisten können, langfristig ethisch-nachhaltige Konzepte zu verfolgen.

Aktuelle Studien mit positivem Ergebnis

Im Anschluss an die zitierte Vielzahl von Studien sollen drei aktuelle Untersuchungen, zwei davon von der Commerzbank aus 2002 und eine von WestLB Panmure von Ende 2002 Erwähnung finden.

Die Commerzbank kommt in ihrer ersten Studie „Green with Envy" zu dem Ergebnis, dass Investoren in ethisch-nachhaltigen Veranlagungen komplexere Risiken eingehen als Investoren in traditionellen Portfolios. Der Investmentstil trägt gemäß der Studie rund zwei Drittel des Risikos bei, nur ein Drittel kommt aus dem einzeltitelspezifischen Bereich. Die Analyse vergleicht den FTSE4Good, einen ethisch-nachhaltigen Index, mit dem FTSE Europe. Es handelt sich also um eine Analyse zweier Indizes ohne konkrete Berücksichtigung von Portfolios. Die Korrelation von FTSE4Good und FTSE Europe ist dabei relativ hoch, der Tracking Error als Maßzahl für die Abweichung von der Benchmark – in diesem Fall des FTSE Europe – liegt bei 2,58 %. Auf Länderebene stehen einer Übergewichtung in Großbritannien Untergewichtungen in der Schweiz, in Spanien und in Frankreich gegenüber. Auf Sektorenebene sind Finanzwerte und Ölaktien übergewichtet. Der FTSE4Good weist einen Blue Chip Bias auf, die Werte für Bewertungsrelationen wie Kurs-/Buchwert-Verhältnis oder Kurs-/Cash Earnings-Verhältnis sind überdurchschnittlich. Die letzten Beobachtungen sind mit den bisherigen Erkenntnissen, vereinbar und sprechen dem FTSE4Good eher den Charakter eines Best-in-Class-Index zu.

In der zweiten Studie der Commerzbank „Boxing against Green Shadows“ kommen die Autoren zur Aussage, dass Negativ- und Positivkriterien auch die Risikostruktur von Portfolios beeinflussen. Die Anwendung von Positivkriterien führt zu höheren einzeltitelspezifischen Risiken. Diese Studie vergleicht abermals zwei Indizes, den DJSI (Dow Jones Sustainability Index) mit dem DJ STOXX 600. Der Tracking Error liegt in diesem Fall bei 2,75 %.

In der Sustainability-Studie von WestLB Panmure von Ende 2002 wurde die durchschnittliche Gesamtrendite im Bereich Sustainability vom 1.1.99 bis 28.10.02 untersucht; sie erfolgte auf Basis der Analyse von Nachhaltigkeitsindizes in Form der Dow Jones Sustainability Benchmarks. Die Ergebnisse waren interessanterweise für alle Teilbereiche – untersucht wurden Growth, Value, Large Cap, Mid Cap und Small Cap – positiv. Mit einer nachhaltigen Veranlagungsstruktur konnten jeweils Outperformances erzielt werden.

Das Ergebnis der Studie wird in der Weise formuliert, „dass Sustainability ein eigenständiger renditetreibender Faktor ist, der die Performance über den Einfluss von Value-, Growth- und Size-Komponenten hinaus positiv beeinflussen kann.“ Auch hier wurde die Eigenständigkeit des ethisch-nachhaltigen Investmentstils somit nochmals unterstrichen. Bei der Betrachtung dieser Studie ist allerdings auf den sehr beschränkten zeitlichen Kontext hinzuweisen.

In der Gewichtung von Branchen und Ländern fiel im Dow Jones Sustainability auf Branchenebene eine deutliche Übergewichtung der „Technologie“-Branche auf. Außerdem waren „zyklische Konsumgüter“, „Finanzwerte“, „Gesundheit“ und „Telekom“ übergewichtet. Die Liste der untergewichteten Branchen wurde von den „Versorgern“ und den „nicht-zyklischen Konsumwerten“ angeführt, „Grundstoffindustrien“, „Industrie allgemein“ und „Energie“ waren untergewichtet. Damit ergibt sich auf Branchenebene ein im Vergleich zu auf Negativ- und/oder Positivkriterien basierenden Fonds durchaus unterschiedliches Bild. In der Ländergewichtung fielen eine starke Übergewichtung von Großbritannien und Deutschland und eine Untergewichtung von Italien und Frankreich auf.

Effekte aus dem eigentlich subjektiven ethisch-nachhaltigen Investmentstil?

Wie dargestellt, ist der ethisch-nachhaltige Investmentstil mit einer sehr aktiven Ausrichtung versehen. Branchenwetten in Richtung geringer Zyklizität und ein regional mehr oder weniger ausgeprägter Small Cap Bias sind wesentliche Bestandteile des Stils.

Wie sehen aber die aus den Nachhaltigkeitskriterien selbst generierten renditetreibenden Faktoren aus? Die spezielle Performance von ethisch-nachhaltigen Fonds erscheint zu rund einem Drittel aus diesem Faktor gespeist. Das bei der Attribution auftretende Problem ist aber auch jenes der Objektivität. Nachhaltigkeit kann sicher nicht als streng objektivierbarer Begriff interpretiert werden. Kriterienkataloge von Fonds und ethischen Beiräten gehen oft weit auseinander. Daraus folgt eine Reihe von subjektiven Entscheidungsparametern, die bei der Auswahl und der Gewichtung der Kriterien beginnt. Somit ist die ethisch-nachhaltige Veranlagung in ihrer Struktur wohl in eine spezifische Richtung abzielend, aber mit einer sehr großen Zahl individueller Facetten versehen. Letztendlich kommt es beim ethischen Investment auf Wertvorstellungen an. Diese Aussage ist für prinzipienorientierte aber

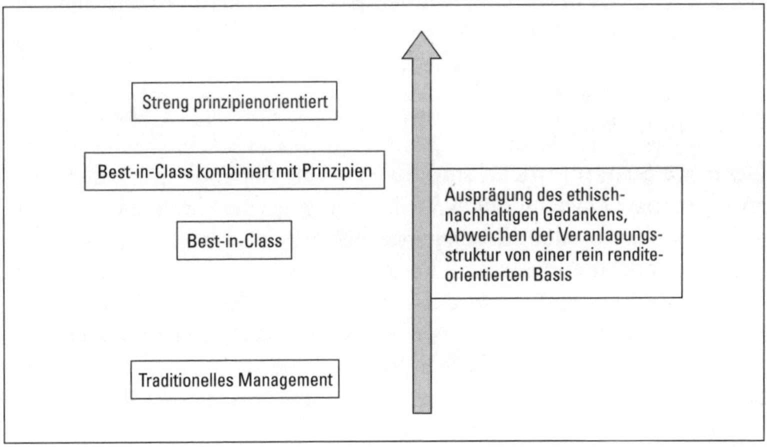

Abbildung 10: Ethisch-nachhaltige Konzepte und Abweichungen zur traditionellen Veranlagung

auch für Best-in-Class-Ansätze gültig. Diese Wertvorstellungen können divergieren. Daher existiert innerhalb ethisch-nachhaltiger Investments ein breites Spektrum an mit der reinen Gewinnorientierung möglicherweise nicht zu vereinbarenden Zielen. Die Ausprägung ethisch-nachhaltiger Veranlagungen ist vielfältig und die Übergänge zu den traditionellen, rein renditeorientierten Anlageformen fließend. Dabei ist der Best-in-Class Ansatz, wie erwähnt, wohl eher in Richtung traditioneller Veranlagungen zu interpretieren, die Verwendung einer Vielzahl von Negativ- und/oder Positivkriterien jedoch als stark abgegrenzt zu betrachten.

Beim Vergleich von ethisch-nachhaltigen Veranlagungen gibt es bei den Negativkriterien weitgehende Übereinstimmung in den Bereichen Tabakwaren, Waffen, Mißachtung von Menschenrechten und Tierversuchen. Was die Positivkriterien betrifft, so dominiert ganz eindeutig die Beachtung umweltverträglicher Geschäftstätigkeit.

Strukturbrüche als Chance?

Bei jeder Analyse der ethisch-nachhaltigen Veranlagung in der Vergangenheit darf nicht vergessen werden, dass Maßnahmen des Gesetzgebers jederzeit zu neuen Umfeldbedingungen führen können. Schließlich geht es in der Nachhaltigkeit um Bereiche, in denen der Gesetzgeber besonders aktiv ist. Dabei kann das Prinzip „der Vorwegnahme zukünftiger Entwicklungen und der Berücksichtigung noch nicht verrechneter Kosten“ für den ethisch-nachhaltigen Investor sehr schnell rechnen.

Derartige Strukturbrüche sind äußerst schwierig bis gar nicht prognostizierbar. Durch globale Veränderungen von Gesetzen beispielsweise in den für den Gesetzgeber bedeutenden Bereichen Soziales, Umwelt und Menschenrechte könnte relativ kurzfristig ein völlig verändertes Investmentumfeld entstehen. Dieses Umfeld würde die Bedeutung und die relativen wie absoluten Performancechancen im Bereich der ethisch-nachhaltigen Veranlagung kurzfristig deutlich verbessern. Beispiele für derartige von Gesetzesänderungen ausgelöste Strukturbrüche könnten etwa sein:

- Neue Abgasnormen für Emissionen (wie für Kraftfahrzeuge oder Industrie)

- Gebote für den Einsatz von neuen Technologien (der Einsatz von emissionsfreien PKWs in Kalifornien war ursprünglich durch ein fixes Mengengerüst vorgegeben, inzwischen – im Jahr 1999 – wurde das „Califonia Fuel Cell Partnership" als wegweisende Zusammenarbeit von Automobilkonzernen, Treibstoff-Lieferanten, Brennstoffzellen-Herstellern und US-Regierungsvertretern gegründet. Neues Ziel Kaliforniens ist, bis spätestens 2003 Fahrzeuge mit Brennstoffzellenantrieb im Alltagstest zu erproben)
- Veränderungen von Gesetzen im Bereich Dienstnehmerrechte (Umsetzung gewerkschaftlicher Grundsätze in Entwicklungsländern)
- Verbote von ökologisch bedenklichen Materialien (PVC)
- Verbote der Nutzung von Rohstoffen (Tropenhölzer)
- Fangverbote (Fischerei, bedrohte Tierarten)

Emissionshandel

In den Themenbereich der Strukturbrüche ist auch das Thema des Emissionshandels oder Emissionstradings einzuordnen. Der Emissionshandel der EU basiert auf dem Protokoll von Kyoto aus dem Jahr 1997. Das Protokoll legt rechtlich verbindliche Grenzen für Treibhausgasemissionen in den Industrieländern fest und sieht mit dem Emissionstrading einen innovativen, marktwirtschaftlichen Umsetzungsmechanismus vor, durch den die Kosten der Emissionsreduzierung niedrig gehalten werden sollen. Ziel ist eine Reduktion der Treibhausgasemissionen von durchschnittlich 5,2 % bis 2008–2012 auf Basis der Werte von 1990. Von den großen Problemstaaten haben die USA und Russland mit 36,1 % resp. 17,4 % der Emissionen das Protokoll jedoch noch nicht ratifiziert.

Die Europäische Union hat im Juli 2003 ihr eigenes, internes Emissionshandelssystem beschlossen. Nach dem EU-Emissionshandelssystem werden die EU-Mitgliedstaaten Grenzen für den CO_2-Ausstoß für energieintensive Unternehmen (ungefähr 10.000 Stahlwerke, Kraftwerke, Ölraffinerien, Papierfabriken, Glas- und Zementanlagen) dadurch festlegen, dass sie Berechtigungen ausstellen, wie viel CO_2 diese Unternehmen emittieren dürfen. Unternehmen, die Emissionssenkungen erzielen, können diese Berechtigungen an Unternehmen verkaufen, die Schwierigkeiten mit der Erreichung der Grenzen haben. Die zunächst am System teilnehmenden Unternehmen sollten für rund 50 % der CO_2-Emissionen verantwortlich sein, andere Branchen wie Aluminium, die chemische Industrie oder der Verkehrssektor sollen später einbezogen werden. Die Zuteilung der Emissionszertifikate erfolgt größtenteils kostenlos. Den Mitgliedstaaten steht es aber frei, im ersten Zeitraum (2005–2007) bis zu 5 %, im zweiten Zeitraum (2008–2012) bis zu 10 % der Emissionszertifikate zu versteigern.

Unterschiede in der Performancebeeinflussung durch soziale und ökologische Tangente

In einer Studie der Bank Sarasin vom September 2002 wurde ein möglicher Einfluss der Umwelt- und Sozialperformance auf die Aktienperformance untersucht. Die Untersuchung von mehr als 200 europäischen Unternehmen im Zeitraum von 1996–2001 erfolgte gemeinsam mit dem Institut für Ökologie und Unternehmensführung an der European Business School und dem ZEW (Zentrum für Europäische Wirtschaftsforschung) und setzt vor allem bei den Unternehmen selbst an, Portfolioüberlegungen stehen im Hintergrund. Das Ergebnis der Studie war, „dass eine gute Umwelt- und Sozialperformance keinen signifikant negativen Einfluss auf die durchschnittliche Aktienrendite eines Unternehmens hat", und man daher mit nachhaltigen Kapitalanlagen keine systematischen Abstriche bei der Rendite zu machen hat.

Dabei bestehen aber Unterschiede bezüglich der sozialen und der ökologischen Tangente. Unternehmen aus besonders umweltverträglichen Branchen scheinen über einen deutlichen Renditevorteil zu verfügen. Auf der anderen Seite hat die Sozialverträglichkeit einen eher negativen Effekt, was zu dem insgesamt neutralen Ergebnis führt. Der Grund für die Unterschiede im sozialen und ökologischen Aspekt könnte in der Präsenz und der Wahrnehmung der Probleme durch die Öffentlichkeit liegen. Umweltrisiken sind offensichtlicher, soziale Risiken haben einen eher latenten, nicht sofort erkennbaren Charakter. Eine Verlagerung von Produktionen in aus sozialen Gesichtpunkten problematische Länder kann etwa kurzfristig positive Auswirkungen auf den Unternehmenserfolg zeigen. Ein interessantes Detail hierzu betrifft den Finanzbereich. Aktien aus den Segmenten Banken und Versicherungen verfügen nämlich über ein eindeutig positives Umweltrating

Tabelle 10: Umwelt- und Sozialrating einzelner Branchen
Quelle: Bank Sarasin

Branche	**Rating**
Automobil	Niedrig
Energie fossil (Öl, Gas, Kohle)	Niedrig
Bergbau und Metallerzeugung	Niedrig
Chemie	Niedrig
Nahrungsmittel & Getränke	Unterdurchschnittlich
Luftverkehr	Unterdurchschnittlich
Straßentransport	Unterdurchschnittlich
Bau- und Baumaterialien	Unterdurchschnittlich
Energieversorger	Unterdurchschnittlich
Pharma	Unterdurchschnittlich
Tourismus & Freizeit	Unterdurchschnittlich
Papier & Forstwirtschaft	Unterdurchschnittlich
Groß- und Einzelhandel	Durchschnittlich
Maschinenbau	Durchschnittlich
Elektronische Konsumgüter	Durchschnittlich
Konsumgüter & Verpackung	Durchschnittlich
Elektrotechnik & Elektronik	Durchschnittlich
Abfallentsorgung	Durchschnittlich
Schiff- und Bahntransport	Durchschnittlich
Sonstige Dienstleistungen	Durchschnittlich
Elektrische Haushaltsgeräte & Möbel	Durchschnittlich
Banken	Durchschnittlich
Versicherungen	Überdurchschnittlich
Medien & Kommunikation	Überdurchschnittlich
Gesundheit & Medizintechnik	Überdurchschnittlich
Telekommunikation	Überdurchschnittlich
Wasserversorger	Hoch
Software	Hoch
Erneuerbare Energien	Hoch

und ein negatives Sozialrating. Allerdings verfälschen die Daten dieser beiden Sektoren die Grundaussage der Studie nicht.

Auch in Richtung des Risikoaspektes liefert die Studie interessante Aufschlüsse. Aktien von umwelt- und sozialverträglichen Unternehmen weisen nämlich im Vergleich zu anderen Unternehmen derselben Branche ein geringeres Risiko von Kursschwankungen relativ zum Gesamtmarkt auf. Im Anhang der Studie aus 2002 ist das Umwelt- und Sozialrating einzelner Branchen vermerkt.

In einer weiteren Studie aus dem Jahr 1999 war Sarasin zu dem Ergebnis gekommen, dass bei Unternehmen aus besonders umweltrelevanten Branchen die Aktienrendite bei zunehmender unternehmensspezifischer Umweltperformance signifikant ansteigt. Dabei spielt die Wahrnehmung der Öffentlichkeit eine wesentliche Rolle, wie bereits oben erwähnt. Auf der anderen Seite konnte aber bezüglich der unternehmensspezifischen Sozialperformance kein signifikanter Einfluss auf die Rendite festgestellt werden.

3. Gut und moralisch

„What, will these hands ne'er be clean?" (Macbeth)

Der Begriff des ethischen Investments wird unterschiedlich verstanden und weist, wie bereits diskutiert, verschiedene Spielvarianten auf. Jedenfalls setzt die Umsetzung von ethischer Veranlagung Kenntnisse über den Begriff der Ethik voraus. Um die Ethik als Basis eines Investmentstils oder als eine Blickrichtung auf Veranlagungen verwendbar zu machen, ist eine objektivierte Sichtweise Voraussetzung.

Subjektive oder objektive Ethik

Ethik beschäftigt sich mit der Verantwortung für menschliches Handeln, und zwar

- gegenüber sich selbst (individualethische Verantwortung)
- gegenüber anderen (personalethische Verantwortung) oder
- gegenüber der Umwelt (umweltethische oder ökologische Verantwortung)

Der Begriff Moral hingegen bezeichnet die faktisch herrschenden Normen eines abgegrenzten Kulturkreises. Damit sind Ethik und Moral zwar inhaltlich ähnlich, aber doch unterscheidbar. Eine wesentliche Frage zu Beginn der Diskussion um den Begriff der Ethik ist, ob der Begriff Ethik überhaupt greifbar genug ist, um ihn für eine Veranlagung in der realen Welt umsetzbar machen zu können. Vor allem die Zweifler an ethischen Konzepten stellen jegliche ethische Wertvorstellungen vielfach als eine Frage lediglich subjektiver Entscheidungen dar. Das Argument geht dabei in die Richtung, dass ethisch akzeptable Verhaltensweisen weder aus überlieferten Traditionen gefolgert werden können, noch dass es rational schlüssige Begründungen für diese gibt. Ethik und ethisches Handeln wären auf Basis dieser Argumentationskette somit lediglich eine Frage des Geschmacks.

Hintergrund des Versuchs der Abschwächung der Bedeutung ethischer Grundlagen durch die Einbringung dieses „Subjektivitätsarguments“ ist eine Art von Abwehrhaltung oder Gegenreaktion. Und zwar eine Abwehrhaltung gegen das Eingreifen traditioneller Lebensregeln in das Leben des Einzelnen. Wer sich in persönlichen Bereichen wie Sexualität oder Religion bei nicht gezeigter Konformität mit Strafandrohungen konfrontiert sieht, kontert in der Form, dass er eben ethischen Regeln prinzipiell keine allgemeine Gültigkeit zugesteht. In der Folge soll aber gezeigt werden, dass es die „objektive Ethik“ sehr wohl gibt und dementsprechend auch die Anwendung als Investmentkriterium sehr wohl Sinn machen kann.

Unterschiedliche Bereiche der Ethik

Zunächst muss man aber den Begriff der Ethik genauer definieren. Bei der ethischen Diskussion sollten unterschiedliche Teilsegmente auseinandergehalten werden. Einerseits existieren sicherlich Bereiche, in denen Fragen des individuellen Lebensstils betroffen sind. Andererseits geht es aber auch um Blickrichtungen, in denen die Ethik grundlegende Normen des Miteinanderlebens aller Menschen benennt. Gemeint sind Grundnormen, die sich fraglos jeder Diskussion um Subjektivität entziehen können. Derartige Grundnormen könnten etwa das friedliche Zusammenleben der Menschen, die Verteilung der Lebenschancen oder die Bewahrung der Lebensgrundlagen sein.

Ein weltweit gültiger Wertekonsens

Zur weiteren Objektivierung des Ethik-Begriffs dient eine quasi globale ethische Sichtweise. Diese versucht sich über religiöse oder weltanschauliche Grenzen hinwegzusetzen. Ein Versuch in die Richtung der Objektivierung via globale Sichtweise wurde vom Theologen Hans Küng mit seinem Prinzip des „Weltethos“ beschritten. Ziel für Küng war ein Wertekatalog, der pflichtethisch geprägt ist, aber trotzdem letztendlich an den Folgen für das Wohlergehen der Menschen orientiert bleibt. In das „Weltethos“ sollten unterschiedliche Weltreligionen unter Berücksichtigung auch nicht religiöser Wertanschauungen Eingang finden. Der Grundkonsens, in dem sich Menschen mit unterschiedlichen Religionen, Weltanschauungen und nationalen Zugehörigkeiten mit ihren Traditionen wiederfinden können, ist das schließlich auch erreichte Ziel.

Prinzipiell sind es vier Gebote, die offenbar unverrückbar in allen Religionen und Wertesystemen wiederzufinden sind. Auf Basis der christlichen Religion wäre die Formulierung „Du sollst nicht töten", „Du sollst nicht stehlen", „Du sollst nicht lügen" und „Du sollst nicht Unzucht treiben". Auf dieser Basis wurden von Küng im Rahmen seines „Weltethos" vier „unverrückbare Weisungen" entwickelt. Es handelt sich dabei um:

1. Die Verpflichtung für eine Kultur der Gewaltlosigkeit und der Ehrfurcht vor allem Leben
2. Die Verpflichtung in Richtung einer Kultur der Solidarität und einer gerechten Wirtschaftsordnung
3. Die Verpflichtung für eine Kultur der Toleranz und ein Leben in Wahrhaftigkeit
4. Die Verpflichtung in Richtung einer Kultur der Gleichbehandlung und der Partnerschaft von Mann und Frau

„Investor Citizenship" und Demokratisierung der Wirtschaft

Im täglichen Leben eine ethisch-moralische Handlungsweise an den Tag zu legen, ist eine gute Sache. Dieselbe Ebene soll in Form des „Investor Citizenship" aber nun auf die Ebene Investor und Unternehmen übertragen werden. Das Konzept des „Investor Citizenship" geht davon aus, dass Aktionäre als Teileigentümer einer Gesellschaft neben den erwarteten Ertragsaussichten auch Verantwortung zu übernehmen haben. Mit ethisch-nachhaltigen Geldanlagen kann die Untrennbarkeit zwischen Eigentum und Verantwortung verwirklicht werden. Das Konzept führt letztendlich recht eindeutig in Richtung einer aktiven Handhabe der Mitbestimmungsmöglichkeiten durch die Aktionäre, sprich Aktivismus.

Investoren als Aktionäre können ihre ethisch-moralischen Ziele in der Richtung definieren und verwirklichen, indem sie ihren Einfluss zugunsten verschiedener Stakeholder-Gruppen ausüben. Man kann die Gewinne des Unternehmens als Teil der Gesellschaft sehen, und Aktivismus als demgegenüber stehende Verantwortung definieren. Es geht letztendlich um eine Demokratisierung der Wirtschaft. Dabei sind gerade die vielen kleinen Kapitalanleger mit aufgerufen, sich des Potentials ihres Einflusses bewusst zu werden und ihn auch zu gebrauchen.

Auf diese Weise kann einerseits die Wirtschaft demokratischer gestaltet werden und auch die gesellschaftliche Entwicklung kann durch neue Ideen und Überzeugungen profitieren. Wie Deml & Jungmeier bereits 1990 darstellten, können und müssen die Anleger frei entscheiden, ob sie ihre Anlageentscheidung nicht nur anhand finanzieller Überlegungen treffen, sondern Geld gemäß ihren individuellen Werthaltungen und bestimmten Kriterien „arbeiten“ lassen wollen.

Letztendlich geht es aber auch darum, individuell die Verantwortung zu übernehmen für einen zukunftsfähigen und auf sozialer wie auch ökologischer Gerechtigkeit basierenden Wirtschafts- und Lebensstil. Diese Entwicklung muss eine Nutzenmaximierung und auch eine grundsätzlich ökonomische Ausrichtung nicht ausschließen. Lebensqualität ist aber nicht ausschließlich an den Gebrauch von geeigneten Wirtschaftsgütern gebunden. Eine neue Verantwortung, eine neue Bereitschaft von der Konsumentenseite gibt den Unternehmen selbst schließlich auch wieder die Möglichkeit, mit „sauberen Produkten“ – einer quasi „sustainable consumption“, also einem an der Nachhaltigkeit orientierten Konsum – auch „saubere Gewinne“ einzufahren. Dazu später.

Erfolge der Aktivismusstrategie

Verantwortung übernehmen, heißt aber auch, das „Investor Citizenship“ aktiv zu leben. Erste Erfolge der Aktivismusstrategie waren in den USA etwa in Bezug auf Dow Chemical und die Napalmproduktion oder in der „Campaign GM“ zu verbuchen. Näheres dazu im folgenden Kapitel.

Ein Beispiel für die organisierte Form des Aktivismus in Deutschland ist die Vereinigung der „Kritischen Aktionäre“. Die Kritischen Aktionäre streiten, nach eigener Definition, seit über 20 Jahren in den Hauptversammlungen deutscher Konzerne für mehr Umweltschutz und mehr soziale Gerechtigkeit. Zu den Zielen der Vereinigung zählen:

- Der Erhalt von Arbeits- und Ausbildungsplätzen
- Die Förderung umweltfreundlicher Produkte und des Klimaschutzes
- Die Durchsetzung der Sozialbindung des Eigentums

- Die Bekämpfung der Überbetonung des „Shareholder Value"-Prinzips
- Die Auflehnung gegen Rüstungsproduktion, Atomenergie und umweltschädliche Geschäfte

Die „Kritischen Aktionäre" haben 2002 auch ein klares Bekenntnis für ethisches Investment abgegeben und Positiv- wie auch Negativkriterien formuliert.

„Saubere" Gewinne

Das Streben nach Gewinn ist immer Ziel der Veranlagung, auch wenn diese ethisch-nachhaltig orientiert ist. An dieser Stelle soll nun dem Terminus des „sauberen Gewinnes" nachgegangen werden. Darunter könnte man an der Börse nach ethisch-nachhaltigen Gesichtspunkten erzielte Erträge auf nachhaltiger Basis verstehen. Der Gewinn als solches soll, sofern er sich als „sauber" bezeichnen lässt, nichts zu tun haben mit der Übervorteilung einer anderen Partei. Dabei ist Partei im Sinne der Stakeholder-Terminologie zu verstehen. „Unsauber" würde – bei einer Beschränkung auf vier wesentliche Teile der Stakeholder-Systematik – etwa abzielen auf:

- Kunden oder Lieferanten – bei unsauberen Praktiken den Geschäftspartnern gegenüber
- Gesellschaft – wenn Kosten der Gesellschaft aufgebürdet werden (etwa bei Übernutzung „freier Güter")
- Ökologie – bei vorübergehenden oder dauerhaften Schädigungen der Umwelt
- Mitarbeiter – im Fall von sozial nicht vertretbaren Arbeitsbedingungen

Unter der Voraussetzung einer Gewinndefinition als Erlös – abzüglich der Kosten – kann man zwei Dimensionen unterscheiden, wo die „Sauberkeit" zu gewährleisten ist.

In der Folge können etwa über das folgende Regelwerk saubere Gewinne formuliert werden. Ein Zusammenhang mit Negativkriterien und Positivkriterien in der Aktienauswahl ist dabei klar erkennbar. Eine Dimension, wann ein Gewinn oder Gewinnspannen nicht mehr als

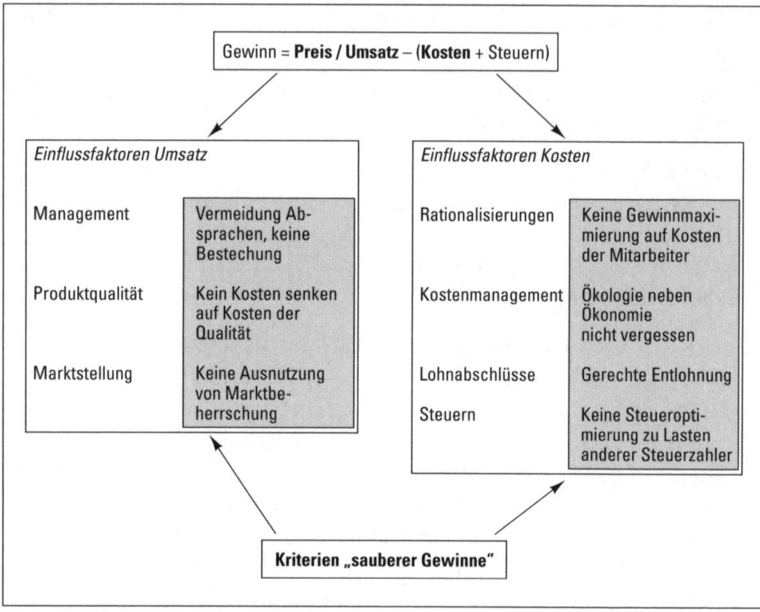

Abbildung 11: Saubere Gewinne auf Basis von Preis- und Kostengestaltung

„sauber“ betrachtet werden kann, ist daraus aber nicht ableitbar. Ein Regelwerk für „saubere“ Gewinne wie bei Gérard (2002):

- Ein langfristig betrachtet faires Preis-/Leistungs-Verhältnis für die Kunden
- Die Geschäftspraktiken sollten jede Beeinflussung der marktbedingten Preisbildung, wie Preisabsprachen, Schwarzgeldgeschäfte, Korruption und die Ausnutzung von Monopolstellungen ausschließen
- Gefordert ist ein ernsthaftes Anstreben der Optimierung von relativen Werten (wie der Ökoeffizienz im Branchen-, Sektor- oder Ländervergleich) und von absoluten Werten (wie Emissionen, Verbrauchsmengen an natürlichen Ressourcen) bei der Produktion oder zur Verfügung Stellung von Dienstleistungen
- Umweltziele und soziale Ziele sollten mit der gleichen Entschlossenheit wie Finanzziele verfolgt werden

- Die Erzielung von Preisvorteilen auf dem Markt für bearbeitete oder nicht bearbeitete Vorprodukte (insbesondere bei Rohstoffen) zu Lasten von Lieferanten, die vielleicht noch in Abhängigkeitsverhältnissen gegenüber der Firma stehen, ist auszuschließen
- Lohndumping ist zu vermeiden, die Mitarbeiter sollen in Würde arbeiten können und die Möglichkeit der Aus- und Weiterbildung besitzen
- Eine transparente Kommunikation mit den Aktionären soll sichergestellt werden, wie etwa über Ad-hoc-Mitteilungen wichtiger Informationen
- Die Rechnungslegung sollte eine objektivierte Darstellung des Unternehmens zum Inhalt haben, internationale Standards sollten eingehalten werden
- Das Unternehmen sollte sich zur Gleichbehandlung von Kleinaktionären gegenüber Großaktionären bekennen
- Jegliche Art von unzulässiger Steueroptimierung oder Steuerflucht sollte vermieden werden
- Ein reines Shareholder-Denken ist nicht das Unternehmensziel, vielmehr soll ein respektvoller Dialog mit den Stakeholdern mit gegenseitigem Respekt, Leitbilder und Deklarationen umgesetzt werden
- Bei der Hauptversammlung als wesentlicher Komponente der Aktionärsinformation und -mitbestimmung ist eine transparente Darstellung des Sozial- und Umwelt-Reportings gefordert

Weitere Details zu Negativ- oder Ausschlusskriterien und zu Positivkriterien folgen später. Der Begriff des „sauberen Gewinns“ ist aber sicherlich nicht völlig exakt definierbar.

Ethische Handlungssituationen

Nach der Charakterisierung von „sauberen“ Gewinnen ein kurzer Schwenk zur Unternehmensseite und zu möglichen Spannungsfeldern zwischen „saubereren“ und „wenig sauberen“ Gewinnen.

Auf der Ebene des einzelnen Unternehmens bestehen unterschiedliche Möglichkeiten zur Durchsetzung ethischer Anforderungen. Im Spannungsfeld zwischen ökonomischer Rentabilität und sozialer/ökologischer Verantwortung ergeben sich, wie in der folgenden Abbildung dargestellt, unterschiedliche Konstellationen.

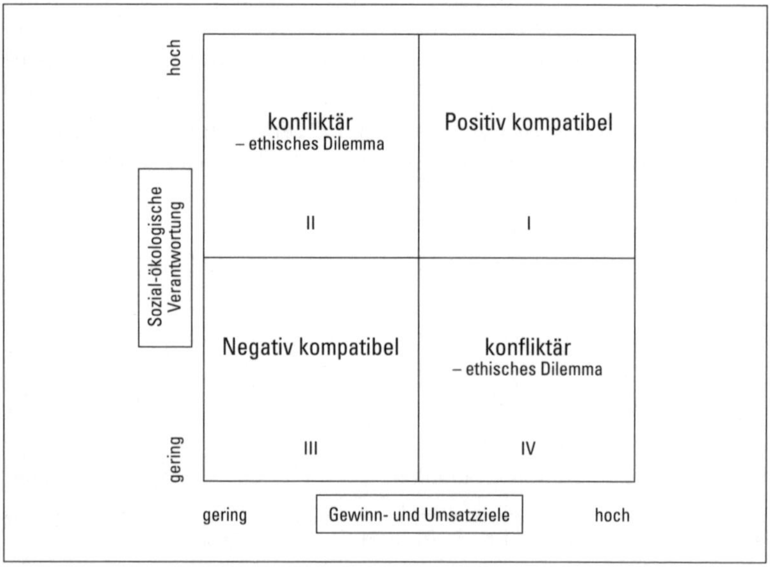

Abbildung 12: Spannungsfeld ethischer Handlungssituationen
Quelle: Institut für Markt Umwelt Gesellschaft e.V. (imug) (1997). Unternehmenstest – Neue Herausforderungen für das Management der sozialen und ökologischen Verantwortung

Die Felder III, weil in beiden Dimensionen uninteressant, und I, weil aus ökonomischer und sozial/ökologischer Sicht optimal, sind für eine weitere Diskussion wenig zielführend. Andererseits tun sich in den Feldern II und IV interessante Dilemma-Situationen auf. In Feld II stellt sich etwa die Frage, ob Produkte oder Leistungen, die vom Markt her nicht entsprechend abgegolten werden, weiter produziert respektive angeboten werden sollen. Ein Beispiel wäre der Verzicht des Unternehmens auf Tierversuche, den die Verbraucher und Kunden nicht respektieren oder honorieren. In Feld IV ist die Fragestellung diejenige, ob Rentabilitätsnachteile in Kauf genommen werden sollen, um ethisch bedenkliche Prozesse abzustellen. Ein Beispiel wäre etwa die

Inkaufnahme von Kinderarbeit an einem Standort der Dritten Welt. Das Unternehmen kann in beiden Dilemma-Situationen II und IV versuchen, das Feld I zu erreichen, etwa in Form von Marketingmaßnahmen oder der Anregung einer Änderung des regulatorischen Umfeldes für alle Anbieter.

Die Strategien im dargestellten Modell gehen alle davon aus, dass sich ethisches, sozial-ökologisches Verhalten rechnen muss. Chancen für Ansätze in Richtung eines verstärkt sozial-ökologisch orientierten Verhaltens ergeben sich einerseits durch eine Veränderung der gesetzlichen Rahmenbedingungen als quasi marktneutrale, für alle Wettbewerber geltende, Voraussetzung oder als Chance beim Kunden. Akzeptiert der Kunde den Weg des Unternehmens in Richtung Sozialengagement und Ökologie und fragt er trotzdem oder gerade deshalb nach, ist ein Erfolg sichergestellt. Auch die bereits dargestellte Problematik rund um offensichtliche Risken oder Belastungen – wie in der Studie der Bank Sarasin zwischen Ökologie und Sozialem dargestellt – tritt im angeführten Dilemma wieder zu Tage. Die Maßnahmen des Unternehmens müssen sich rechnen, die Konsumenten müssen die Neuorientierung in Richtung Nachhaltigkeit aber zuerst erkennen und dann auch entsprechend respektieren.

Kriterien eines „Grünen Produkts"

Der Betrachtung der sauberen Gewinne soll nun eine Analyse auf einer Ebene darunter, nämlich auf der Produktebene, folgen. Denn die grundsätzlich ethische Sichtweise, etwas weiter definiert als Basis der ethisch-nachhaltigen Veranlagung, lässt sich auch am Beispiel eines „grünen" Produkts nachvollziehen. Folgende Charakteristika sind für „grüne Produkte" am prägendsten:

- Das „grüne" Produkt sollte ein wesentliches menschliches Bedürfnis befriedigen, also keinesfalls dem Bereich Luxus zuzuordnen sein
- Durch die Nutzung, die Verwendung des Produkts sollte die Gesundheit des Konsumenten auf keinen Fall gefährdet werden
- Im Rahmen von Produktion, Gebrauch und Verwertung des Produkts sollte eine über dem Rahmen liegende und vor allem nachhaltige Schädigung der Umwelt ausgeschlossen sein

- Die Produktion oder Herstellung der Rohstoffe oder Ausgangsmaterialien für das Produkt sollten nicht in Zusammenhang mit einer bedrohten Tier- oder Pflanzenart oder mit einer bedrohten Region oder einem bedrohten Ökosystem stehen
- In der Entwicklung oder der Produktion des Produkts sollten keine unnotwendigen Grausamkeiten gegenüber Tieren, also keine Tierquälerei angewendet werden
- Das Produkt sollte möglichst aus recycliertem Material oder erneuerbaren Ressourcen unter der Maßgabe des Umweltschutzes produziert werden
- Das Produkt sollte zunächst langlebig und wiederbenutzbar, später recyclierbar oder vollständig abbaubar sein
- Die Verpackung sollte möglichst wenig aufwendig und umweltschonend erfolgen

Auch die Kriterien des NAI geben Ideen für die Merkmale, die eine „grünes Produkt“ oder eine „grüne Dienstleistung“ aufweisen sollte.

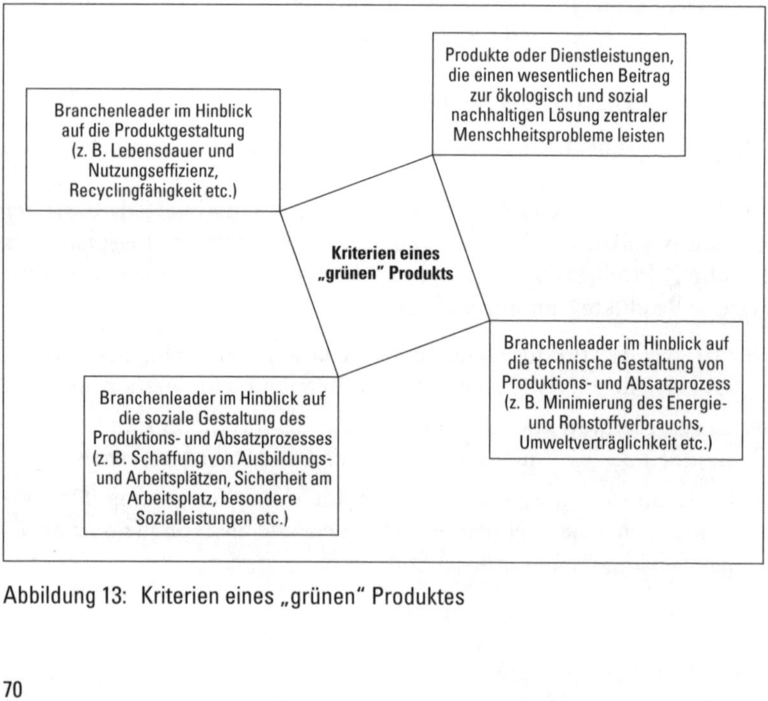

Abbildung 13: Kriterien eines „grünen“ Produktes

Die in der vorherigen Abbildung dargestellten Dimensionen sind dabei anzudenken.

Sind institutionelle Investoren moralischer?

Ein interessantes Detail im Bereich der Nachfrage nach ethisch-nachhaltigen Veranlagungsprodukten ist das unterschiedliche Interesse seitens privater und institutioneller Investoren. Bislang wird das Interesse an ethisch-nachhaltiger Veranlagung nämlich vor allem von der institutionellen Seite der Investoren getragen. Die Tatsache, dass der Kleinanleger sich bisher nur zum Teil interessiert zeigt, kann unterschiedlich interpretiert werden. Ein Erklärungsansatz wäre, dass ethisch-nachhaltige Veranlagung den Institutionen quasi vorgeschrieben wird und kein wirkliches Bedürfnis darstellt. Dieser Argumenta-

Tabelle 11: Charakteristika individueller und institutioneller Anleger
Quelle: Kirchhoff, Klaus Rainer & Piwinger, Manfred (Hrsg.) (2001). Die Praxis der Investor Relations

	Privatanleger	**Institutioneller Anleger**
Allgemein		
Anlagekapital	Niedrig	Hoch
Performanceorientierung	Niedrig	Hoch
Informationsverarbeitung	Weniger professionell	Professionell
Zeithorizont	Langfristig	Unterschiedlich
Bezüglich ethisch-nachhaltiger Veranlagung		
Information	Niedrig	Gegeben
Druck von Lobbyisten	Keiner	Gegeben
Verständnis für die Veranlagungsgrundsätze	Gering	Hoch
Positive emotionale Grundhaltung zum Thema	Unterschiedlich	Niedrig
Anstieg in Bekanntheit und Interesse	Hoch	Hoch

tionslinie folgend, wäre es der öffentliche Druck von Arbeitnehmervertretungen und anderen Institutionen, die sich gerne das „ethische Mäntelchen" umhängen wollen, um ihr Image aufzubessern. Die zweite Erklärung geht in Richtung der Vorreiterrolle der Institutionellen, was neue Trends und Performanceoptimierungen betrifft. Aus dieser Warte betrachtet, hätten die Institutionellen eine neue Chance im Markt einfach früher erkannt. Das dritte Argument geht in Richtung der falschen Erwartungshaltung der Privaten. Im Gegensatz zur institutionellen Klientel geht die Überzeugung der Privaten noch in die Richtung, dass bei ethischer Veranlagung Abstriche in der Performance gemacht werden müssen. Zu guter Letzt könnte es aber auch an der mangelhaften Aufklärung der Privatinvestoren liegen, dass sie auf den ethischen Zug noch nicht aufgesprungen sind.

Zusammenfassend kann gesagt werden, dass die Investitionsnachfrage nach ethisch-nachhaltigen Veranlagungen im Bereich der Privaten sicher stark negativ vom geringen Informationsstand geprägt ist – siehe dazu auch das eigene Kapitel später. Da ein möglicher Druck von Lobbyisten wegfällt, sofern man Äußerungen von Kindern in der Familie vor allem in Richtung Umweltzerstörung außer Acht lässt, kommt vor allem der positiven Grundhaltung zum Thema eine große Bedeutung zu. Sie ist je nach Altersklasse unterschiedlich zu sehen. Überdurchschnittlich sind nach Auswertung mehrerer Studien zum Thema durch Armbruster (2000):

- Frauen
- Die Altersklasse von 30–39 Jahre
- Höhere Einkommensklassen
- Potentielle Investoren mit besserer Ausbildung

Insgesamt befindet sich der Investmentstil der ethisch-nachhaltigen Veranlagung bezüglich Interesse und Nachfrage deutlich im Aufwind, in den USA war „SRI" das zuletzt am stärksten wachsende Teilmarktsegment bei Investmentfonds.

Arbeitnehmer und Arbeitnehmervertreter

Der erste obige Argumentationsversuch ging in die Richtung starker Lobbyisten für die ethische Veranlagung. Tatsächlich spielen beim Druck auf die Institutionellen resp. bei der verstärkten Thematisierung ethisch-nachhaltiger Veranlagung zumindest in Europa die Gewerkschaften als Teil des öffentlichen Lebens sicher keine unwesentliche Rolle. Im Rahmen der vielschichtigen Argumente für die ethisch-nachhaltige Veranlagung sollte der Fokus der Gewerkschaften und anderer Vereinigungen allerdings ganz klar im sozialen Teilbereich gelegen sein. Ein Negativkriterium für Fonds ist ja beispielsweise auch die „Unterbindung gewerkschaftlicher Strukturen". Durch die Thematisierung derartiger Problembereiche wird die Position der Gewerkschaften auch in ihrer Rolle in der Gesellschaft unterstützt. Für die Arbeitnehmervertreter sind etwa Mitarbeiterrechte und die Vermeidung von Diskriminierungen wesentliche Teile des ethisch-nachhaltigen Konzeptes.

Die Verwirklichung von Menschenrechten im Wirtschaftsleben basiert auf einer Vielzahl von internationalen Verträgen und Deklarationen zum Thema Menschenrechte. So ist aus der Allgemeinen Erklärung der Menschenrechte der Vereinten Nationen aus dem Jahr 1948 das Verbot der Sklaverei, das Recht auf Arbeit samt angemessene und befriedigende Arbeitsbedingungen und das Recht auf gleichen Lohn für gleiche Arbeit ableitbar. Auch das Recht auf einen für die Gesundheit und das Wohlergehen des Einzelnen wie seiner Familie angemessenen Lebensstandard, einschließlich ausreichender Ernährung, Bekleidung, Wohnung, ärztlicher Versorgung und notwendiger sozialer Leistungen ist festgelegt. Der Internationale Pakt über wirtschaftliche, soziale und kulturelle Rechte aus dem Jahr 1966 führt die Grundrechte aus dem Jahr 1948 weiter aus. Außerdem sind noch das Internationale Übereinkommen zur Beseitigung jeder Form der Rassendiskriminierung aus dem Jahr 1966 und das Übereinkommen zur Beseitigung jeder Form von Diskriminierung der Frau aus dem Jahr 1979 zu erwähnen.

Den Unternehmen ist eine grundsätzliche moralische Verantwortung sicherlich auch nicht abzusprechen. Unternehmen haben einen Freiraum in ihren Entwicklungsmöglichkeiten, sind aber – wie Ökonomie-Nobelpreisträger Milton Friedman es 1970 nannte – an „the rules of the game", also an die Spielregeln, gebunden.

Geringer Bekanntheitsgrad

Das oben geäußerte Argument des geringen Bekanntheitsgrades ethisch-nachhaltiger Veranlagungsprodukte soll in der Folge kritisch hinterfragt werden. Um einen Teil des Ergebnisses gleich vorwegzunehmen: Auf Basis verschiedener Untersuchungen kann recht eindeutig gefolgert werden, dass ethisch-nachhaltige Geldanlagemöglichkeiten der Mehrheit der Investoren bis dato gar nicht oder nicht im Detail bekannt sind. Dabei liegen die Schätzungen für die Bekanntheitsgrade im deutschsprachigen Raum derzeit zwischen 15 und 30 %. Im Gegensatz dazu weist etwa eine fünf Jahre alte Studie aus Großbritannien einen Wert von 38 % aus.

Auch das Prinzip der Nachhaltigkeit selbst, als Voraussetzung für eine darauf basierende Veranlagungsform, scheint bisher nicht ausreichend kommuniziert. Eine repräsentative Umfrage des deutschen Umweltbundesamtes aus dem Jahr 1998 zeigte, dass nur 15 % der Bevölkerung vom Begriff der nachhaltigen Entwicklung gehört hatten. Bei 72 % der Befragten war die Antwort „gänzlich unbekannt", 13 % waren sich nicht ganz sicher. Außerdem verbanden sehr wenige der Befragten das Thema Nachhaltigkeit mit dem Bereich „Umwelt und Entwicklung".

Geringes Interesse im breiten Publikum

Kommen wir aber vom Bekanntheitsgrad zum Interesse an dieser Asset-Klasse. Hier liegen die Schätzungen durchaus in ähnlichen Regionen. Die Werte für das geschätzte Interesse an ethisch-nachhaltigen Geldanlagen gehen – wieder auf Basis verschiedener Studien knapp vor der „Jahrtausendwende" für den deutschsprachigen Raum – von gut 10 bis 30 % aus. Dabei wird das Potential auch durch die Banken und Investmentgesellschaften als wesentliche Vertriebsschiene und quasi Produzenten ebenfalls eher gering eingeschätzt. Das bedeutet aber auch, dass größere Marketingaktivitäten zugunsten der ethisch-nachhaltigen Veranlagungsprodukte wohl nicht zu erwarten sind. Der Vergleich zu Großbritannien ergibt auch für das Interesse an ethisch-nachhaltigen Geldanlagen einen beeindruckenden Vergleichswert von knapp 60 %.

Eine neuere Befragung des Imug-Instituts in Deutschland von Anfang 2001 lässt allerdings aufhorchen. Zum damaligen Zeitpunkt, zu dem Öko-Aktien einen Boom erlebten – unter anderem durch das Erneuerbare-Energien-Gesetz und den Ölpreisanstieg – schätzten immerhin 10,7 % der Befragten sozial-ökologische Fonds als sehr attraktiv ein. Weitere 33,9 % beantworteten die Frage der Einschätzung von sozialökologischen Fonds mit „eher attraktiv". 46,3 % der Befragten schließlich äußerten sich mit „weniger attraktiv", gar nur 9,1 % meinten, diese Anlageform wäre schlichtweg „nicht attraktiv". In derselben Umfrage ging es auch um den Bekanntheitsgrad von „Geldanlagen, die solchen Unternehmen zufließen, die besondere ökologische oder soziale Leistungen erbringen". Immerhin 34 % der Befragten antworteten mit „ja", derartige Geldanlagen wären ihnen bekannt. Von dieser Gruppe der Informierten wiederum gaben allerdings nur 0,7 % an, bereits in sozial-ökologische Fonds investiert zu haben. 3,1 % wurden derartige Produkte bereits angeboten. 96,2 % wurde hingegen noch nie ein derartiger Fonds angeboten, folglich hätten sie auch nicht investiert. Letztere Zahlen sprechen recht eindeutig für mangelnde Vertriebsaktivitäten der Kreditinstitute.

Bezüglich des Interesses an ethisch-nachhaltigen Veranlagungen sind verschiedene Typologien zu unterscheiden. Anleger, bei denen sowohl das ethisch-ökologische als auch das Renditeargument von Bedeutung sind, werden entweder eine Beimischung ethisch-nachhaltiger Veranlagungsformen umsetzen oder, sofern die Gewissheit besteht, dass ein Renditeverzicht nicht notwendig ist, diesen Ansatz zumindest sehr hoch gewichten. Die folgende Abbildung unterstellt dabei keinen Renditeverzicht, sondern sieht ihn als noch vielfach vertretene Auffassung der Anlegerschaft an. Bei einer verstärkten Bewusstseinsbildung in Richtung der Tatsache, dass ethisch-nachhaltige Konzepte mit keiner geringeren Rendite verbunden sind, würde vor allem der „primär renditeorientierte Anleger in Richtung des „Sowohl-als-auch-Anlegers" tendieren, der „Sowohl-als-auch-Anlegers" in Richtung des „primär ethisch motivierten Anlegers".

Generell scheint das Interesse des breiten Anlagepublikums stark von den Faktoren „Rendite" und „Sicherheit" geprägt zu sein. In Zeiten der exzessiven Börsenhausse sind besonders ertragversprechende Themen gefragt, wie zuletzt „Internet", „Biotech" und „Telekom", mit denen man innerhalb kürzester Zeit hohe Gewinne verbuchen kann. Tendiert die Börse hingegen in die Baisserichtung, so strebt die breite Anlegerschaft nach „möglichst sicheren" Produkten mit geringem

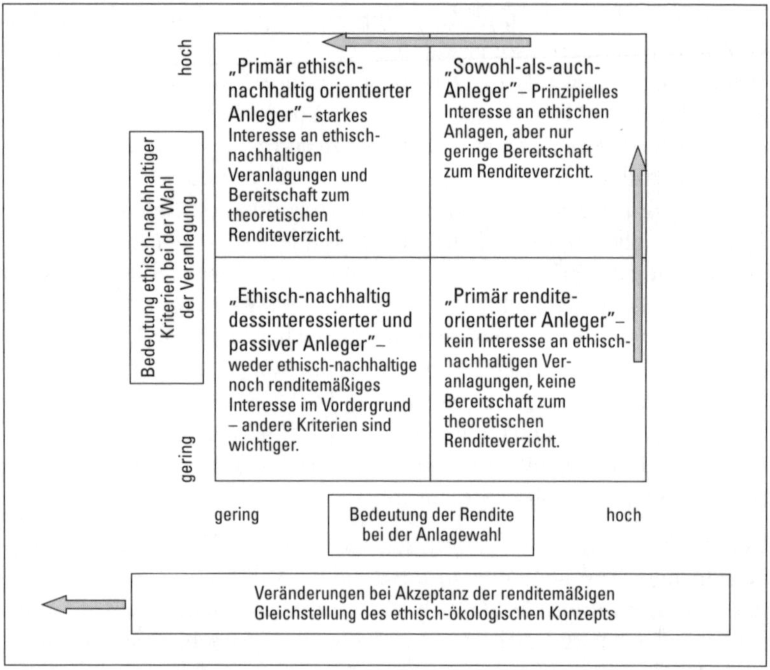

Abbildung 14: Anlegersegmente bezüglich der Bedeutung ethisch-ökologischer Motive in der Veranlagung
Quelle: Paape, Dirk (2000). Vermarktungsstrategien ethischer Investmentfonds

Risiko. Aktuell ist letzteres Szenario gegeben. Die Investitionsbereitschaft der Privaten kann vielfach fast mit einem Käuferstreik gleichgesetzt werden. Die Tatsache, dass mit ethisch-nachhaltigen Investmentalternativen eine defensivere Veranlagung dargestellt werden kann, ist dabei bislang nicht im Wissensstand der potentiellen Investoren verankert. Eine massive Aufklärungstätigkeit seitens der Banken wurde bisher nicht umgesetzt.

Performancenachteile werden kaum akzeptiert

Zum Thema des Potentials für ethisch-nachhaltige Fonds zurückkommend, stellt sich die Frage, ob der Anleger Performancenachteile – die wie dargestellt nicht wirklich existieren – in seinem „Investment for good“ überhaupt theoretisch akzeptieren würde. Das Ergebnis der Umfragen ist recht eindeutig. Sollte nämlich der Eindruck bestehen oder vielleicht auch bestehen bleiben, dass die ökonomische Performance von ethisch-nachhaltigen Produkten deutlich hinter dem Markt zurückbleibt, so sollte die Investitionsbereitschaft der Privaten sehr niedrig bleiben. Umfragen weisen lediglich 5 % der Bevölkerung als bereit aus, zugunsten der ethisch-nachhaltigen Komponente eine schlechtere Entwicklung im Vergleich zu herkömmlichen Fonds, sprich Underperformance, in Kauf zu nehmen. Allerdings wird das Interesse bei marktadäquater Performance schon wieder deutlich höher und steigt auf über 50 % an. Die interessierteste Altersklasse war dabei diejenige der 30–39-Jährigen.

Theoretisches Wachstumspotential für ethisch-nachhaltige Veranlagung

Wachstumspotential für ethisch-nachhaltige Veranlagungsprodukte könnte sich – vor allem auch auf längerfristige Sicht – unter anderem aus einer verbesserten Information der Investoren ergeben. Die verbesserte Ausbildung weiter Teile der Bevölkerung, die wachsende Bedeutung der NGOs und neue Erkenntnisse von ökologischen Ratingagenturen sprechen für ein Ansteigen des Potentials. Auf der anderen Seite wird das Thema „Nachhaltigkeit“ immer mehr strapaziert und in der Öffentlichkeit diskutiert. Die Verfügbarkeit, also die Möglichkeit in ethisch-nachhaltige Fonds zu investieren, hat sich durch die deutliche Erweiterung des Angebots während der letzten Jahre deutlich erhöht. Camejo (2002) sieht auch Frauen als wesentlichen Faktor für das Wachstumspotential von ethisch-nachhaltigen Produkten an. Frauen erscheinen dem Thema generell sehr aufgeschlossen gegenüberzutreten. Mehr Frauen in Entscheidungspositionen, auch im Bereich der Veranlagung, könnten daher neue Potentiale bedeuten.

Ökologie und Ethik

Auch im Hinblick auf die potentielle Nachfrage nach ethisch-nachhaltigen Produkten ist eine Analyse der Bedeutung der ökologischen Komponente im Rahmen des ethisch-ökologischen Konzeptes wichtig. Bezüglich der Bedeutung des Ökologie-Themas in der Gesellschaft ist zu sagen, dass die Bedeutung des Umweltschutzes durch die Verankerung wesentlicher Standpunkte einerseits bei Regierungen aus fast jedem politischen Lager und andererseits im Gesetz tendenziell zurückgegangen scheint. Die ökologische Handlungsbereitschaft der Menschen ist aber dort weiterhin hoch, wo einander Ökologie und Ökonomie treffen, wie etwa beim Energiesparen. Bezüglich der Abgrenzung von Ökoeffizienz- und Umwelttechnologie-Fonds von ethisch-nachhaltigen Konzepten scheint ersteres Konzept derzeit noch auf deutlich mehr Interesse zu stoßen. Unter Ökoeffizienz ist dabei gemäß der folgenden Gleichung zu verstehen:

Ökoeffizienz = geschaffener ökonomischer Wert/verursachte gesamte Umwelteinwirkungen

4. Gut und trendy

„I grow, I prosper" (King Lear)

Die Historie der explizit ethisch-nachhaltigen Veranlagungen umfasst nur einen eher kurzen Zeitraum. Um es kurz zusammenzufassen: Der Trend zum „guten Investment" kam aus den USA und hatte dort vor allem religiöse Wurzeln. Die Investoren in Europa erkannten und akzeptierten den Trend erst später. Sie kamen zudem von einer anderen „Seite" auf das Thema zu. Während „ethisch" in Amerika aufgrund der dortigen Gesellschaftsordnung viel stärker in Richtung einer sozialen Dimension zu verstehen ist – daher ist die ethisch-nachhaltige Veranlagung in den USA auch vor allem als SRI (Social Responsible Investment) bekannt –, wurde in Europa stärker die ökologische Diskussion forciert.

Auf der Suche nach Werten

Die Geschichte der ethischen Veranlagung ist eng verknüpft mit dem Sich-Bewusstwerden über die Wertvorstellungen seitens der Investoren. Geld zur Befriedigung der Grundbedürfnisse hat einen anderen Stellenwert und wird anders zu beurteilen sein als etwa Geld zur bloßen Ausübung von Macht und zur Übervorteilung von Menschen oder etwa der Natur. Religiöse Gruppen zählten zu den ersten, die gewisse Vorbehalte bei „Investitionen" zeigten und Einschränkungen formulierten. So nahm etwa die religiöse Gruppe der Quäker nie am rentablen Sklavenhandel teil und schloss auch Geschäfte mit Rüstungsgütern kategorisch aus. Die Methodisten gingen in eine ähnliche Richtung. Diese Art des prinzipienorientierten „Geschäftemachens" reicht bis in das 17. Jahrhundert zurück. So gesehen entwickelte sich die Aufstellung erster ethischer Kriterien für Kapitalanlagen zunächst an den konkreten Lebensregeln christlicher Gemeinschaften, und zwar in Großbritannien und den USA.

Gerechtigkeit und Kirche

Gehen wir zunächst einen Schritt zurück. In der Diskussion rund um Nachhaltigkeit, Ethik und Kapitalismus soll der Ansatz der christlichen Kirche nicht unerwähnt bleiben. Die christliche Kirche ging in der Frühzeit wirtschaftlicher Entwicklung, also im Mittelalter, davon aus, dass das wirtschaftliche Leben im engen Einklang mit den Lehren des Evangeliums zu gestalten ist. Der Mensch hatte dementsprechend die richtige Wirtschaftsform zu finden, ethische Prinzipien und Regeln zu formulieren um das Wirtschaftsleben organisieren zu können. Damals stand die Wirtschaft also quasi unter der Oberhoheit der Kirche. In diesem Zusammenhang ist auch „der Verzicht auf alles Irdische" durch die Kirche zu erwähnen, die etwa der heilige Hieronymus (347–420) formuliert. Nur Laien sollten irdische Güter besitzen und auch nur zum Gebrauch. Reichtum wurde als Gefährdung der Seele eingeschätzt. Jede Art von Zinsnehmen wurde als Wucher verboten. Mit der Preisgerechtigkeit befassen sich später auch Albertus Magnus (um 1250) und Thomas von Aquin. Albertus Magnus sieht Gerechtigkeit hergestellt, „wenn vermittels des Geldes Gleichheit hergestellt ist". Thomas von Aquin definiert den „valor intrinsecus" – den der Sache innewohnenden Wert – als preisgerecht. Später wurden die hier dargestellten Grundsätze angepasst und an das rasante Wachstum von Wirtschaft und Handel angepasst. Trotzdem bleiben die kirchlichen Ansätze eine Basis der zumindest europäischen Wertvorstellungen.

Sin-Stocks

Wie oben dargestellt, erfolgten die ersten ethischen Veranlagungen mit dem Ziel, als negativ klassifizierte Bereiche aus dem Investment-Universum auszuklammern. In den zwanziger Jahren begannen zunächst wiederum kirchliche Institutionen mit dem Ausschluss von so genannten „Sünden-Aktien" aus ihren Veranlagungsportfolios.

1928 wurde in den USA der Pioneer Fund gegründet, der in keine Unternehmen, die Waffen, Alkohol oder Tabak herstellten, investierte. Zu den „Forerunners" zählten etwa auch der 1971 als erster Investmentfonds für die breite Öffentlichkeit gegründete PAX World Fund oder der Dreyfus Third Century Fund – beide in den USA – oder der Friends Provident Stewardship Fund als erstes vergleichbares Vehikel im UK. Der Pioneer Fund geht auf die kirchlichen Initiativen zurück. Soziale Kriterien wurden zunächst hoch gewichtet. Zu den „ersten" Negativkriterien zählten neben der Rüstung auch die Diskriminierung von Frauen oder Minderheiten, Tierversuche, unverantwortliche Marketingmethoden und die Kernkraft. Die verstärkten Investitionen in Vorsorgeprodukte führten im Lauf des 20. Jahrhunderts zu einer verstärkten Nachfrage nach ethischen Fonds.

In den Siebzigern waren der Vietnamkrieg, verbunden mit der Friedensbewegung und die Apartheidpolitik Südafrikas die bedeutendsten Themen, die in ethischen Fondsprodukten durch Negativkriterien abgebildet wurden. Der Chemiekonzern Dow Chemical etwa, Produzent des berüchtigten in Vietnam eingesetzten Napalm, wurde in der Öffentlichkeit für die Produktion dieses speziellen Produktes derart stark kritisiert, dass das Ansehen des Unternehmens stark geschädigt wurde und Dow Chemical sogar Probleme bei der Personalbeschaffung an den Universitäten bekam.

Die „Campaign GM“ hatte sich zum Ziel gesetzt, den Automobilproduzenten General Motors zur Verbesserung der Sicherheitsstandards seiner Fahrzeuge, zu erhöhtem Umweltschutz und zur Einräumung größerer Mitbestimmungsrechte zu bewegen. Bei der Hauptversammlung 1970 gelang es erstmals nicht nur über Redebeiträge, sondern auch durch Aufnahme zweier Punkte in die Tagesordnung wirksam zu werden. Die Abstimmung verlief zwar negativ – mit nur unter 3% Zustimmung zu den Anträgen –, General Motors gab in der Folge aber dem öffentlichen Druck weitgehend nach und kam den Kritikern in den wesentlichsten Forderungen entgegen.

Positivkriterien

Nach der eindeutigen Dominanz der Negativkriterien folgte die Berücksichtigung von Positivkriterien. Diese war im engen Zusammenhang mit dem „grünen“, dem ökologischen Trend zu sehen. Damit in engem Zusammenhang stehend, wurden in den 80er Jahren erstmals auf breiter Basis Umwelttechnologiefonds angeboten. Dahinter stand die immer lauter werdende Forderung nach umweltverantwortlichem Wirtschaften. In den Konzepten der Umweltfonds sollten Aktien bevorzugt werden, die aktiv zur Schonung der natürlichen Ressourcen beitrugen.

Der weltweit erste ökologisch orientierte Fonds war der New Alternative Fund, der 1982 aufgelegt wurde und sich im Bereich der umweltfreundlichen Energiegewinnung positionierte. Der Begriff der

„SRI-Investments“ – auf Basis von Social Responsability, also Sozialverträglichkeit – wurde allgemein bekannt und bewegte sich weg vom reinen Nischenprodukt in Richtung breiterer Akzeptanz. Erste Research-Agenturen mit ethischen Grundkonzepten, wie das ICCR (Interfaith Center on Corporate Responsibility) wurden gegründet. Das ICCR selbst wurde 1972 durch den Zusammenschluss kirchlicher Investoren in den USA ins Leben gerufen. In dieser Zeit wurde das ökologische Bewusstsein der westeuropäischen Bevölkerung durch Katastrophen wie Seveso oder Tschernobyl geweckt. Die Anfänge des ökologieorientierten Investments im deutschsprachigen Raum waren eng mit der Entstehung der Ökobank verknüpft, die 1988 ihre Bankzulassung erhielt. Ende der 80er Jahre entstanden die ersten ökologieorientierten Fonds.

Ökoeffizienz-Konzept und „Best-in-Class"

Der Begriff der Ökoeffizienz wurde im Jahre 1992 vom World Business Council for Sustainable Development (WBCSD) geprägt. Die WBCSD als weltweite Vereinigung von solchen Unternehmen, die ihre Verantwortung für die Umwelt erkannt haben, trat 1992 am Weltumweltgipfel in Rio de Janeiro in ökologisch positiver Weise in Erscheinung. Die vom WBCSD proklamierte Ökoeffizienz umschrieb dabei unternehmerisches Handeln, welches sich gleichzeitig an ökonomischer und ökologischer Effizienz orientiert. Daraus ableitbar basiert Ökoeffizienz im Wesentlichen auf folgenden Faktoren:

- Reduzierung des Ressourcen-/Materialeinsatzes
- Reduzierung der Energieintensität
- Reduzierung der Emission/Dispersion toxischer Substanzen
- Verbesserung der Recyclingfähigkeit
- Maximierung des Einsatzes an erneuerbaren Ressourcen
- Verlängerte Produktlebenszyklen
- Erhöhung der Serviceintensität

Das WBCSD hat drei Entwicklungsstufen für die Ökoeffizienz definiert. Erstens die Steigerung der Prozesseffizienz und damit Kosteneinsparungen in der Herstellung. Zweitens die Entwicklung von neuen und verbesserten Produkten verbunden mit Ertragssteigerung durch die effizientere Produktgestaltung. Die dritte Entwicklungsstufe geht in Richtung einer Veränderung der Marktmechanismen, um den Rahmen für neue Dienstleistungen zu schaffen mit der Folge einer Reduktion der Materialintensität und eines geänderten Konsumverhaltens.

Das Ökoeffizienz-Konzept betont die Bedeutung von Dienstleistungen, fokussiert auf menschliche Bedürfnisse und Lebensqualität, bezieht den gesamten Lebenszyklus eines Produktes mit ein, anerkennt die Grenzen der Belastbarkeit der Ökosysteme und berücksichtigt schließlich die Weiterentwicklung der Konzepte.

Auf Basis dieses Triggers des Jahres 1992 entwickelten Ökoeffizienz-Fonds verstärkt Instrumentarien zur Analyse von ökoeffizient arbeitenden Unternehmen. Das Ziel der Auswahl von Unternehmen, die eine überdurchschnittliche Leistung im Bereich der Ökologie aufweisen, führte auch zu einer verstärkten Betonung des Best-in-Class-Ansatzes. Der Best-in-Class-Ansatz vereint die jeweils ethisch-nachhaltig besten Unternehmensvertreter prinzipiell jeder Branche, sofern nicht zusätzlich Negativkriterien zum Einsatz kommen. Auch Nachhaltigkeitsfonds arbeiten oft nach dem Best-in-Class-Ansatz, jedoch erfolgt in ihrem Fall die Analyse der „Nachhaltigkeit“ nach ökologischen, sozialen und ökonomischen Kriterien. Zum Best-in-Class-Ansatz im Detail dann später im Kapitel „Gut und variantenreich“.

Die Valdez-Prinzipien

Ebenfalls in das Jahr 1992 fällt die Verfassung der so genannten Valdez-Prinzipien oder CERES-Prinzipien. Diese wurden am 28.4.1992 vom CERES Board of Investors herausgegeben. CERES begann seine Arbeit im Jahr 1988, als der Vorstand des Social Investment Forums, einer Vereinigung von ethisch agierenden Investment-Häusern und Pension Funds versuchte, eine gemeinsame Agenda mit führenden Umweltschützern zu finden. Ziel war, dass die Veranlagung eine gesunde Umwelt fördern sollte. Nach einem Jahr von Verhandlungen wurde die „Coalition for Environmentally Responsible Economies“ nach der römischen Göttin für Fruchtbarkeit und Ackerbau „CERES“ genannt.

CERES ist heute die führende US-Vereinigung von Umwelt- und Investorengruppen und anderen Befürwortern, die an einer und für eine nachhaltige Zukunft arbeiten wollen. Unternehmen, die sich zu laufenden Verbesserungen ihrer Beziehungen zur Umwelt in Form der CERES-Prinzipien bekannt haben, verfolgen einen Auflagenkatalog von zehn Punkten. Ein kleiner Hinweis zur Namensgebung: Die Havarie des Tankers Exxon Valdez als eine der größten Umweltkatastrophen des zwanzigsten Jahrhunderts hatte 1990 rund 40 Millionen Liter Öl ins Meer rund um Alaska fließen lassen. Die zehn Grundsätze lauten:

- Schutz der Biosphäre (wie Emissionen)
- Maßvoller Umgang mit natürlichen Rohstoffen (man denke an Wälder, Ozeane, Rohstoffe)
- Reduzierung und Entsorgung von Abfällen (umzusetzen über eine ökologische Optimierung von Herstellungsprozess und Produktpalette)
- Effizienter Einsatz von Energie (etwa die Reduktion der Nutzung fossiler Energien)
- Gesundheitsschutz für Arbeitsplatz und Umgebung (für Mitarbeiter und Bevölkerung)
- Sichere Produkte und Konsumentenschutz
- Haftung und Schadenersatz
- Transparenz und Veröffentlichung
- Mindestens ein Umweltexperte im Management
- Jährlicher Rechenschaftsbericht (wie Umwelt- und Sozialberichterstattung)

Unmittelbar nach der Deklaration der CERES-Prinzipien machten sich einige große US-Unternehmen diese Prinzipien unter dem Druck der Umweltschutzbewegung im Rahmen einer Selbstverpflichtung zu eigen. Die Valdez-Prinzipien wurden später durch die so genannten Sullivan-Prinzipien ergänzt, in denen zusätzlich die Einhaltung der Menschenrechte – etwa auch bei Töchtern multinationaler Konzerne in der Dritten Welt –, menschenwürdige Arbeitsbedingungen sowie das Verbot von Rassismus gefordert wurden.

Außerdem wurde im Jahre 1990 von 21 führenden US-Unternehmen die Global Environmental Management Initiative (GEMI) mit dem Ziel der Entwicklung von Strategien und Standards für Umweltperformance gegründet. Ebenfalls 1990 veröffentlichte die Internationale Handelskammer ICC die „Business Charter for Sustainable Development“ als Orientierung für Unternehmen im Bereich Nachhaltigkeit.

Mainstream Investment

Seit den späten 80er Jahren entwickelte sich ethisch-nachhaltiges Investment vor allem in den USA und in Großbritannien zunehmend zum verbreiteten und stärker akzeptierten Veranlagungsstil. Dazu trug letztendlich auch der Erfolg rund um das Ende der Apartheid in Südafrika bei. Ethisch-nachhaltige Investoren hefteten sich wenigstens einen Teil des Erfolges auf ihre Fahnen. Interesse für ethische Produkte kam in dieser Periode sowohl von der privaten als auch von der institutionellen Seite. Erstmals wurden die großen Vorteile von SRI, wie defensiver Charakter, Langfristigkeit bei gleichzeitig marktkonformer Entwicklung in einem gut strukturierten Portfolio anerkannt. Der Trend erfasste zunächst vor allem die angloamerikanische Investment Community.

In den letzten Jahren haben nahezu alle großen Asset-Management-Gesellschaften Kapazitäten im Bereich des ethisch-nachhaltigen Investmentstils aufgebaut – zumindest der eine oder andere Fonds wurde aufgelegt, um die Produktpalette abzurunden. Vielfach wurden auch Kooperationen mit ethisch-ökologischen Ratingagenturen eingegangen, was quasi einem Outsourcing des speziellen Know-hows gleichkommt. Auf Basis gesteigerter Nachfrage auf der Seite der institutionellen Investoren konnte die Anzahl der angebotenen Fonds im Bereich ethisch-nachhaltiges Investment in Europa von 1999 bis 2001 um 78 % gesteigert werden. In den USA stieg das Volumen von unter ethisch-nachhaltigen Prinzipien gemanagten Geldern von 1999 bis 2001 um 36 %, von 1.490 auf 2.030 Mrd.US-Dollar. Treiber der Entwicklung ethisch-nachhaltiger Strukturen zum Mainstream-Investment sind nach Camejo (2002) unter anderem:

- Die Globalisierung und der Wettbewerb zwischen den Unternehmen, die mit der ethisch-nachhaltigen Komponente eine Chance der Differenzierung sehen
- Neue gesetzliche Regelungen und internationale Vorschriften respektive Übereinkünfte

- Veränderte Demografien bei den Konsumenten und Investoren, wobei die jüngere Generation tendenziell „grüner" denkt und handelt
- Ein wachsender Aktivismus der Aktionäre weltweit
- Die Akzeptanz der Bedeutung von Nachhaltigkeit in den Chefetagen der Unternehmen
- Verstärkte Transparenz in der Unternehmensinformation und im Reporting
- Von den NGOs ausgehender Druck in Richtung nachhaltiges Handeln und nachhaltiges Reporting

Auch Europa beginnt mitzuziehen

Im Juli 2001 zeigte das im Rahmen der EU vereinigte Europa in Form eines Grünbuches der Europäischen Kommission mit dem Titel „Promoting a European Framework for Corporate Social Responsibility" eine klare Identifizierung mit dem Thema Corporate Social Responsibility (CSR), also quasi ethisch-nachhaltigem Verhalten von der Seite der Unternehmen. Das Konzept sollte die Integration von sozialen und umweltspezifischen Themen in die Unternehmensführung sowie die Beziehung zu den Stakeholdern – zunächst auf freiwilliger Basis – thematisieren. Der Hintergrund für die Initiative der Europäischen Kommission lag in der wachsenden Bekanntheit und der Nachfrage verschiedener Interessensgruppen nach CSR.

Die Hintergründe für das Papier wurden von der Kommission unter anderem mit der Globalisierungstendenz als Chance für Prosperität mit allen Vor- und Nachteilen aus der sich daraus ergebenden verstärkten Komplexität angegeben. Dazu kam das Thema des Images der Unternehmen gegenüber den Konsumenten. Schließlich fragen Investoren das Thema CSR in zunehmendem Ausmaß nach und zu guter Letzt schien und scheint CSR auch ein Kriterium im Wettbewerb um qualifizierte Arbeitskräfte zu werden. Das Grünbuch ist also zumindest teilweise als Antwort auf eine Tendenz im Anlageverhalten der Investoren zu sehen, somit haben die ethisch-nachhaltig orientierten Anleger über ihren Druck auf die – in diesem Fall europäische – Regierung ein erstes Ziel erreicht.

Die eingegangenen Antworten auf das Grünbuch waren vielfältig und belegten die Eigeninteressen der betroffenen Gruppen. Von der Unternehmensseite etwa erfolgte eine Betonung der Freiwilligkeit. Die Gesellschaften wollten sich offenbar nicht sofort neuen Management- und Reporting-Notwendigkeiten ausgesetzt sehen. Auf der anderen Seite argumentierten die Gewerkschaften genau in die Gegenrichtung. Eine auf Freiwilligkeit basierende Regelung fanden sie keinesfalls ausreichend. Die Investorenseite schließlich betonte die Notwendigkeit für Transparenz im Berichtswesen und Konsumentenorganisationen forderten abermals eine vertrauenswürdige und komplette Informationspolitik von der Unternehmensseite.

Der Begriff des „CSR"

Die folgenden Seiten der Entwicklung ethisch-nachhaltiger Veranlagung sollen den Unternehmen gewidmet sein. Die Unternehmen, deren Verantwortung, deren Chancen sich zu positionieren und schließlich deren Politik stehen im engen Kontext zur Entwicklung von Nachhaltigkeits-Diskussion und ethisch-nachhaltiger Veranlagung.

Wie kann man CSR im Detail definieren? Als wesentlicher Teil des Systems ist zunächst einmal das Wertesystem im Unternehmen, das bei Unternehmen im „fortgeschrittenen ethischen Stadium“ durch einen Ethik-Code im Detail dargestellt werden kann, zu betrachten. Das Thema Umweltmanagement gliedert sich in die Teilbereiche des Unternehmens, samt seiner Produktionsfaktoren selbst respektive der Finanzierung des Unternehmens mit zusätzlicher Betrachtung der Kreditgeber. Der Punkt der Mitarbeiterrechte geht in Richtung strikter Gleichheitsprinzipien, der Vermeidung von Übervorteilungen aufgrund von Geschlecht oder Rasse und objektiven Verfahren bei Entlassungen sowie Neubesetzungen. Der Bereich der Beziehungen zur Gesellschaft oder der Stellung in der Gesellschaft umfasst unter anderem Sponsortätigkeiten. Bei Eigeninvestments des Unternehmens ist klarerweise wieder die Verfolgung ethisch-nachhaltiger Prinzipien das Ziel.

Bezüglich der gesellschaftlichen Verantwortung von Unternehmen kann mit einem quasi „Sozialvertrag“ argumentiert werden, der die Basis für die Existenz von Unternehmen darstellt. Unternehmen und unter ihnen vor allem Kapitalgesellschaften können einzig und allein auf Basis gesetzlicher Regelungen existieren, die von staatlichen Stellen festgeschrieben werden. Jegliche staatliche Strukturen sind aber wiederum im Kern ein Produkt gesellschaftlicher Vereinbarungen, daher können auch Unternehmen als ein derartiges Produkt interpretiert werden. Es gibt zwar keinen ausdrücklichen Beschluss der Gesellschaft, eine Existenz ohne Zustimmung der Gesellschaft ist aber nicht möglich. Offenbar wird das Bestehen von Unternehmen durch die Gesellschaft gebilligt, wenn sie sich einen Nutzen daraus verspricht. Unternehmen, die keinen Nutzen für die Gesellschaft spenden oder das öffentliche Wohl sogar schädigen, können hingegen mit keiner Billigung ihrer Aktivitäten rechnen. Zusammenfassend befindet sich die Gesellschaft also in einer Position, wo sie von den Unternehmen fordern kann, dass sie zunächst den Wohlstand von Konsumenten und Beschäftigten auf lange Sicht steigern müsse und dabei einen möglicherweise entstehenden Schaden – wie etwa im Umweltbereich – möglichst gering zu halten und grundlegende Menschenrechte zu beachten haben.

Andererseits ist die Entscheidung des Unternehmens in Richtung Nachhaltigkeit von umfangreicher Tragweite. Die Implementierung einer nachhaltigen Unternehmensphilosophie kann dazu führen, dass alle bestehenden Strukturen überdacht und in Frage gestellt werden müssen. Damit droht aber eine Destabilisierung des gesamten Unternehmenskomplexes, die Umsetzung muss daher weitsichtig geplant werden.

Meilensteine der Nachhaltigkeitsdiskussion aus Unternehmenssicht

Bereits im Jahr 1906 forderte Arthur T. Hadley, der Präsident der Yale Universität, die Verantwortlichen großer Unternehmen dazu auf, die ihnen zugefallene ökonomische Macht nicht zu mißbrauchen. Aus Unternehmenssicht hat die Nachhaltigkeitsdiskussion vor allem seit den siebziger Jahren eingesetzt und wird seither laufend verfeinert und in Richtung einer Umsetzung geführt. 1972 wurden vom Club of Rome erstmals „die Grenzen des Wachstums“ aufgezeigt. 1992 folgte der viel beachtete Umweltgipfel von Rio de Janeiro. Weitere Meilensteine waren die Weltklimakonferenz in Kyoto 1997 und der Weltgipfel für nachhaltige Entwicklung in Johannesburg 2002. Abbildung 15

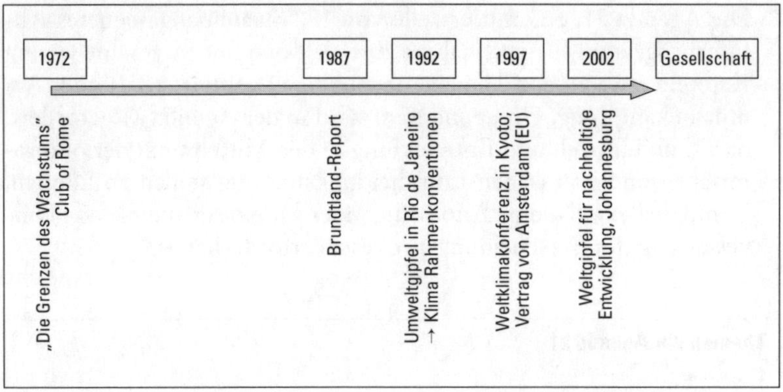

Abbildung 15: Meilensteine in der Nachhaltigkeitsdiskussion

zeigt für die Gesellschaft und die Unternehmen wesentliche Meilensteine der Nachhaltigkeitsdiskussion.

Am Umweltgipfel in Rio de Janeiro wurde der Begriff „Sustainable Development“ als Leitbild verankert. Im Deutschen wurde Sustainable Development umschrieben als langfristig tragfähige Entwicklung, kurz Nachhaltigkeit. Eine Entwicklung, die wirtschaftliche, soziale und ökologische Interessen und Anforderungen gleichermaßen berücksichtigt. Das Anliegen der Teilnehmer am Umweltgipfel ging in die Richtung, zukünftige Generationen nicht ihrer Handlungsmöglichkeiten zu berauben und einen Ausgleich zwischen Industrie- und Entwicklungsländern zu schaffen. Die Botschaft an alle wurde wie folgt definiert: „Erhalten, was Grundlage ist für langfristiges Wachstum. Ökologisches und soziales Vermögen bewahren und vermehren – zukunftsfähig sein.“

Im Rahmen des Umweltgipfels in Rio de Janeiro waren 178 Staaten präsent, die Konferenz legte eine Basis für eine neue Qualität der internationalen Zusammenarbeit in der Umwelt- und Entwicklungspolitik. Die ausgearbeiteten Dokumente betrafen:

- Die Annahme der Klimarahmenkonvention
- Die Konvention zur Biodiversität
- Die „Walderklärung“

- Die Agenda 21, ein mittlerweile von 182 Staaten abgesegnetes Aktionsprogramm für nachhaltige Entwicklung mit insgesamt vierzig Kapiteln etwa zu den Themen nachhaltige Landwirtschaft oder Armutsbekämpfung. Unter anderem wird in der Agenda 21 gefordert, dass „um Umwelt und Entwicklung in den Mittelpunkt der ökonomischen und politischen Entscheidungsfindung stellen zu können, ... möglicherweise eine Anpassung oder gar eine grundlegende Umgestaltung des Entscheidungsprozesses erforderlich ist“

Themen der Agenda 21

1. Soziales
- Armutsbekämpfung
- Bevölkerungsdynamik
- Schutz und Förderung der menschlichen Gesundheit
- Förderung einer nachhaltigen Siedlungsentwicklung

2. Wirtschaft
- Allgemeine ökonomische Entwicklung
- Internationale Zusammenarbeit
- Veränderung der Konsummuster
- Finanzielle Ressourcen und Finanzierungsmechanismen
- Transfer umweltverträglicher Technologien, Kooperation und Kapazitätsaufbau
- Stärkung der Rolle der Privatwirtschaft

3. Umwelt
- Schutz der Qualität und der Menge an Süßwasserressourcen
- Schutz der Ozeane, Meere und Küstengebiete
- Integrierter Ansatz für die Planung und Bewirtschaftung der Bodenressourcen
- Bekämpfung von Wüstenbildung und Dürren
- Nachhaltige Bewirtschaftung von Berggebieten
- Förderung einer nachhaltigen Landwirtschaft und ländlichen Entwicklung
- Bekämpfung der Entwaldung
- Erhaltung der biologischen Vielfalt
- Umweltverträgliche Nutzung der Biotechnologie
- Schutz der Erdatmosphäre
- Umweltverträglicher Umgang mit Abfällen (einschließlich gefährlicher Abfälle)
- Umweltverträglicher Umgang mit gefährlichen Chemikalien
- Förderung einer nachhaltigen, umweltverträglichen Verkehrsentwicklung

4. Institutionen
- Integration von Umwelt- und Entwicklungsfragen bei der Entscheidungsfindung
- Wissenschaft im Dienst einer nachhaltigen Entwicklung
- Förderung von Bildung und Bewusstsein
- Nationale Mechanismen und internationale Zusammenarbeit zur Stärkung der personellen und institutionellen Kapazitäten in Entwicklungsländern
- Internationale institutionelle Rahmenbedingungen/Internationale Rechtsinstrumente und -mechanismen
- Informationen für die Entscheidungsfindung
- Stärkung der Rolle wichtiger gesellschaftlicher Gruppen

Abbildung 16: Themen der Agenda 21
Quelle: Diefenbacher, Hans (2001). Gerechtigkeit und Nachhaltigkeit

Brundtland-Report und „Sustainable Development"

Nach der Gründung des Umweltprogramms der Vereinten Nationen (UNEP) mit Sitz in Nairobi und der Konferenz von Nairobi in 1982 wurde die Einrichtung einer „Weltkommission zum Schutz der Umwelt" beschlossen. Zur Vorsitzenden wurde die norwegische Ministerpräsidentin Gro Harlem Brundtland berufen. Wie bereits erwähnt, findet sich nun im Brundtland-Report aus dem Jahr 1987 folgende Definition wieder: „Nachhaltige Entwicklung ist eine Entwicklung, die den Bedürfnissen der heutigen Generation entspricht, ohne die Möglichkeiten künftiger Generationen zu gefährden, ihre eigenen Bedürfnisse zu befriedigen". Eine sich an den genannten Kriterien orientierende Marktwirtschaft müsste also etwa folgende Regeln beachten:

- Im Bereich der erneuerbaren Ressourcen dürfte die Abbaurate nicht über der Regenerationsrate liegen.
- Was Emissionen betrifft, so dürften Verunreinigungen in Richtung Boden, Wasser und Luft deren Assimilationskapazität nicht übersteigen.
- Schließlich dürften nicht erneuerbare Ressourcen nur in dem Umfang verbraucht werden, in dem erneuerbare Substitute erschlossen werden.

Die Empfehlung geht also quasi in Richtung eines „Lebens von den Zinsen" der Natur bei gleichzeitiger Absicherung ihrer Substanz und Funktionsfähigkeit. In diesem Zusammenhang sollen auch zwei verschiedene Prinzipien der Gerechtigkeit nicht unerwähnt bleiben. Es handelt sich um die „intragenerative" und die „intergenerative" Gerechtigkeit. Das erste Gerechtigkeitsprinzip der beiden, die „intragenerative" Gerechtigkeit geht davon aus, dass alle Menschen auf der Erde dieselben Grundrechte haben, auf eine natürliche Umwelt oder einen angemessenen Lebensstandard. Die „intergenerative" Gerechtigkeit geht in Richtung einer Gleichbehandlung aller Generationen. Die Präferenzen und Chancen späterer Generationen müssen gewährleistet respektive gewahrt werden.

Nachhaltigkeit und Substituierbarkeit

Die Forderung des Erhalts des Naturkapitals ist eine wesentliche Forderung jedes nachhaltigen Ansatzes. In der Form, in welcher dieser Erhalt geschehen soll, gibt es aber unterschiedliche Interpretationen:

- Die „radikal-ökologische Variante“ fordert den strikten Erhalt der einzelnen Arten des natürlichen Kapitals und damit den völligen Verzicht auf die Nutzung nicht erneuerbarer Ressourcen
- Eine „kritische“ ökologische Nachhaltigkeit sieht eine differenzierte Betrachtung des jeweiligen Umweltraumes vor, erneuerbare Ressourcen dürfen im Rahmen der Regenerationsfähigkeit verwendet werden, nicht erneuerbare Ressourcen bei Substituierbarkeit durch erneuerbare Ressourcen, außerdem darf die Aufnahmekapazität der Umweltmedien für Schadstoffe aller Art nirgendwo mehr überschritten werden
- Die „starke“ ökologische Nachhaltigkeit will eine Substitution von Ressourcen nur dann zulassen, wenn die Befriedigung menschlicher Grundbedürfnisse in Gefahr ist
- Die „schwache“ ökologische Nachhaltigkeit lässt Substitutionen innerhalb des natürlichen Kapitalstocks zu, in gewissem Ausmaß auch Kompensationen mit Verlusten (wie einen Abtausch von geringfügiger Zerstörung gegen dauerhaften Erhalt anderer Gebiete)
- Die „radikale Variante der schwachen Nachhaltigkeit“ lässt Substitutionen nicht nur innerhalb des natürlichen Kapitalstocks sondern auch im Rahmen des gesamten aggregierten gesellschaftlichen Kapitals (natürliches Kapital, produziertes Kapital, Humankapital) zu

„Global Compact“

Die UN-Initiative „Global Compact“ wurde von UN-Generalsekretär Kofi Annan erstmals in Rahmen des World Economic Forums in Davos 1999 vorgestellt. Global Compact umfasst neun nachhaltig ausgeprägte Leitprinzipien aus den Bereichen Menschenrechte, Arbeitsnormen und Umweltschutz. Unternehmen können Global Compact freiwillig beitreten und ihr betriebliches Handeln an den Grundsätzen ausrichten. Die Leitsätze gemäß Global Compact sind:

1. den Schutz der internationalen Menschenrechte in ihrem eigenen Einflussbereich zu unterstützen und zu respektieren
2. sicherzustellen, dass das eigene Unternehmen sich nicht an Menschenrechtsverletzungen beteiligt
3. die Wahrung der Vereinigungsfreiheit und die wirksame Anerkennung des Rechts zu Kollektivverhandlungen
4. die Abschaffung jeder Art von Zwangsarbeit
5. die wirksame Abschaffung der Kinderarbeit
6. die Beseitigung der Diskriminierung bei Anstellung und Beschäftigung
7. im Umgang mit Umweltproblemen einen vorsorgenden Ansatz zu unterstützen
8. Schritte zur Förderung einer größeren Verantwortung gegenüber der Umwelt zu ergreifen
9. Auf die Entwicklung und Verbreitung umweltfreundlicher Technologien hin zu wirken

Der Kontrakt wurde von 50 Unternehmen – unter ihnen Daimler Chrysler, Nike, Ericsson und Rio Tinto Zinc – sowie 12 Arbeitnehmervertretungen unterzeichnet. In diesem Zusammenhang ist es wesentlich zu sagen, dass wohl vor allem die global agierenden Unternehmen wahrscheinlich die einzigen Institutionen sind, die mit ihren Möglichkeiten ethische und ökologische Konzepte schnell und effizient weltweit umsetzen können.

Stakeholder-Ansatz

Der ethisch-nachhaltige Investmentstil geht von einer Berücksichtigung aller Stakeholder – wie Mitarbeiter und Umwelt – innerhalb der Gesellschaft aus. Auf der anderen Seite ist der aktuell etwas außer Mode gekommene Shareholder-Ansatz heute gedanklich stark mit der Bewertungsblase an den Aktienmärkten am Ende der neunziger Jahre verknüpft. Damals war Shareholder-getriebenes Wirtschaften in den Unternehmen eine Basis, wodurch Gewinne und damit letztendlich auch Unternehmenswerte gesteigert werden sollten.

Der Stakeholder-Ansatz ist im Vergleich zum Shareholder-Ansatz um einige Punkte oder Adressaten erweitert. Das Unternehmen wird als

Teil des gesamten Systems der Gesellschaft interpretiert. Somit ist der Stakeholder-Ansatz gedanklich bereits nach an die Philosophie des ethisch-nachhaltigen Investments herangerückt, sind doch soziale,

Tabelle 12: Stakeholder-Struktur, Leistungen und erwartete Gegenleistungen
Quelle: Simon, Frank (1994). Unternehmerischer Erfolg und gesellschaftliche Verantwortung

Anspruchsgruppen	**Leistungen**	**Gegenleistungen**
Interne Anspruchsgruppen		
– Eigentümer	Eigenkapital	Einkommen Erhaltung, Verzinsung und Wertsteigerung des eingesetzten Kapitals Mitgestaltung
– Management	Kompetenz Engagement Leistung	Macht, Prestige, Einfluss Entfaltung eigener Ideen und Fähigkeiten, Arbeit als Lebensinhalt
– Mitarbeiter	Arbeitskraft Fähigkeiten	Einkommen (Arbeitsplatz) Soziale Sicherheit Sinnvolle Betätigung, Entfaltung der eigenen Fähigkeiten Zwischenmenschliche Kontakte (Gruppenzugehörigkeit) Status, Anerkennung, Prestige
Externe Anspruchsgruppen		
– Fremdkapitalgeber	Fremdkapital	Sichere Geldanlage Befriedigende Verzinsung Vermögenszuwachs
– Lieferanten	Termingerechte Leistung Hochwertige Güter	Stabile Liefermöglichkeiten Günstige Konditionen Zahlungsfähigkeit der Abnehmer
– Kunden	Kauf der Produkte Markentreue	Qualitativ und quantitativ befriedigende Marktleistung zu günstigen Preisen Service, günstige Konditionen usw.
– Staat und Gesellschaft (Allgemeinheit)	Öffentliche Sicherheit und Ordnung Infrastruktur Legitimität	Steuern Sicherung der Arbeitsplätze Sozialleistungen Positive Beiträge an die Infrastruktur Einhalten von Rechtsvorschriften und Normen Teilnahme an der politischen Willensbildung Beiträge an kulturelle, wissenschaftliche und Bildungsinstitutionen

umweltbezogene und menschenbezogene Faktoren ein wichtiger Teil dieses Systems. Die vorhergehende Tabelle zeigt eine Auflistung der Leistungen der Stakeholder für das Unternehmen und die dafür erwarteten Gegenleistungen nach Dyllick (1984).

Der Stakeholder-Ansatz nimmt im Bereich Zielgruppen durch die Hinzunahme von Mitarbeitern, der Öffentlichkeit oder den Lieferanten Ergänzungen vor. Auf der anderen Seite sind im Produktbereich die Aspekte Recycling, Lebensdauer und Verbraucherrisiken ein The-

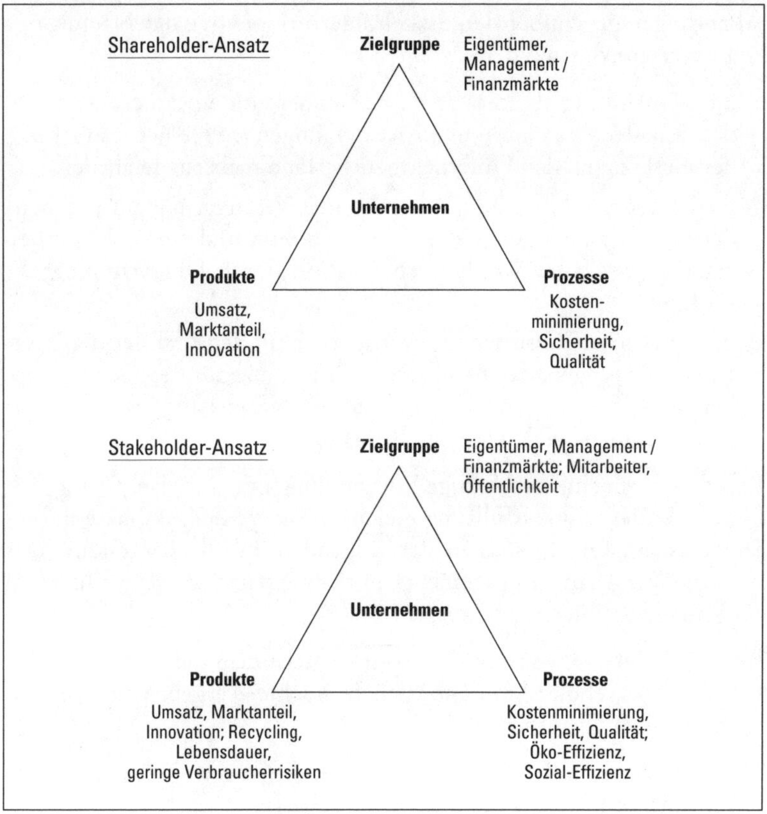

Abbildung 17: Shareholder- gegenüber Stakeholder-Ansatz
Quelle: Gerard, Jean-Luc (2002). Börse oder Leben

ma. Im Feld der Prozesse schließlich stehen neben dem betriebswirtschaftlich dominanten Faktor der Kostenminimierung die Effizienz was Ökologie und Soziales betrifft. Gèrard (2002) sieht die Unternehmen in den beiden Ansätzen den in der vorhergehenden Abbildung dargestellten Zwängen ausgesetzt.

Chancen der Nachhaltigkeit aus Unternehmenssicht

Aus gesellschaftlichen Engagements der Unternehmen auf Basis einer nachhaltigen Strategie können sich aber auch ökonomische Vorteile ableiten lassen. Generell können drei Stufen der Einhaltung von Verpflichtungen gegenüber den Stakeholdern respektive der Nachhaltigkeit unterschieden werden.

- die „Einhaltung als Reaktion“, verbunden mit einer Beschränkung der Schäden, beschränkten Anstrengungen und einer Einhaltung der Gesetze um den Unternehmensbestand nicht zu gefährden
- die „proaktive Vorteilssuche“, mit einer Verankerung entsprechender Grundsätze in der Unternehmenspolitik und einem Anstreben einer verbesserten Wettbewerbsposition durch Übererfüllung der Normen
- die „visionäre Führerschaft“, verbunden mit der Realisierung innovativer Lösungen, der Ausübung von Einfluss auf den Gesetzgeber bezüglich neuer Standards und der Positionierung als führendes Unternehmen bei den Anspruchsgruppen

Letztlich kann eine nachhaltige Entwicklung mit einer langfristig profitablen Unternehmensführung gleichgesetzt werden. Aspekte in diesem Zusammenhang sind in der folgenden Tabelle dargestellt. Das Unternehmen kann Engagements in der Gesellschaft also sehr wohl auch aus Eigeninteresse betreiben.

Bezüglich der Umweltfreundlichkeit – sofern man die Umwelt in den Kreis der Stakeholder miteinbeziehen möchte – ergeben sich für das Unternehmen Chancen durch:

- eine Reduktion des Umwelteinflusses, die in geringeren Ausgaben für umweltbezogene Maßnahmen resultiert
- die Identifikation mit wichtigen Umweltthemen

Tabelle 13: Ökonomische Vorteile gesellschaftlichen Engagements
Quelle: Simon, Frank (1994), Unternehmerischer Erfolg und gesellschaftliche Verantwortung

Beziehung des Unernehmens zu	**Elemente gesellschaftlicher Verantwortung**	**Vorteile aus gesellschaftlichen Engagements und ethischem Verhalten für das Unternehmen**
Mitarbeitern	Arbeitsschutz, gute Arbeitsbedingungen, Mitspracherechte, Fortbildung	Durch bessere Arbeitsqualität höhere Qualität der Produkte und des Service, geringere Streikbereitschaft und Reduktion der Fehlzeiten, bei erhöhter Motivation der Mitarbeiter geringeres Anspornen/ Überwachung notwendig
Lieferanten	Langfristige und faire Zusammenarbeit, frühe Information über Änderungen in den Vertragsmodalitäten	Gestärkte Loyalität der Lieferanten auch in schwierigen Zeiten, Verhandlungskosten lassen sich senken, Verbesserung der Qualität der Produkte und des Service, Ziele des Lieferanten und des Unternehmens nähern sich an
Fremdkapitalgebern	Detaillierte, offene Information über geschäftliche Entwicklung	Kreditzinsen sinken aufgrund des geringeren Risikos, Unternehmen die offen für die Anforderungen der Bezugsgruppen sind weisen zudem geringere Insolvenzraten auf
Eigenkapitalgebern	Detaillierte, offene Information über geschäftliche Entwicklung, Mitgestaltungsmöglichkeiten	Geringere Dividendenzahlungen wegen geringeren Risikos notwendig, Bereitschaft zur Zeichnung neuer Aktien wird vergrößert
Kunden	Verkauf qualitativ hochwertiger, sicherer und innovativer Produkte	Preis für verkaufte Produkte und Dienstleistungen lässt sich anheben, die Kundenloyalität steigt, gesellschaftliches Engagement macht sensitiv für neue Marktchancen und kann Wettbewerbsvorteile verschaffen
Staat	Freiwillige Mitwirkung bei der Lösung gesellschaftlicher Probleme (Abfallproblematik)	Verhinderung übermäßiger staatlicher Eingriffe, Reduzierung von Steuern und Abgaben, Beitrag zu ökonomisch sinnvoller Gestaltung von Gesetzen
Öffentlichkeit	Umweltgerechte Produktion, verantwortungsvoller und vorausschauender Einsatz neuer Technologien	Verhinderung von Kundenboykotten, geringerer Public Relations Aufwand, weniger Rechtsstreitigkeiten

- in der Suche nach neuartigen Lösungen zur Reduzierung der Umwelteinflüsse der Produkte
- in der Optimierung der Wertschöpfungskette und der Prozesse durch Abfall-, Energie- und Ressourcenmanagement

Jedenfalls bietet die Strategie einer die Stakeholder berücksichtigenden Unternehmenspolitik auf Basis von sich für das Unternehmen verschärfenden Umfeldbedingungen eine Reihe von Vorteilen. So sieht sich das Unternehmen steigenden Anforderungen aller Anspruchsgruppen ausgesetzt. Das Interesse der Kunden wächst, ebenso der Druck der Investoren. Freiwillige Vereinbarungen, unter anderem aus Sicht der Öffentlichkeitswirkung, nehmen zu, auch um dem Druck aus der Öffentlichkeit nach mehr Transparenz entgegenzuwirken. Das Unternehmen muss immer mehr die Verantwortung für die gesamte Wertschöpfungskette übernehmen. Daher ist eine Berücksichtigung von betroffenen Stakeholdern in einer frühen Phase der Entscheidung sinnvoll. Das Unternehmen wird versuchen, Vertrauen aufzubauen und Konflikte zu vermeiden. Dazu gehören auch ein verbessertes Unternehmens- und Produktimage für eine positivierte Einstellung der Kunden und verbesserte Kundenbeziehungen.

Investor Citizenship, Corporate Citizenship und Stakeholder

Verantwortungsvolle Investoren, verantwortungsvolle Unternehmen und alle Stakeholder bilden eine „Einheit der Nachhaltigkeit“. Dabei sind die Investoren diejenigen, die auf Basis einer aktiven Strategie – die durchaus auch Formen des Aktivismus annehmen kann, Überzeugungsarbeit bei den Unternehmen zu leisten haben, sofern dies noch notwendig ist. Die Unternehmen wiederum können die nachhaltige Thematik auch selbst aufgreifen und die Investoren von sich aus über ihre Themenschwerpunkte informieren. Der Investor ist Teil der Stakeholder-Struktur, teilweise mit Kunden oder Mitarbeiter identisch. Er agiert daher teilweise aus Selbstzweck, wird durch die Stakeholder aber auch geprägt. Andererseits kann der Investor im Rahmen seiner Beziehungen zu den übrigen Stakeholdern das nachhaltige Thema in den Vordergrund stellen. Die Stakeholder wiederum können auch auf anderen Wegen als über die Unternehmenseigner – also die Investoren, die Aktionäre – wirksam werden, wie über Konsumpräferenzen oder gesetzliche Rahmenbedingungen.

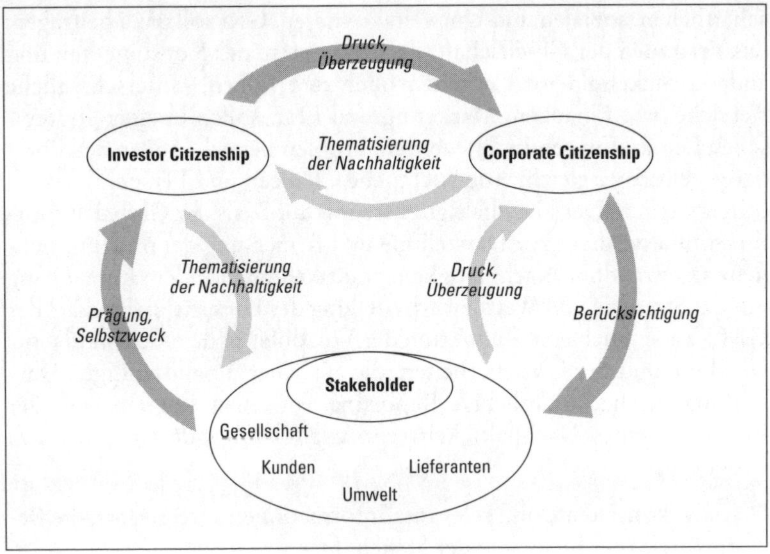

Abbildung 18: „Einheit der Nachhaltigkeit"

Nachhaltigkeitsbericht als ökologische Visitenkarte des Unternehmens

Die Erstellung von Nachhaltigkeitsberichten durch Unternehmen ist als ein Teil der CSR-Bemühungen zu werten. Gesellschaften, die Nachhaltigkeitsberichte erstellen, grenzen sich damit möglicherweise im positiven Sinn von ihrem Sektor ab. Auch im Sinne eines Best-in-Class-Ansatzes können in diesem Zusammenhang Pluspunkte für eine Berücksichtigung in ethisch-nachhaltigen Fonds gesammelt werden.

Die 2002 im Zusammenhang mit der GRI (Global Reporting Initiative) veröffentlichten Sustainability Reporting Guidelines liefern die Basis für das Erstellen von Nachhaltigkeitsberichten. GRI ist als das internationale Bemühen zahlreicher Stakeholder, ein System zur einheitlichen, freiwilligen Berichterstattung von ökonomischen, sozialen und Umwelteinflüssen auf betrieblicher Ebene und auf der Ebene von Organisationen zu bilden, zu sehen. Die Gründung der Global-Reporting-Initiative erfolgte 1997, um international anerkannte und vergleichbare Richtlinien zu schaffen für die Berichterstattung von wirtschaftlichen, sozialen und Umweltaktivitäten. GRI soll dazu beitragen, das Vertrauen der Gesellschaft, der Investoren, der Konsumenten und anderer Stakeholder zu erhalten oder zu erhöhen. Unterschiedliche Bereiche, wie Finanzen, Marketing und F&E sollen in einer strategischen Dimension gebündelt werden. Problembereiche sollen detailliert dargestellt, aber gleichzeitig auch neue Chancen und Perspektiven geöffnet werden. Der Nachhaltigkeitsreport auf Basis der Global-Reporting-Initiative dient zur Darstellung und Bemessung der im Unternehmen angewandten Nachhaltigkeitspraktiken auch in Zusammenhang mit der Strategie und Wettbewerbsstellung des Unternehmens. Ziel der GRI ist aber auch eine Reduktion der Volatilität in der Aktienkursentwicklung und der Unsicherheiten, die aus einer unvollständigen Darstellung im herkömmlichen Reporting entstehen können. Bei der Erstellung eines Nachhaltigkeitsreports sind folgende Kriterien von Bedeutung:

- Klare, konsistente und relevante Informationen adressiert an die Bedürfnisse und Bedenken der Stakeholder
- Eine qualitative und quantitative Darstellung von Nachhaltigkeitsaktivitäten und von Werten, welche für Unternehmen und auch für die Stakeholder geschaffen wurden
- Der Bericht sollte eine Unterstützung des Managements bei der kontinuierlichen Bewertung und Verbesserung der Nachhaltigkeitsperformance des Unternehmens sein
- Darstellung des wirklichen Unternehmensbildes in der Öffentlichkeit als imagebildende Maßnahme mit Erwähnung möglicher Fehler oder Probleme als Basis für einen späteren Dialog
- Sofern möglich, die Verbindung zu anderen existierenden Berichten wie dem Geschäftsbericht

Das Unternehmen kann den Nachhaltigkeitsbericht und die darin dargestellten Leistungen auf verschiedene Art nutzen. So kann die Verpflichtung des Unternehmens zur Nachhaltigkeit und das Bewusstsein des „Corporate Citizenship“ herausgestrichen werden. Bei geeignetem Reporting kommuniziert das Management des Unternehmens Stärke, Verantwortungsbewusstsein und Zukunftsorientiertheit, das Image wird aufpoliert. Es besteht aber auch die Möglichkeit zur Einflussnahme in politischen und gesellschaftlichen Diskussionsprozessen und letztendlich zur Förderung des organisatorischen und kulturellen Wandels. Schließlich besteht die Möglichkeit eines gegenseitigen Vertrauensaufbaus mit den Stakeholdern und eine Reduktion der Wahrscheinlichkeit unvorhergesehener Konflikte mit den NGOs.

Unternehmenspolitik und Nachhaltigkeit

Börsenotierte Unternehmen sind daran interessiert, hohe oder zumindest angemessene Kursniveaus in den eigenen Titeln sicherzustellen. Bessere Kurse bedeuten in aller Regel auch bessere Reputation, bessere Finanzierungschancen über die Börse und besseren Schutz vor feindlichen Übernahmen. Im Mai 2003 wurde vom Deutschen Aktieninstitut eine Studie zum Thema „Nachhaltigkeit und Shareholder Value aus Sicht börsennotierter Unternehmen" veröffentlicht. Darin wurden die Unternehmen selbst nach ihren Erfahrungen und Einschätzungen zu Nachhaltigkeit & Shareholder Value befragt. Für die Unternehmen können sich auf Basis ethisch-nachhaltiger Investments Chancen ergeben, einerseits kann sich eine neue Gruppe von Investoren öffnen, andererseits bietet die Aufnahme in einen ethisch-nachhaltigen Index Reputationschancen. Andererseits erfordert der neue Investmentstil – nur zur Dokumentation – schon allein auf Basis der teils recht umfangreichen Fragebögen einen beträchtlichen Mehraufwand. Zu den Ergebnissen der Studie:

- Unternehmen glauben an generell positive Effekte durch Verfolgung ethischer Prinzipien. Bei der Frage „ob das Streben nach einer besseren Sozial- bzw. Umweltperformance zu einer Verbesserung der ökonomischen Performance führt, stimmten, was das Soziale betrifft, 59,4 % der Unternehmen eher zu, nur 20,8 % stimmten eher nicht zu. Im Bereich Umwelt war die Skepsis größer, hier stimmten 45,8 % der Unternehmen eher zu, 33,3 % stimmten eher nicht zu.
- Auch einer Korrelation zwischen Qualität des Gesamtmanagements und Sozial- und Umweltperformance wird eher zugestimmt. Hier stimmen für Soziales und Umwelt fast 20 % voll und ganz zu, mehr als 50 % der Unternehmen stimmen eher zu.
- Unternehmen mit guter Ertragslage werden als eher bereit angesehen, in Umweltschutz und soziale Maßnahmen zu investieren.

- Auf die Frage, ob „die Aufnahme in einen Nachhaltigkeitsfonds oder -index ein wichtiges Ziel des Unternehmens wäre“, stimmen 25 % der Unternehmen voll und ganz, 21,9 % eher zu. 27,1 % der Unternehmen stimmen eher nicht zu. Dabei fiel die völlige Zustimmung bei den DAX-Unternehmen allein mit 54,2 % gegenüber 25 % für alle Unternehmen deutlich höher aus.
- Die Transparenz der Asset-Klasse „ethisch-nachhaltig“ scheint noch nicht ausreichend gewährleistet. Für fast drei Viertel der Unternehmen ist der Markt für ökologische bzw. nachhaltigkeitsorientierte Kapitalanlagen nicht transparent.
- Unternehmen erhalten häufig Anfragen bzw. Fragebögen zu sozialen und ökologischen Aspekten. 1 % der Unternehmen erhielt mehr als 20 Fragebögen, 18,8 % 11–20 Fragebögen, 42,7 % 1–10 Fragebögen. Die Fragebögen werden bei 45,8 % der Unternehmen federführend von der Investor-Relations-Abteilung betreut, danach wurden die Umweltabteilung (12,5 %) und die PR-Abteilung (11,5 %) genannt. Die Qualität der Fragebögen wurde von den Unternehmen vor allem im Bereich Offenlegung der Bewertungskriterien mit 4,25 – in einer Skala von 1 bis 6 – schlecht bewertet. Im Punkt der Möglichkeit zur Stellungnahme vor der Veröffentlichung des Ergebnisses liegt die Note bei 3,91. Unternehmen scheinen also durch die Praxis gewöhnlicher Investmentanalysten, Abstimmungen durchzuführen, reichlich verwöhnt zu sein.
- Bezüglich des Bewertungsprozesses im Rahmen dessen die Unternehmen zum Rating gelangen, geben 63,3 % der Unternehmen an, nur eine vage Vorstellung zu haben, 31,7 % halten den Prozess für nicht nachvollziehbar.
- Die Unternehmen messen dem Thema „Nachhaltige Entwicklung“ für die zukünftige Unternehmensentwicklung in der Regel eine hohe (38,5 %) oder mittlere (40,6 %) Bedeutung bei. Die DAX-Unternehmen sehen die Bedeutung noch stärker. Hier geben 54 % eine hohe und 41,7 % eine mittlere Bedeutung an.
- Bei der Frage „wie sich die Verantwortung von Unternehmen im sozialen und ökologischen Bereich entwickeln wird“, glauben was das Soziale betrifft, 57,3 % der Unternehmen, dass die Verantwortung zunehmen wird, 30,2 % gehen von einer unveränderten Entwicklung aus. Im Umweltbereich glauben 72,9 % der Unternehmen an

ein Zunehmen der Verantwortung, 18,8 % gehen von einem Beibehalten des Status quo aus.

- Viele Unternehmen haben bezüglich „Nachhaltigkeit" bereits Maßnahmen gesetzt oder diese in Vorbereitung. Die Nachhaltigkeit ins Unternehmensleitbild integriert haben etwa 40,6 %, bei 20,8 % der Unternehmen laufen diesbezügliche Vorbereitungen. 33,3 % der Unternehmen haben sich bereits konkrete Nachhaltigkeitsziele gesetzt, 17,7 % bereiten diese vor. Einen Nachhaltigkeitsbericht haben 20,8 % der Unternehmen veröffentlicht, bei 18,8 % läuft die Planung für ein derartiges Projekt. 19,8 % der Unternehmen sind schließlich nachhaltige Verpflichtungen – wie die Unterzeichnung von Global Compact – eingegangen, 9,4 % befinden sich hier in der Planungsphase.

Corporate Governance als Chance für Stakeholder?

Corporate-Governance-Kodizes verfolgen das Ziel, eine verantwortliche, auf die Wertschöpfung ausgerichtete Leitung und Kontrolle von Unternehmen sicherzustellen. Die Zielsetzung der langfristigen Wertsteigerung der Beteiligung an einem Unternehmen ist für alle Stakeholder als Interessenten am Wohlergehen der Gesellschaft gleichzeitig zu formulieren. Der Schwerpunkt eines Corporate-Governance-Kodex liegt in der Verdeutlichung der Rechte der Aktionäre und der Verbesserung von Transparenz.

Zu den Themen der Corporate-Governance-Diskussion gehört auch die Veröffentlichung der Vorstandsgehälter oder auch die Besetzung des Aufsichtsrats. In beiden Zusammenhängen gab es vor kurzem einiges an Kritik seitens der Aktionäre. In Großbritannien stand Glaxo SmithKline wegen der stark überzogenen, allerdings vertraglich gedeckten, Forderungen des aus dem Vorstand scheidenden Jean-Pierre Garnier unter starkem Druck. In Deutschland entbrannte eine Diskussion rund um die Usance, scheidende Vorstände in den Aufsichtsrat quasi zu überstellen.

Die in den Corporate-Governance-Konzepten gewählte Betonung der Langfristigkeit sollte für die abseits der Shareholder stehenden Stakeholder eine weitere Chance auf eine verbesserte Stellung im Gesamtkontext darstellen. Corporate Governance unterstützt sicher nicht den puristischen Weg des Shareholder Value, sondern kann den Weg zum Stakeholder Value öffnen. Mit dem jüngsten Beschluss der Regierungskommission Deutscher-Corporate-Governance-Kodex wurde beispielsweise die Veröffentlichung der persönlichen Einkommen deutscher Vorstandsmitglieder festgeschrieben.

Corporate Governance Rating

Die auf Corporate Governance spezialiserte Rating-Agentur Deminor hat im Sommer 2003 die Befolgung nationaler Corporate-Governance-Verhaltensleitlinien untersucht. Im Bereich der 30 DAX-Unternehmen befolgen beispielsweise 35 % der Gesellschaften die nationalen Vorgaben. Der europäische Durchschnitt liegt allerdings bei 63 %. In Großbritannien und in Italien befolgten laut letzter Befragung alle befragten Gesellschaften den nationalen Corporate-Governance-Kodex. Entscheidend für das Ranking sind dabei Faktoren, wie

- die Unabhängigkeit des Aufsichtsrates,
- die Rechte und Pflichten der Aktionäre,
- Übernahmebarrieren sowie
- die Zusammenarbeit zwischen Vorstand und Aufsichtsrat

Der Corporate-Governance-Aktionsplan der Europäischen Union

Die EU-Kommission will das Gesellschaftsrecht modernisieren und auch Verbesserungen in der Unternehmensführung bewirken. Ein Aktionsplan sieht in diesem Zusammenhang eine Reihe von Gesetzesinitiativen bis zum Jahr 2005 vor. So soll eine Stärkung der Aktionäre über eine Verbesserung der Informations-, Vorschlags- und Stimmrechte bewirkt werden. Unter anderem sollen ein Internetzugang zu Konzerninformationen und die elektronische Teilnahme an Hauptversammlungen festgelegt werden. Bezüglich der Bilanzhaftung soll der Vorstand künftig kollektiv für die Richtigkeit der Jahresabschlüsse haften. Der Aufsichtsrat soll insofern an Unabhängigkeit gewinnen, als etwa der Bilanzprüfungsausschuss im Aufsichtsrat mehrheitlich aus unabhängigen Mitgliedern bestehen soll. Die Veröffentlichung der individuellen Entgelte von Vorständen und Aufsichtsräten soll für börsenotierte Gesellschaften festgelegt werden. Schließlich will die Kommission auch noch den Abschlussprüfern verbindliche Qualitätsstandards vorschreiben.

Mega-Trends und Nachhaltigkeit

Die Lokalisierung von Mega-Trends der Gesellschaft samt ihrer Auswirkung auf die Unternehmensebene gehört zu den erstrangigen Zielen der Investoren. Die aus ethisch-nachhaltiger Sichtweise formulierbaren breiten Trends sollten in diese Kategorie fallen und die Geschäftsmodelle der Unternehmen von morgen beeinflussen. So wird etwa das Thema der wachsenden Transparenz auch durch Medieneinfluss und technologischen Fortschritt unterstützt. Die Bilanzierungsskandale vor allem aus dem Jahr 2002 haben die Investorenschaft diesbezüglich aufgerüttelt.

Einige Beispiele samt Relevanz für die ethisch-nachhaltige Veranlagung:

- Das Problem der ökologischen Unsicherheit durch den Klimawandel als ökologisches Thema hoher Brisanz wird durch den Rekord an Naturkatastrophen in den letzten Jahren laufend vor Augen geführt. Die volkswirtschaftlichen Kosten steigen rapide an, wie beim Hochwasser in Österreich und Deutschland im Spätsommer 2002 → Berücksichtigung von Emissionen und der generellen ökologischen Performance von Unternehmen
- Ein aus sozialer Sicht bedenklicher Trend sind die wachsenden sozialen Spannungen. Diese werden durch ungleichmäßige wirtschaftliche Entwicklungen sowie Unsicherheit und Armut verstärkt. Eine Betrachtung auf lokaler wie globaler Ebene bietet sich in diesem Zusammenhang an → Investment in Unternehmen mit weitgehenden sozialen Standards, auch an Standorten in Entwicklungsländern
- Das Thema des „gesunden Lebens", gepaart mit einem Misstrauen gegenüber dem Bereich der Lebensmittelproduktion wurde durch Seuchen wie BSE, die Diskussion um die Reinheit des Trinkwassers sowie durch die extensive Nutzung von Schädlingsbekämpfungsmittel verstärkt → Unternehmen in der Nische der alternativen Nahrungsmittelproduktion werden zu einer Alternative für eine Beimischung im Portfolio.

- Der Markenname, gepaart mit einer positiven Reputation, wird in der Öffentlichkeit und gegenüber dem Konsumenten immer stärker zum wesentlichen Asset. Unternehmen investieren daher in PR-Kampagnen, die hoffentlich auch durch Maßnahmen in der Gesellschaft selbst begleitet werden → Untersuchungen, ob vordergründige Commitments der Unternehmen zu ethisch-nachhaltigen Themen auch tatsächlich eingehalten werden
- Der Bereich Corporate Governance als Zusammenspiel von unternehmerischer Macht und ihrer Kontrolle hat zuletzt vor allem in Europa für eine Reihe neuer Initiativen an verschiedenen Märkten gesorgt → Bevorzugung von Unternehmen mit aktiver und überdurchschnittlicher Corporate Governance Ausrichtung
- Schließlich ist der Bereich des Humankapitals ein mittlerweile anerkannter Erfolgsfaktor für Unternehmen. Ein wirkungsvoller Umgang mit humanen Ressourcen ist entscheidend für den langfristigen Geschäftserfolg → Erweiterte Untersuchungen im Bereich der sozialen Standards mit Blickrichtung auf den Themenbereich Mitarbeiterentwicklung

Die folgende Abbildung versucht die angeführten Megatrends in Richtung der Bedeutung und der Verantwortung zwischen Unternehmen und den einzelnen Individuen einzuordnen. Bezüglich des Zusammenhangs mit Nachhaltigkeit ist daher ein Unterschied bezüglich der primären Interessenslagen zu erkennen. Woher wird der Druck in Richtung einer Befriedigung der Bedürfnisse oder der Beendigung des Zustandes kommen? Teilbereiche, die das Unternehmen betreffen, werden vom Einzelnen im Rahmen von Konsumneigung oder -verweigerung für Produkte, „Investor Citizenship" und Aktivismus vorzutragen sein. Bereiche, die interessensmäßig bei den Individuen angesiedelt sind, werden eher von den Unternehmen im Rahmen eines Versuchs, eine optimale Produktpalette anzubieten, resp. deren Verantwortung in Richtung eines „Corporate Citizenship" wahrzunehmen sein.

Themengebiete im Bereich der genannten Megatrends könnten sein:

- Luftqualität – dem Problem der Klimaveränderung auf Basis überhöhter Emissionswerte kann etwa durch → Brennstoffzellen, Filtration und Windenergie entgegengewirkt werden

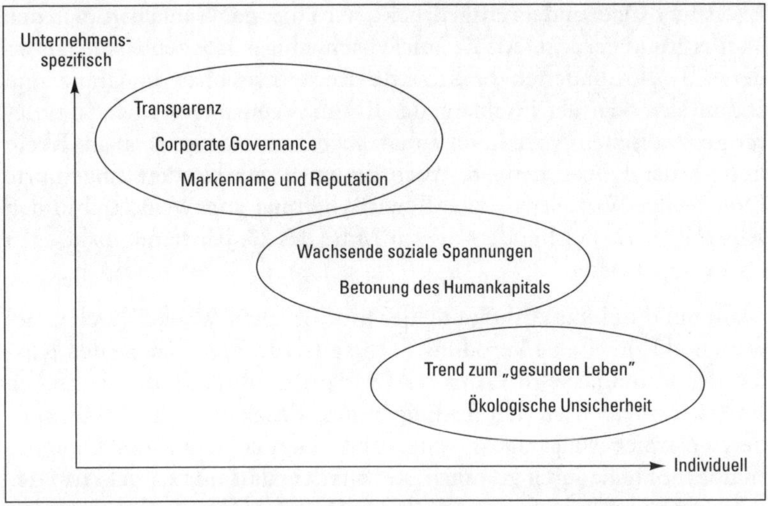

Abbildung 19: Mega-Trends und Interessenslagen

- Wassermanagement – Wasserknappheit und Vergiftung der Flüsse → Technologien zur Wasseraufbereitung als Ausweglösung
- Transport – die Problembereiche Stau, Abgase und Schwebstoffe können gemildert werden durch → integrierten Verkehr, reinere Brennstoffe
- Abfallmanagement – die Verschwendung von Ressourcen und der Mangel an Deponiemöglichkeiten kann durch → Recyclinganlagen und biologische Verpackungen gemildert werden
- Sicherheit der Nahrungsmittel – Probleme wie die Möglichkeit der Entstehung der Seuche BSE können → durch ökologische Lebensmittel vermieden werden

Nachhaltigkeit ist nichts Neues

Vor einer Zusammenfassung der Entwicklung im Bereich ethisch-nachhaltiger Veranlagung in diesem Jahrhundert soll ein kurzer Überblick über die Historie der Nachhaltigkeit gegeben werden. Ethisch-nachhaltige Konzepte betonen den langen statt den kurzen Betrachtungszeitraum und betonen die Solidarität gegenüber dem

Egoismus. Oder anders ausgedrückt, wird hier das Gemeinwohl in den Vordergrund gerückt. Als Beispiele nachhaltiger Konzepte sollen etwa der seit Jahrhunderten praktizierte Reisterrassenbau in China und Indonesien oder der Fischfang der Eskimos genannt werden. In unserer geografischen Nähe könnte man auch Terrassenweinbau am Rhein und an der Donau nennen. Auch die im 9. Jahrhundert eingeführte Drei-Felder-Wirtschaft sowie Bewirtschaftung von Weideland in den Alpen vom 17. Jahrhundert bis zur Mitte des 20. Jahrhunderts können als Exempel gelten.

Während durch die Abholzung der mediterranen Wälder durch Griechen und Römer eine Verödung der Landschaft vor allem an den Küsten des Mittelmeers in Gang gesetzt wurde, wurde in der deutschen Forstwirtschaft nach den Rodungen des Mittelalters im 18. Jahrhundert eine Sicherungsklausel eingeführt. Die Sicherung des Baumbestandes sollte dadurch gewährleistet werden, dass nur so viel Holz geschlagen werden durfte, wie auch wieder aufgeforstet wurde. Das hat die Verödung ganzer Landstriche verhindert. Die frühen Industrieansiedlungen haben sich vielfach am Vorhandensein von Holz orientiert: Eisen in der Steiermark, Porzellan und Glas in Böhmen, in Thüringen und im Bayerischen Wald, um nur einige Beispiele zu nennen. Hier haben sich die Habsburger weit über das heutige Österreich hinaus verdient gemacht. Beispielsweise erwähnt seien der „steirische Prinz“ Erzherzog Johann, Bruder Franz II. (I.) und späterer deutscher Reichsverweser, und Granduca Leopoldo, nachmals Kaiser Leopold II., in Florenz. Die Rettung des Wienerwalds vor Abholzung und Zersiedelung durch Josef Schöffl am Ende des 19. Jahrhunderts kann als frühes Beispiel für Umweltbewusstsein und Umweltschutz gelten.

Eine Chronologie der Entwicklung ethisch-nachhaltiger Veranlagung seit 1900

Die folgende Tabelle gibt eine Übersicht über die wesentlichen Entwicklungsschritte ethisch-nachhaltiger Veranlagung seit Beginn des zwanzigsten Jahrhunderts.

Dabei hat sich das ethisch-nachhaltige Investment im Laufe der Jahrzehnte durchaus gewandelt. Aus dem Gedanken der Wohltätigkeit mit der Erwartung oder Befürchtung tieferer Erträge als bei herkömm-

Tabelle 14: Meilensteine ethisch-nachhaltiger Veranlagung seit 1900

Quelle: Gerard, Jean-Luc (2002). Börse oder Leben

1900	Religion	Ausschlusskriterien	Sin-Stocks, Boykott von Branchen
1960	Gesellschaft/Politik	Ausschlusskriterien	Boykott von Unternehmen – Vietnam/Apartheid in Südafrika
1970	Ökologie/Ethik	Positivkriterien	Umweltschäden – „Grüne", Hunger – Entwicklungshilfe
1990	Öko-Effizienz	Best of Class	Umwelttechnologie, Öko-Fonds – Tschernobyl, Bhopal
1995	Relative Nachhaltigkeit	Sustainability Rating	Öko-Leader, Pioniere – Rio, Nachhaltige Entwicklung
2000	Corporate Governance	Stakeholder-Ansatz	Stakeholder-Ansatz – Globalisierung, 11. Sept.

lichen Investments hat sich ein eigener Managementstil entwickelt. Dieser Stil ist auf finanzielle Erträge hin ausgerichtet und durch Wertorientierung und Risikomanagement charakterisiert beziehungsweise unterstützt.

USA als ethisch-nachhaltige Trendsetter

Bei der Darstellung der Wurzeln des ethisch-nachhaltigen Veranlagungsstils wurden die soziale Komponente bezüglich der angloamerikanischen Region und die ökologische bezüglich Kontinentaleuropas erwähnt. Warum die USA im Bereich von „SRI" – wie es in der lokalen Bezeichnung heißt – klar führend sind, ist wohl vor allem aus der Tatsache heraus zu erklären, dass die soziale Komponente auf der einen Seite eine möglicherweise höhere Dringlichkeit suggeriert und auf der anderen Seite eine bessere Lobby hinter sich hat. Außerdem werden neue Trends in der Veranlagung meist in den USA entwickelt, die Investoren sind generell von einer älteren, in der Gesellschaft viel breiter akzeptierten Aktienkultur geprägt als dies etwa in Mitteleuropa der Fall ist.

Zu den Fakten: Das Volumen der in ethisch-ökologischen Fonds investierten Gelder von öffentlichen Fonds lag in den USA per Ende 2001 bereits bei 153 Mrd. Euro, in Europa dagegen nur bei 15,1 Mrd. Euro. Innerhalb Europas wiederum lag Großbritannien eindeutig voran, allein auf der Insel waren 6,18 Mrd. Euro ethisch-ökologisch veranlagt. Die nächstgrößeren Märkte in Europa waren Deutschland (2,41 Mrd. Euro), Schweden (1,60 Mrd. Euro) und Frankreich (1,06 Mrd. Euro).

Vom institutionellen Volumen her betrachtet sieht der Vergleich der Regionen noch um einiges deutlicher aus. Institutionelle Investoren in den USA hatten Ende 2001 bereits 1.880 Mrd. Euro in ethisch-ökologischen Portfolios veranlagt, was mehr als dem zehnfachen Volumen des dort investierten privaten Volumens entspricht. Zum Vergleich lag zum selben Zeitpunkt das europäische Volumen bei 31,5 Mrd. Euro, das deutsche bei 3,5 Mrd. Euro. Dabei sollte erwähnt werden, dass in den USA bereits mehr als 10 % des gesamten Kapitals institutioneller Investoren nach ethischen und/oder ökologischen Kriterien angelegt werden, wobei häufig aber nur ein oder zwei Ausschlusskriterien zur Anwendung kommen und es sich daher zum Teil nur um ethisch-ökologische Veranlagungen im weiteren Sinn handelt. Gemessen am Gesamtvolumen von Publikumsfonds liegt der Anteil gemäß einer Studie aus 2002 (von Bauer, Koedijk und Otten) bei 2,3 %. Die Anzahl der angebotenen ethisch-nachhaltigen Fonds hat sich auf rund 250 tendenziell erhöht.

Die US-Wochenzeitschrift „Barron's" schreibt in der Ausgabe vom 7. Juli 2003, dass das Volumen an ethisch-nachhaltigen Veranlagungen von 1999 bis 2001 um 36 % angestiegen ist. Alle Portfolios, die entweder ethisch-nachhaltigen Kriterien unterliegen oder diesem Bereich auf Basis von „shareholder advocacy" oder als kirchliche Gelder zugeordnet werden können, lagen Ende 2001 bei 2.340 Mrd. US-Dollar, was laut Barron's rund 12 % der insgesamt veranlagten „Assets under Management" in den USA bedeutet. Ethisch-nachhaltige Fonds in den USA wiesen 2002 einen Nettozufluss von 1,5 Mrd. US-Dollar auf, wogegen gesamtmarktbezogene Fondsprodukte einen Abzug von Geldern in Höhe von 10,5 Mrd. US-Dollar hinnehmen mussten. Nach den Daten von Barron's waren von den ethisch-nachhaltigen Veranlagungsvolumina per Ende 2001 153 Mrd. US-Dollar in Fonds und 1.870 Mrd. US-Dollar in individuellen Mandaten veranlagt.

Zu Beginn des Jahres 2003 hat die US-Börsenaufsicht SEC alle Investmentfonds verpflichtet, über ihr Abstimmungsverhalten auf Hauptversammlungen zu berichten. Im Zusammenhang mit einem aktiven Shareholder-Engagement ist auch mit einer deutlichen Zunahme an SRI-bezogenen Inhalten und Aktivitäten zu rechnen. Per Mitte 2001 wurden von der US-Fondsrating-Agentur Morningstar 117 Publikumsfonds als „socially conscious funds", also Fonds mit weitgehend ethisch-nachhaltigen Strukturen bezeichnet. Die folgende Tabelle zeigt eine Aufstellung der 10 größten Fonds zu diesem Zeitpunkt.

Tabelle 15: Die größten ethisch-nachhaltigen Publikumsfonds in den USA per Mitte 2001

Quelle: Camejo, Peter (2002). The SRI Advantage

Rang	Fonds	Start	Volumen in Mio. US-Dollar
1	Domini Social Equity	06/1991	1278,3
2	Pax World Balanced	11/1971	1221,7
3	Dreyfus Premier Third Century Z	03/1972	989,2
4	PIMCO Total Return III Institutional	05/1991	805,4
5	Calvert Social Investment Bal A	08/1987	600,7
6	Ariel Appreciation	12/1989	530,2
7	Citizens Core Growth Standard	03/1995	472,8
8	Ariel	11/1986	395,9
9	Parnassus	12/1984	373,4
10	Citizens Emerging Growth Standard	02/1994	283,8

Großbritannien dominiert „SRI" in Europa

Die im Bereich ethisch-nachhaltiger Veranlagung gegebene klare Dominanz Großbritanniens in Europa hängt auch mit der Novellierung der Altersvorsorge aus dem Jahr 2000 zusammen. Seither müssen alle Anbieter von Pensionsfonds nachweisen, ob und inwiefern bei ihrer Geldanlage ethische Kriterien – also „Social Responsible Investments" – berücksichtigt werden. In Belgien und Frankreich wurden 2001 neue

Regeln für die Berichterstattung von Unternehmen in Richtung ethisch-nachhaltiger Kriterien eingeführt. In Schweden haben die fünf größten vom Staat kontrollierten Pensionsfonds Ethik und Umwelt in ihrer Investmentpolitik zu verankern und darüber Bericht zu erstatten.

Die Situation in Europa

Per 31.12.2001 waren in Europa nach einer aktuellen Studie von „scoris" 280 Fonds aufgelegt, die dem ethisch-nachhaltigen oder einem ähnlichen „grünen" oder ethischen Konzept zuzuordnen waren. Diese Anzahl entsprach einer Steigerungsrate von 78 % gegenüber Ende 1999. Der Anteil von ethisch-nachhaltigen Veranlagungen an den gesamten Assets under Management lag allerdings nur bei 0,40 %. Bezüglich dieser Kennzahl waren Schweden mit 5,0 %, Belgien mit 1,70 % und die Niederlande mit 1,61 % führend.

Die Erfolgsfaktoren in Schweden und Belgien waren dabei durchaus unterschiedlich. Im Oktober 2002 gab es in Schweden bereits 69 nachhaltige Fonds mit rund 2 Mrd. Euro an Investments. Der Markt in Schweden ist getrieben durch ein Gesetz, das schwedischen Pensionskassen vorschreibt, SRI in der Anlagepolitik zu berücksichtigen. Einer der größten staatlichen, schwedischen Pensionsfonds, der AP7, hat 2001 nach einem Screening 30 Unternehmen aufgrund ethisch-nachhaltiger Kriterien aus dem Investmentuniversum entfernt. In Belgien ist die Bedeutung von ethisch-nachhaltigen Produkten vor allem dem Engagement der Bacob Bank – heute Teil der Dexia – zu verdanken. Bacob nahm sich bereits seit 1996 mit Nachdruck dem ethisch-nachhaltigen Investmentthema an.

Mehr als 68 % der Fonds entstammten den in ethisch ökologischer Sicht offenbar „führenden" Ländern Großbritannien, Schweden, Frankreich und Belgien. Der Anteil Großbritanniens an der gesamten Fondsanzahl fiel im Beobachtungszeitraum von 33 auf 21 %. Die stärkste Dynamik hingegen wies Frankreich mit einer Verdreifachung der Anzahl auf. In Großbritannien bieten aktuell bereits 55 Finanzdienstleister eine ethisch-nachhaltige Alternative an, der Markt scheint bereits gut abgedeckt.

Das Gesamtvolumen von ethisch-nachhaltigen und verwandten Fonds in Europa zeigte von Ende 1999 bis Ende 2001 einen Anstieg um 30 % von 11,1 auf 14,4 Mrd. Euro. Die dominierenden Länder waren Großbritannien mit 4,80 Mrd. Euro, Italien (1,58), Schweden (1,62) und die Niederlande (1,88). Deutschland lag mit einem Volumen von 0,67 Mrd. Euro auf Rang 8 und damit weit zurück, die Schweiz erreichte immerhin 1,34 Mrd. Euro. Der Wert für Österreich war in dem Report nicht ausgewiesen. Die folgende Tabelle zeigt ein Ranking der größten Fonds per 31.12.2001.

Tabelle 16: Die größten ethisch-nachhaltigen Fonds in Europa per Ende 2001
Quelle: scoris

Rang	Asset-Manager	Fonds	Land	Volumen in Mio. Euro
1	ISIS Asset Management	Friends Provident Stewardship	UK	919
2	Sanpaolo-IMI	Sanpaolo Azionario Internazionale Etico	Italien	775
3	Framlington	Health Fund*	UK	700
4	ABN Amro	ABN Amro Groen Fund	Niederlande	463
5	Sanpaolo-IMI	Sanpaolo Obbligazionario Etico	Italien	462
6	UBS	UBS EF Eco Performance	Schweiz	445
7	Dexia	Stimulus Invest Stimulus European Balanced Medium	Belgien	410
8	SNS	ASN Aandelen fonds	Niederlande	292
9	Henderson	NPI Global Care Growth	UK	274
10	ING	ING Bank Duurzaam Rendement Fonds	Niederlande	254

* der Health Fund bezeichnet sich selbst nicht als „ethisch"

Die meistinvestierten Aktien waren in dieser Reihenfolge:
Nokia, Johnson & Johnson, Vodafone, GlaxoSmithKline, ING, Vivendi, Royal Dutch, Pfizer, BP, Home Depot, Intel, Lloyds TSB, Fannie Mae, Ericsson, Aventis, Sanofi Sythelabo, Royal Bank of Scotland, Microsoft, BNP Paribas and L'Oreal.

In einer Spezialbeilage des Magazins IPE (Investment and Pensions Europe) vom Mai 2002 ist eine Auflistung der größten europäischen Manager von ethisch-nachhaltigen Veranlagungen dargestellt. Die Darstellung wird ergänzt durch Angaben zum Screening Prozess – es werden negative oder positive Kriterien eingesetzt, um Researchpotential, möglichen Aktivismus – also dem Versuch einer Einflussnahme auf die Unternehmenspolitik – und Benchmarks. In der folgenden Tabelle werden die fünf größten Manager dargestellt.

Tabelle 17: Nachhaltig-ethische Asset Manager in Europa per Ende 2001
Quelle: IPE

	State Steet	Baillie Gifford	Friends, Ivory & Sime	Dresdner RCM	Bank of Ireland
Ethisch-nachhaltig gemanagtes Volumen (Mrd. Euro)	66,81	28,8	28,7	4,495	2,233
Ethisch-nachhaltig gemanagtes Volumen in % vom gesamten gemanagten Vermögen	7 %	85 %	46 %	6 %	4 %
Eigenes Research-Team für ethisch-nachhaltige Veranlagungen	Ja	Ja	Ja	Ja	Ja
Größe des Research-Teams	14	2	11	74	n. a.
Verwendung von Negativkriterien	Ja	Ja	Ja	Ja	Ja
Verwendung von Positivkriterien	Nein	Nein	Ja	Ja	Nein
Aktivismusstrategie	Ja	Ja	Ja	Ja	Nein
Verwendung einer Benchmark	Nein	Nein	FTSE All Share, MSCI World	Nein	Nein

Im Juli 2003 veröffentlichte das UKSIF (UK Social Investment Forum) eine Umfrage zum Thema SRI in Europa. Ein großer Teil der befragten Manager, nämlich 44 %, kam dabei aus dem Großbritannien. Ergebnisse der Studie waren:

- mehr als 91 % der 105 antwortenden Fondsmanagement Gesellschaften erwarten eine Volumensteigerung im Bereich ethisch-nachhaltiges Investment

- auf die Frage, warum sich Unternehmen verstärkt mit sozialen und ökologischen Dingen beschäftigen, meinten mehr als 80 % der Befragten, der Hintergrund wären eine Verbesserung im Bereich Image und Markengesichtspunkte
- fast die Hälfte (48 %) der Befragten glaubte, dass sich die Beschäftigung der Unternehmen mit CSR als eine Maßnahme zur Zufriedenstellung der öffentlichen Meinung erklären lässt, 41 % vertraten die Ansicht, dass man damit die Attraktivität bei den Investoren erhöhen will. Lediglich 32 % der Antworten gingen in Richtung einer Reduktion von Kosten und/oder Verbindlichkeiten als Kalkül für eine Ausrichtung gemäß CSR

Die Situation im deutschsprachigen Raum

Auch Deutschland wird angestrebt, die Nachhaltigkeit bei der Geldanlage von Pensionsfonds im Zuge der Rentenreform zu fördern. Nach § 115 VAG müssen Pensionsfonds gegenüber den Versorgungsberechtigten darstellen, wie nachhaltige Themen bei der Veranlagung berücksichtigt werden. Allerdings sind einheitliche Vorstellungen bezüglich dieser eingeforderten Berichtspflicht noch nicht vorhanden. Daher ist das Angebot privater Riester-Produkte, die gemäß § 1 Altersvorsorgeverträge-Zertifizierungsgesetz nach Nachhaltigkeitskriterien gemanagt werden, bisher auch sehr überschaubar geblieben. Außerdem hat die Bundesregierung in Deutschland mit Unterstützung des „Rats für nachhaltige Entwicklung“ ein Leitbild der Nachhaltigkeit aufgestellt, als deutscher Beitrag zum Weltgipfel für Nachhaltige Entwicklung im August/September 2002 in Johannesburg. In dem Konzept finden sich 21 Indikatoren als Gradmesser für ein nachhaltig geprägtes Wirtschaftssystem. Allerdings sind die dort genannten Indikatoren für den Bereich der Veranlagung weitgehend nicht geeignet, nachdem sie eher politisch, makroökonomisch und gesamtstaatlich aufgebaut sind. Die behandelten Bereiche im Konzept sind etwa Generationengerechtigkeit (Klimaschutz, Staatsverschuldung, Ressourcenschonung, Innovation, Bildung), Lebensqualität (Wohlstand, Ausbildung, Mobilität, Ernährung, Gesundheit), sozialer Zusammenhalt (Sozialstaat, Gleichberechtigung, Beschäftigung) und internationale Verantwortung (Nord-Süd Konflikt, offene Märkte).

Die Schweiz ist bezüglich ethisch-nachhaltiger Veranlagungen eines der führenden Länder in Europa. Die Schweizer Banken gehörten zu den ersten, die Kreditvergaben auch bezüglich möglicher ökologischer Risiken untersuchten. Nach einer Studie von „scoris“ existierten Ende 2001 bereits 33 ethisch-nachhaltige Fonds mit rund 4 Mrd. CHF an verwaltetem Vermögen. Das gesamte Volumen inklusive Pensionsfonds wird auf 7,4 Mrd. CHF geschätzt. Die Schweizer Institute Centre Info und Inrate zählen zu den großen Agenturen für sozial-ökologisches Research im deutschsprachigen Raum. Auch die SAM Group hat ihren Sitz in Zürich. Obwohl eine gesetzliche Regelung für die Berücksichtigung von ethisch-nachhaltigen Kriterien in der Schweiz nicht existiert, wurde 1997 Ethos, die Schweizerische Anlagestiftung für nachhaltige Entwicklung aus der Taufe gehoben. Ethos wurde ursprünglich von zwei Genfer Pensionskassen gegründet und hat heute 92 Pensionskassen als Mitglieder. In deren Auftrag verwaltet Ethos etwa 750 Mio. CHF nach ethisch-nachhaltigen Kriterien.

In Österreich wurde das Thema der ethisch-nachhaltigen Veranlagung vor allem im Zusammenhang mit dem Entstehen der neuen Mitarbeitervorsorgekassen als Ergebnis der neuen Abfertigungsregelung propagiert. In diesem Zusammenhang ist eine 2002 durchgeführte Studie des Gallup Instituts zu erwähnen. Ein Ergebnis der Studie war, dass 31 % der Österreicher eine ethisch-nachhaltige Veranlagung durch ihre Mitarbeitervorsorgekasse anstreben.

Eine self-fulfilling prophecy?

Ist die ethisch-nachhaltige Veranlagung eine sich selbst erfüllende Prophezeiung? Das Argument der „Sich selbst erfüllende Prophezeiungen“ wird von Kritikern oft dann ins Treffen geführt, wenn Tendenzen oder Entwicklungen angezweifelt oder ihnen die konzeptionelle Richtigkeit abgesprochen werden soll. Ein gutes Beispiel stellt in diesem Zusammenhang etwa die technische Aktienanalyse dar. Die Frage, ob sie auf Basis psychologischer Phänomene „funktioniert“ oder doch nur deshalb, weil die Marktteilnehmer daran glauben, ist schwer zu beantworten.

Aber zurück zur ethisch-nachhaltigen Thematik. Die zunehmende Beschäftigung mit ethisch-nachhaltigen Komponenten in der Kapitalveranlagung, verbunden mit erhöhter Nachfrage der Anleger nach dieser Asset-Klasse führen zu einem sich selbst verstärkenden Prozess. Ist aber die Performance von ethisch-nachhaltigen Fonds und den darin enthaltenen Aktien ein Beispiel für eine „self-fulfilling prophecy"? Bei marktbreiten Blue Chips kann man diese Argumentation wohl eindeutig von der Hand weisen. Wenn es um Positivkriterien und klassische „Umweltstocks" geht, ist eine Beeinflussung aber nicht ganz auszuschließen. Beispiele eines sich selbst verstärkenden Prozesses auf Unternehmensebene sind jüngste Initiativen im Bereich Corporate Governance und die freiwillige Erstellung von Umwelt- oder Nachhaltigkeitsberichten.

5. Gut und global-kapitalistisch

„O wicked, wicked world“ (Merry Wives of Windsor)

Die Frage der Globalisierung hat mit einer ethisch-nachhaltigen Veranlagung in vielerlei Hinsicht zu tun. Einerseits ist die Frage zu stellen, ob die Globalisierung generell ethischen Kriterien gemäß ausgerichtet sein kann. Kapitalismus und Globalisierung sind heute untrennbar miteinander verbunden. Der authentische Kapitalismus wiederum widerspricht eigentlich den meisten Forderungen oder Zielsetzungen der ethisch-ökologischen Veranlagung, beispielsweise in den Bereichen Soziales, Umweltbewusstsein oder Humanes. Diese oder ähnliche Strukturen scheinen heute wieder in vielen Ländern der Dritten Welt traurige Realität zu sein.

Andererseits sind viele Kriterien der nachhaltigen Veranlagung durch eine globale Orientierung etwa auf Konzernebene um einiges schwieriger überprüfbar. Man denke etwa an die Frage der Rechte der Arbeitnehmer oder an das Problem der Kinderarbeit in Entwicklungsländern. Dabei geht es auch um die Rolle der Regierungen und deren Beziehungen zu den Unternehmen.

„Geldanschauung“ statt „Weltanschauung“

Zunächst soll die Position der Systemkritiker dargestellt werden. Die Gegner von Kapitalismus und der starken Betonung der ökonomischen Interessen sehen das Geld selbst sowie dessen Status und Bedeutung in der Gesellschaft als Problem. Bereits Aristoteles erkannte den Unterschied zwischen zwei Funktionen von Geld, nämlich als Tauschmittel einerseits und als Geldkapital andererseits. Ein zu stark dominierender materieller Faktor kann die Gesellschaft, soziale Beziehungen und die Umwelt zum bloßen „Anhängsel“ des Marktes, der Marktwirtschaft werden lassen.

Was uns der Kapitalismus lehrt

Globalisierung, Gewinnstreben und Verteilungsproblematik sind nur einige Schlagworte für Unzulänglichkeiten des Systems, die auf den

Strukturen einer kapitalistischen Basis beruhen. Was aber ist Kapitalismus eigentlich? Generell bezeichnet man solche Strukturen als kapitalistisch, bei denen Entscheidungen und Planungen über Produktion, Verteilung und Konsumation überwiegend von privaten, individuell agierenden Wirtschaftseinheiten getroffen werden. Die Entscheidungen werden also vom Staat abgezogen und quasi privatisiert. Charakteristisch für kapitalistische Wirtschaftssysteme ist die Trennung in eine kleine Gruppe privater Verfügungsberechtigter über die Produktionsmittel und die große Gruppe der Nichteigentümer, die keinen nennenswerten Anteil an den Entscheidungen über die Produktion haben. Umgelegt auf die heutige Situation bedeutet dies, dass die großen Konzerne als Verfügungsberechtigte betrachtet werden müssten. Die Koordination des kapitalistischen Systems erfolgt über sich im Rahmen der Konkurrenz bildende Marktsignale und eine Koordination der Entscheidungen auf Basis der Ertragserwartungen. Die Motivation im Kapitalismus ist ein rationales, individualistisches Handeln auf Basis der Rentabilitätsorientierung. Diese Marktsignale und die Rentabilitätsorientierung zeigten bereits relativ bald nach der Entwicklung des Kapitalismus erste große Schwächen auf.

Adam Smith und die Ethik

Nach dem Zusammenbruch des sozialistischen Systems in Osteuropa vor rund fünfzehn Jahren wurde alle Hoffnung darauf gelegt, dass die Verbindung aus der westlichen Demokratie und einer marktwirtschaftlichen Ordnung am besten geeignet wäre, die Ziele von Wohlstand, sozialer Gerechtigkeit und Frieden sicherzustellen. Ein von Wirtschaftsethikern aufgezeigter Widerspruch zwischen Markt und Moral sollte schon auf Basis der Lehre von Adam Smith gar nicht auftreten. Für Smith ist die Ethik schon im Wirtschaftssystem selbst integriert. Seiner Meinung nach ist gerade der Markt als Ort einer institutionalisierten Moral Garant für ein aus gesellschaftlicher Sicht erwünschtes und ethisch legitimiertes Ergebnis des Wirtschaftens. Die marktwirtschaftliche Ordnung sollte – über das Wirksamwerden des egoistisch motivierten Verhaltens der Wirtschaftssubjekte – zum besten moralischen Ergebnis führen. Das ökonomische Interesse der Individuen bewirkt eine für alle optimale Arbeitsteilung mit der Folge einer effizienten Struktur zum Wohle der Beteiligten. Unternehmensgründungen erfolgen nach Smith'scher Logik dann, wenn sie besser als individuelle Anbieter in der Lage sind, die Bedürfnisse der anderen Marktteilnehmer zu befriedigen.

Das Zusammenfallen von Ethik und Ökonomie ist nun zwar denkmöglich, aber für das am Zweck der Profitmaximierung ausgerichtete ökonomische Handeln nicht strukturell notwendig. Die „unsichtbare Hand" und ein fehlendes Regulativ können auf Basis der nicht ausreichenden Berücksichtigung externer Effekte eine individuelle Gewinnmaximierung und gleichzeitig nicht das beste moralische Ergebnis etwa zu Lasten der sozialen und ökologischen Umwelt bedeuten. Andererseits sind aus marktwirtschaftlicher Sicht alle für gesellschaftliche Zwecke außerhalb des Marktes getätigten Aufwendungen quasi mit freiwilligen Steuern gleichzusetzen. Diese Steuern wiederum werden von den Unternehmen von den Aktionären oder den Arbeitnehmern respektive Kunden eingehoben.

Adam Smith vertritt die Ansicht, dass all jene Probleme, die durch den Marktmechanismus nicht und nicht ausreichend gelöst werden können, entweder dem Staat übertragen oder individueller Barmherzigkeit überlassen werden sollten. Er hat sich aber auch mit dem Problem der Gerechtigkeit auseinandergesetzt. Er schreibt, dass im gesellschaftlichen System jeder seinen Interessen nachgehen könne, solange er sich an die „Regeln der Gerechtigkeit" hielte. Diese Regeln umfassen die formale – gleiche Rechte für alle Bürger – und die materiale Gerechtigkeit. Die materiale Gerechtigkeit lässt sich in die Startgerechtigkeit, Leistungsgerechtigkeit oder Tauschgerechtigkeit und in die Bedarfsgerechtigkeit zerteilen.

Komparative Kostenvorteile

Das Theorem der komparativen Kostenvorteile stammt vom englischen Ökonom Ricardo aus dem früher 19. Jahrhundert und geht davon aus, dass über komparative Kostenvorteile auf dem Weg der Handelstätigkeit Wohlstandsgewinne für alle Beteiligten erzielbar sind. Ricardo argumentierte ursprünglich mit dem Beispiel Englands und Portugals in der Produktion von Wolle und Portwein. Die Kostenvorteile ergeben sich in diesem Fall aus der Spezialisierung einzelner Länder auf Güter, bei denen die spezifische Ausstattung mit Produktionsfaktoren eine kostengünstigere Produktion zulässt. Das Theorem geht aber zunächst davon aus, dass die Produktionsfaktoren Arbeit und Kapital nicht mobil sind, es besteht lediglich Gütermobilität. Zur aktuellen Einschätzung des Theorems ist zu sagen, dass sich die Wohlstandsgewinne vor allem in den armen Ländern, die im Wettbewerb um die günstige Arbeitskraft stehen, nicht verwirklicht haben.

Probleme im historischen kapitalistischen System

Probleme im System traten bereits Anfang des 19. Jahrhunderts etwa bezüglich der Frauen- und Kinderarbeit auf, deren exzessive Ausprägung Kritiker von Seiten des Staates auf den Plan rief. In England wurden im Fabriksgesetz von 1833 daher erstmals Arbeitsbeschränkungen für Kinder und Jugendliche festgelegt. Bezüglich des Arbeitsmarktes trat der britische Ökonom Mill bereits 1871 für die Gründung von Arbeiterkoalitionen als Notwendigkeit für das Funktionieren freier Arbeitsmärkte ein und wandte sich damit gegen die gelebte unbeschränkte Konkurrenz. Seit der zweiten Hälfte des 19. Jahrhunderts setzte eine weitere, im System eigentlich nicht vorgesehene Entwicklung ein. Es handelte sich um die bis heute andauernde starke Unternehmenskonzentration durch internes – dem Aufbau neuer Kapazitäten im Unternehmen – und externes Wachstum, dem Zukauf von Kapazitäten. Als Größenvorteile wurden neben den produktionstechnischen „Economies of Scale“ rasch die Bereiche Finanzierung, Vertrieb und Beschaffung erkannt. Die für die Entscheidungsstrukturen im System wesentliche Tendenz der steigenden Macht der Manager begann ebenfalls in dieser Periode deutlich anzusteigen. Juristisches Eigentum und die Verfügungsrechte über die Produktionsmittel fielen immer weiter auseinander, die Frage, wie eng die Manager ihre Entscheidungen an den Zielen der Eigentümer orientieren, drängte sich daher auf. Dasselbe Problem wird aktuell auf Basis der „Corporate Governance“-Diskussion behandelt. Die Mitbestimmung der eigentlichen Besitzer, der Aktionäre also, soll verstärkt werden, ebenso wie die Überprüfungsmöglichkeiten des Managements durch den Aufsichtsrat. Nochmals zurück zum Kapitalismus.

Als wichtigste Beispiele für falsche Marktsignale wurden spätestens in der zweiten Hälfte des 20. Jahrhunderts jene im Bereich des Umweltschutzes und der Umweltzerstörung erkannt. Unter anderem deshalb, weil Preise die gesellschaftlichen Kosten von stark umweltbelastenden Gütern falsch angeben, da ein Teil dieser Kosten extern bleibt. Ein Ziel des ethisch-nachhaltigen Investments ist genau die Antizipation dieser in Zukunft zu bereinigenden Fehlentwicklung. Zu den gegenwärtigen Problemen der Marktwirtschaft zählen sicherlich die Arbeitslosigkeit und sich verschärfende soziale Ungleichheiten in den Industriestaaten sowie Armut und fehlende Entwicklungsperspektiven in den Entwicklungsländern, also Probleme, die durchaus in Richtung einer globalen, „globalisierten" Ebene gehen.

Die Verantwortung von Unternehmen

Nach der Analyse des kapitalistischen Systems nun zur nächsten wesentlichen Frage: Was ist die Verantwortung des Unternehmens im System, wie ist sie zu definieren? Eine Darstellung zur gesellschaftlichen Verantwortung privater Unternehmen stammt vom Committee for Economic Development (CED), einem Zusammenschluss von 300 führenden Vertretern aus dem Bereich Wirtschaft und Bildungswesen. Die Verantwortung der Unternehmen lässt sich nach CED durch drei konzentrische Kreise darstellen.

Im inneren Kreis befinden sich die traditionellen Aufgaben eines Unternehmens, die in Richtung einer effizienten Erfüllung der ökonomischen Funktion gehen. Dazu zählen etwa Produktion, Finanzierung, Beschäftigung von Arbeitskräften, Darstellung von Gewinn und Wachstum. Soziale Maßnahmen sind dem inneren Kreis nur dann zuzurechnen, wenn sie die kurzfristigen ökonomischen Interessen unterstützen. Der mittlere Kreis beschreibt die erweiterte Verantwortung von Unternehmen. Hierbei geht es um die Berücksichtigung und Vermeidung von gesellschaftsschädigenden Auswirkungen der Produktion. Soziale Kosten und die Umweltbelastung sollen möglichst gering gehalten werden. Weiterhin ist ein sparsamer Umgang mit natürlichen Ressourcen und auch die Befriedigung des Informationsbedarfs von Stakeholdern Thema des mittleren Kreises.

Der äußere Kreis stellt die Verantwortung der Unternehmen als wirtschaftlich mächtige und effizient arbeitende Institutionen im Zusammenhang mit allgemeinen staatsbürgerlichen Pflichten und bei der Lösung dringlicher gesellschaftlicher Probleme dar. Ein Beispiel hierzu

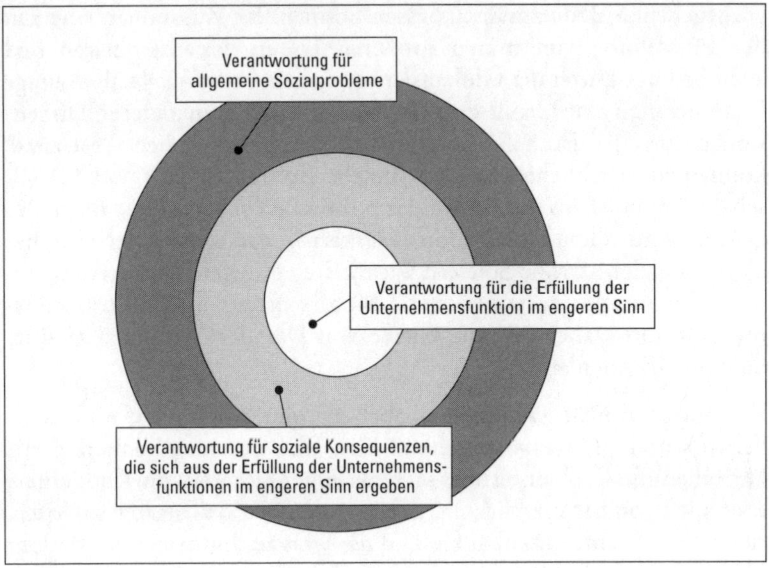

Abbildung 20: Modell der konzentrischen Kreise zur Verantwortung von Unternehmen
Quelle: Simon, Frank (1994). Unternehmerischer Erfolg und gesellschaftliche Verantwortung

wäre etwa ein Beitrag zum Abbau von Diskriminierungen von Randgruppen und Minderheiten.

Das CED sieht die Verantwortung des Unternehmens nicht mehr rein auf die Aktionäre und Eigentümer beschränkt, sondern definiert die Rolle des Unternehmens quasi als die eines Treuhänders. Das Treuhändermodell der gesellschaftlichen Verantwortung sieht daher einen fairen Ausgleich innerhalb der Interessen derjenigen Gruppen vor, die entweder von den unternehmerischen Aktivitäten betroffen sind oder diese beeinflussen können.

Kapitalismus und Globalisierung

Im kapitalistischen, marktwirtschaftlichen System wird davon ausgegangen, dass Unternehmen idealer Weise so klein sind, dass sie sich bezüglich ihres Angebotes und in ihrer Preispolitik nur an die vom Markt vorgegebenen Bedürfnisse anpassen können. Im Zusammenhang mit der Entstehung von immer größeren Unternehmenseinheiten und auch bedingt durch die Globalisierung haben mittlerweile aber einige Unternehmen eine Größe erreicht, wo ihr Einfluss in anderen Dimensionen zu sehen ist. Schon bei „Erledigung des täglichen Geschäfts" können sie erheblichen Einfluss auf die Einstellungen in der Gesellschaft, auf die Umwelt und auf das politische System in Form der Regierungen ausüben. Multinationale Unternehmen werden daher immer mehr zu gleich starken Spielern wie die Regierungen. So übersteigt etwa der Jahresumsatz von General Motors bereits das Bruttoinlandsprodukt von Dänemark, die Größe von DaimlerChrysler liegt über der von Griechenland.

Die multinationalen Konzerne haben allerdings den nicht unwesentlichen Vorteil grenzüberschreitend wirksam werden zu können. Kritiker sehen die Globalisierung auch als eine Methode von Konzernen, aber auch von Finanzmärkten, sich von den Nationalstaaten zu lösen, riesige Reichtümer anzuhäufen und die Welt zu uniformieren. Im Jahr 2001 gab es weltweit rund 65000 multinationale Unternehmen mit 850000 Auslandstöchtern und 54 Millionen Beschäftigten. Der interne Umsatz dieser Unternehmen lag beim doppelten Wert des Welthandelsvolumens, rund ein Drittel des Welthandels entfiel auf den Handel innerhalb der multinationalen Konzerne. Von den 100 größten multinationalen Konzernen stammten 53 aus Europa und 23 aus den USA.

Andererseits sind Unternehmen mit dieser Fülle an Macht und Möglichkeiten auch wahrscheinlich die einzigen Institutionen, die über geeignete Ressourcen, Technologien, die notwendige globale Ausrichtung und möglicherweise über die Motivation verfügen, ethische und vor allem nachhaltige Konzepte mit all den notwendigen Maßnahmen umzusetzen.

Während sich die kapitalistische Struktur in den Industrieländern in den letzten Jahrzehnten und Jahrhunderten in Richtung einer gemäßigteren Marktwirtschaft entwickelt hat, scheinen die ursprünglichen Prinzipien im Rahmen der Globalisierung wieder zurückzukehren. In Ländern und Regionen, wo der Entwicklungsprozess nicht stattgefunden hat, tauchen bezüglich sozialer Kriterien – wie Kinderarbeit – und Umweltkriterien alte Problematiken von Neuem auf. Der beschriebene Systemmangel bezüglich der Macht der Manager und der im Rahmen der Konzentrationstendenz wachsenden Konzerne ist freilich aktueller denn je.

Gewachsene Strukturen vor Globalisierung

Um die Problematik der Globalisierung für eine ethisch-ökologische Sichtweise besser darstellbar zu machen, soll an dieser Stelle eine Untersuchung der Strukturen der Wirtschaftssystematik vor und nach Globalisierung angestellt werden.

Das viel zitierte Modell der Wirtschaftsverflechtung auf Ebene der Unternehmen, Haushalte und Banken sieht ohne globale Komponente die Bank als klassischen Intermediär zwischen Unternehmen und Haushalten.

In diesem Modellansatz zahlt das Unternehmen Löhne an die Haushalte. Die Haushalte wiederum kaufen einerseits Produkte und sparen

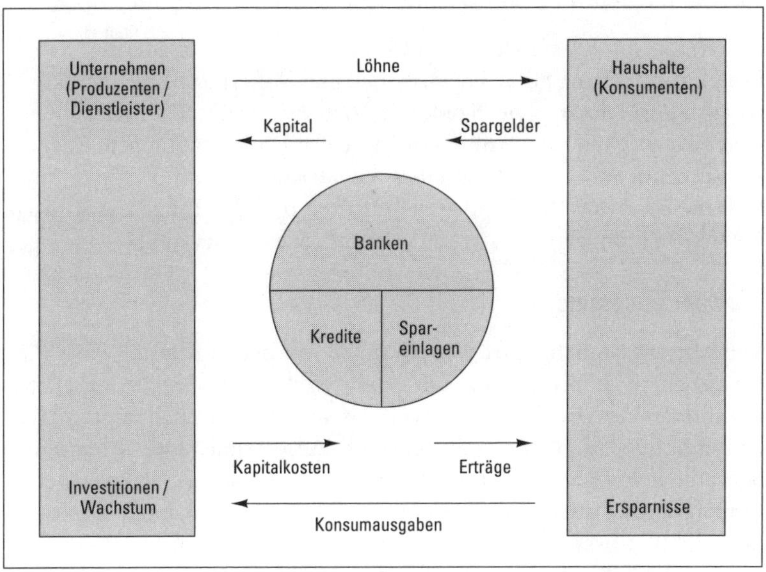

Abbildung 21: Klassisches Intermediationsmodell
Quelle: Gerard, Jean-Luc (2002). Börse oder Leben

andererseits, daher kann das Unternehmen via Bank Kredite für Investitionen aufnehmen, wie in der vorhergehenden Abbildung dargestellt.

Institutionelle Anleger als „neue Klasse"

Die institutionellen Investoren sind zur klassischen Struktur zu ergänzen. Sie befinden sich in den aktuellen Strukturen in einer zwischen Sparern – das heißt Haushalten – und Unternehmen übergeordneten Position. Die institutionellen Anleger üben in ihrer systemimmanenten Suche nach Performance Druck auf das Management der Unternehmen aus, höhere Renditen zu erzielen. Dabei nimmt die Anzahl der institutionellen Anleger durch den auch in der Finanzindustrie zu beobachtenden Konzentrationsprozess tendenziell ab. Auch bei den Asset-Managern sind über die Größe „Economies of Scale" lukrierbar. Das Management der Unternehmen wiederum gibt den von den Investoren erhaltenen Druck an die eigenen Arbeitnehmer weiter. Die Arbeitnehmer selbst sind andererseits über ihre eigene kapitalgedeckte Vorsorge oder private Veranlagung selbst in Fonds investiert und daher auch an möglichst hohen Renditen interessiert.

Innerhalb der Klasse der institutionellen Anleger wiederum ist der Druck in Richtung guter Performance und Wertsteigerung auch kurzfristig enorm hoch. Die Konkurrenzierung nimmt laufend zu, Vergleiche zwischen den Anbietern finden auf allen zeitlichen Ebenen, zunehmend auch auf Basis eines kurzfristigen Zeithorizonts, statt. Diverse Rankings der Fondsgesellschaften und der Einzelfonds sowie von deren Managern verstärken diesen Prozess dynamisch.

Problem Zinseszins

Veranlagung jeglicher Art ist verbunden mit der Forderung nach Performance, nach Verzinsung. Die Suche nach angemessener, möglichst attraktiver Verzinsung von Kapital hat sich dabei in den letzten Jahrzehnten über den gesamten Globus ausgedehnt. Der Abbau der Schranken im Kapitalverkehr führt zu einer raschen, elektronischen Transferierung quasi „auf Knopfdruck". Die somit zustande kommenden Geldzuflüsse eröffnen eine breite Möglichkeit an Interpretation, sie können sich sowohl als Fluch oder auch als Segen für einzelne Länder und Unternehmen erweisen. Verschuldete Länder können durch das erhöhte Angebot an Finanzmitteln etwa vergleichsweise einfach Schulden aufnehmen. Nicht auf einer ökonomischen Basis aufgebaute Strukturen in den Ländern führen später aber häufig dazu, dass diese Verbindlichkeiten samt Verzinsung später nicht mehr bedient werden können. Diese Tatsache führt zu einem Teufelskreis aus Verschuldung und Bedienung der Altschulden, an dessen Ende schließlich oft – teilweise durch supranationale Einrichtungen wie den IMF oder die Weltbank geforderte – starke Einschnitte in der Ausgabenpolitik der Staaten und eine enorme Belastung für die Bevölkerung steht.

Akzeptanzproblem der Börse

Vor allem in Mitteleuropa hat die Börse wohl einen ähnlich guten Namen wie der Begriff des Kapitalismus. Börse und das „böse Spekulantentum“ werden oft auf eine Stufe gestellt. Die Börse und „das Geld“ allgemein gelten als Sinnbild des Unterschiedes von Reichtum und Armut. Warum strebt der Mensch aber eigentlich nach Geld und Vermögen? Generell erscheint das Besitzen von Geld den Handlungsspielraum des Individuums zu erweitern. Geld bietet Möglichkeiten zu handeln. Es wird also quasi Unabhängigkeit durch die Abhängigkeit vom Geld geschaffen. Geld scheint ein so genanntes „polymorphes Konzept“ darzustellen, das nicht eindeutig definiert ist, aufgrund von Erfahrungen verstanden wird und nur auf Basis von ähnlichen Begriffen und Beispielen beschrieben wird. In der Folge soll ein psychologischer Ansatz zum Thema Geld wie bei Pinner (1997) dargestellt werden. Nach psychologisch-lerntheoretischer Sichtweise wird Geld als sekundärer, also gelernter Verstärker interpretiert. Da primäre Verstärker in der Lerntheorie an physiologische Voraussetzungen geknüpft sind, ist das „Bedürfnis nach Geld“ lediglich als daraus abgeleitetes Motiv zu sehen. Eine Verstärkerwirkung tritt ein, weil mit dem Gebrauch von Geld letztendlich alle primären Bedürfnisse des Menschen abgedeckt werden können. So gesehen stellt Geld einen wesentlichen, generalisierten Sekundärverstärker dar. Geld kann aber auch abgehoben von jeglicher Instrumentalität zum eigenständigen, „intrinsischen“ Motiv werden, also nicht zur Bedürfnisbefriedigung, sondern per se angestrebt werden. Dies führt zu einem Verhalten, das man als „Dagobert-Duck-Syndrom“ bezeichnen könnte.

Globalisierung verändert gewachsene Strukturen

Durch die Globalisierung in Verbindung mit neuen Technologien der Datenübermittlung wurde und wird die Anonymität der Geldflüsse deutlich gesteigert. Damit entfremdet sich Geld als digitale Größe oder „Plastic Money" immer mehr von den lokalen Bedürfnissen, die auf Basis des klassischen Intermediationsmodells noch allgegenwärtig waren. Durch die Globalisierung wird der aufgrund unterschiedlicher Zugriffsmöglichkeiten auf Daten vorhandene Informationsgraben zwischen Kapitalgeber und Kapitalnehmer vergrößert. Vice versa wird die lokale, ursächliche Ebene des Beziehungsgeflechts verwischt. Die Intermediation wird durch die verstärkte Inanspruchnahme der Börse als Finanzierungs- und Veranlagungsinstrument gleichzeitig erhöht und auch verändert. Die klassischen Strukturen – die Intermediation via Bankkredite – verlieren daher an Bedeutung. Dies gilt vor allem für die mitteleuropäischen Länder mit bis vor kurzem noch relativ intakten klassischen Intermediationsstrukturen.

Durch die Globalisierung verteilen die Finanzmärkte auf globaler Ebene immer mehr Kapital. Bezüglich der Sozial- und Umweltstandards erhöht sich die Intransparenz, vor allem wenn Länder abseits der Industriestaaten involviert sind. Klare Sozial- und Umweltstandards je nach Land oder Region sind oft nicht vorhanden. Diese Problematik ist verbunden mit einem Fehlen von Kontrollmechanismen außerhalb der rein finanziellen Ebene wie im Bereich Soziales oder Umwelt.

Der Kreditgeber oder die plazierende Investmentbank hat mit der Kreditvergabe oder dem Börsengang daher höhere Freiheiten, aber keine über das ökonomische hinausgehende Pflichten. Außerdem erfolgt auf dem Weg der günstigeren Finanzierung und der günstigeren Produktion wie bereits dargestellt eine Zentralisierung und zunehmende Machtkonzentration, immer weniger große Investmentbanken und Kreditbanken, aber auch Einheiten im Bereich der Industrie sowie Dienstleistungen beherrschen den Markt.

Die folgende Abbildung zeigt die Weiterentwicklung des klassischen Intermediationsmodells. Die Börse, Banken und Fonds, die Vorsorge und die Nationalbank treten anstelle der Position der Bank im klassischen Intermediationsmodell. Weiterhin erfolgt eine Erweiterung um die Dimensionen Ausland/Entwicklungsländer und natürliche

Ressourcen wie Energie und Umwelt, da es sich um kein abgeschottetes Wirtschaftssystem handelt. Die folgende Abbildung zeigt die Struktur eines derartigen „Systematischen Intermediationsmodells“.

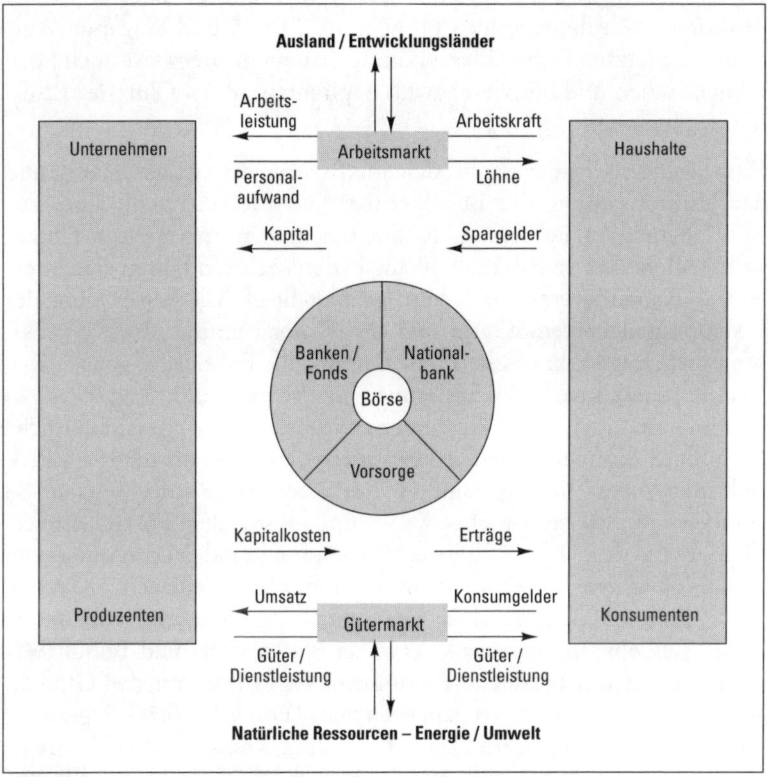

Abbildung 22: Systematisches Intermediationsmodell
Quelle: Gerard, Jean-Luc (2002). Börse oder Leben

Chancen der Globalisierung

Die Globalisierung bietet für alle Stakeholder prinzipiell eine Vielzahl von Chancen. Sie liegen vor allem in der Möglichkeit einer Fortsetzung des weltweiten Wirtschaftsbooms, der nachhaltiges Wachstum schaffen kann. Die Aussage, dass Globalisierung am Wege der Liberalisierung des weltweiten Produkt- und Dienstleistungsangebotes das internationale Wachstum unterstützt, kann aus empirischer Sicht unterstützt werden. Effiziente internationale Arbeitsteilung führt zu größerem Wohlstand. Aus historischer Sicht beleuchtet konnten von der Globalisierung bisher allerdings nur wenige Staaten oder Regionen profitieren. Zu ihnen zählen Hongkong, Taiwan und Singapur. Aufgrund der letzten Entwicklung könnte man möglicherweise auch noch China, Indien und Südvietnam als Aspiranten in den Club der Profiteure aufnehmen.

Eine weitere Chance ergibt sich im Bereich des Staatssystems und der Mitbestimmung der Bevölkerung. Die Globalisierung kann zur Verdrängung von autoritären Regimen beitragen. Am Beispiel Chinas sollte sich in diesem Zusammenhang in den nächsten Jahren eine interessante Fallstudie ergeben. Jedenfalls kann die globale Erweiterung der Bedeutung der Demokratie und die Globalisierung eines gemeinschaftlichen demokratischen Bewusstseins die dauerhafte soziale Kohäsion verstärken. Globalisierung im Bereich des Zuganges zu Kommunikations- und Ausbildungswegen schafft gesellschaftliche Freiräume, die auch diejenigen profitieren lässt, die oft nicht am Produktionsprozess beteiligt sind, wie Minderjährige oder Frauen. So gesehen kann wirtschaftliches Wachstum mit sozialem Fortschritt verbunden werden. Die weltweite Anwendung und Verbreitung von technologischem Fortschritt kann ökologischen Mehrwert bedeuten. Neue Technologien erlauben eine sparsamere Nutzung von natürlichen Ressourcen, man denke etwa an Wasserstoff- und Brennstoffzellen. Auch das friedliche Zusammenleben kann von der Globalisierung profitieren, wenn das weltweite Potential für kriegerische Auseinandersetzungen durch die Befriedung von Grundbedürfnissen in weiten Teilen der Bevölkerung, assoziiert mit Toleranz und kultureller Vielfalt, abgesenkt wird. Corporate Governance beziehungsweise die Einflussnahme der Aktionäre samt deren Interessen kann sich via Finanzmärkte als eine treibende Kraft in der Marktwirtschaft etablieren.

Gefahren der Globalisierung

Ist die Globalisierung die neue, unumstrittene Weltordnung? Das Problem beim System der Globalisierung ist zunächst, dass sie sich scheinbar von selbst zu ergeben scheint und Verantwortliche und damit Adressaten schwer aufzufinden sind. Die Gefahren der Globalisierung wurden zuletzt in einer Vielzahl von Veröffentlichungen diskutiert. Was die Verteilung des Vermögens in der Welt betrifft, so wird durch die Globalisierung die Wahrnehmung des Nord-Süd-Gefälles in der Öffentlichkeit zunehmend verdrängt. Daher weitet sich die Kluft zwischen Arm und Reich weiter aus, was der Ausgangspunkt internationaler Spannungen sein kann. Das Einkommen der reichen 20 % der Weltbevölkerung liegt derzeit beim rund 60-fachen des Einkommens der ärmsten 20 %. Die viele Länder der dritten Welt heimsuchende Schuldenkrise ist das Ergebnis einer zu freigiebigen Kreditvergabe der „Banken des Nordens“ und letztendlich fehlgeleiteter Investitionen. Gerade in den Entwicklungsländern scheint auch die Fähigkeit, sich an rasch ändernde Weltmarktbedingungen anzupassen, zu fehlen. Der bekannte Preismechanismus funktioniert vielfach nicht. Fallende Preise führen nicht zur lehrbuchmäßigen Einschränkung oder Veränderung des Angebots, sondern im Gegenteil eher zu einer Ausweitung des Angebots, um den negativen Preiseffekt über die erhöhte Menge überzukompensieren.

Im Rahmen der Globalisierung scheint sich – wie auch im Rahmen der kapitalistisch dominierten Kolonialzeit – eine Unterteilung in „Zentren“ und „Randgebiete“ zu ergeben, wobei die Gewinner und Verlierer dieser Struktur von Anfang an feststehen. In der „Group of 77“ haben sich 134 Staaten, darunter alle ehemaligen Kolonien Afrikas, Lateinamerikas und Asiens zusammengefunden, welche die Globalisierung tendenziell als Diktatur der reichen Staaten unter Führung der USA sehen. Die ungebändigte Globalisierung in Form eines Kapitalismus alter Ausprägung führt zu einer Übernutzung von natürlichen Ressourcen in der Welt. Dabei ist an die Reserven im Bereich der Wälder, des Wassers oder der Meere zu denken. Der notwendige Regenerationsprozess wird durch andauernde Übernutzung kaum mehr möglich respektive weitgehend zerstört. Dies führt aber im Gegenzug zu einer weiteren Verknappung der weltweiten Ressourcen.

Ein wichtiger Punkt bei der Kritik an der Globalisierung ist das Abstellen auf die vorgeformte Sichtweise des in einem System Aufgewachsenen und Geprägten. Für den Europäer zweifelsfrei richtige Ansätze müssen nicht absolutierbar sein. In der Globalisierung begegnen wir dem Phänomen, dass sich lediglich ein Denkmodell, nämlich das des Marktfundamentalismus, durchsetzt. Demnach wird Globalisierung manchmal auch als „Euro-Amerikanisierung“ bezeichnet, basierend auf westlich-kapitalistischen Lebensformen. Dieses einheitliche Denkmodell oder System ist allerdings eher kurzfristig, materiell und monokausal ausgerichtet. Damit kann der Kapitalismus selbst zur fundamentalistischen Idee und damit auch selbst zur Gefahr werden.

In der die Globalisierung prägenden Industriegesellschaft wird die technologische Entwicklung mehr oder weniger als Selbstzweck betrieben, die Technik erhält einen ihr eigentlich nicht zustehenden fast schon religiösen Status. Die Folge kann eine aufkeimende emotionelle Armut sein, welche eine möglicherweise schon vorhandene materielle Armut noch verstärkt. Die Entwicklungsprozesse drohen immer stärker in Richtung Schnelllebigkeit anstatt von Nachhaltigkeit abzudriften. Die globalen Märkte und die große Kapitalkonzentration verkürzen den Zeithorizont zusätzlich. Die ökologische und gesellschaftliche Verantwortung muss zuordenbar sein. Wird die Verantwortung weder von den politischen Strukturen noch von den immer bedeutender werdenden Konzernen getragen, droht eine bloße Orientierung am ökonomischen Kriterium. Die Tugenden von Maß und Moral geraten in Gefahr, in den Hintergrund zu treten.

Zu den Finanzmärkten selbst: Wenn die Akteure auf den Finanzmärkten in Form von Investmentbanken und Unternehmen ihre gesellschaftlichen und ökologischen Pflichten nicht wahrnehmen, ist der Aktionär der letzte potentielle Anker. Er kann dafür sorgen, dass Corporate Citizenship und Corporate Governance keine reinen Begriffshülsen bleiben. Ansonsten wird das Finanzsystem langfristig immer krisenanfälliger und instabiler, das Risiko von Zusammenbrüchen kann anwachsen. Eine latente Bedrohung der internationalen gesellschaftlichen Stabilität durch das Finanzsystem in Form von Börsencrashes oder auch länger andauernden Phasen des Überschwanges und der krassen Unterbewertung könnte die Folge sein.

Aus Sicht der Umwelt droht in der Globalisierung durch die Übernutzung von Ressourcen und Umweltbelastungen eine Reihe von Gefahren. Zu ihnen zählen etwa klimatische Änderungen, Bodenerosion und auch der Mangel an lebensnotwendigen Ressourcen wie Wasser. Derartige Entwicklungen können in ganzen Regionen oder Erdteilen zu fast unlösbaren Problemen führen. Auf diese Probleme aufbauende Konflikte breiten sich mit der Brisanz der Bedrohung aus.

Problematik der „freien Güter"

Vor allem im Zusammenhang mit der Umwelt tritt das Problem der „freien" oder „öffentlichen" Güter zu Tage. „Freie Güter" wie eben der ökologische oder auch der soziale Zustand einer Gesellschaft werden am Markt nicht angeboten. Sie haben zwei wesentliche Eigenschaften:

- Niemand kann oder soll zumindest von ihrer Nutzung ausgeschlossen werden, und zwar rechtlich und physisch.
- Zum anderen ist es für diese Güter unwesentlich, ob eine Einheit mehr oder weniger konsumiert wird, die Kosten steigen nicht an. In der Summe kann eine Übernutzung aber dennoch zu einer Qualitätsminderung der öffentlichen Güter führen. Das bekannte Beispiel von Hardin (1968), in Form der „Tragedy of Commons" geht in vorindustrielle Zeit zurück. Die Qualität der gemeinschaftlich genutzten und für alle zur freien Verfügung stehenden Allmende leidet kaum darunter, wenn ein Bauer ein Vieh mehr zum Grasen schickt. Würden sich aber alle Bauern dieser an sich nicht falschen Überlegung anschließen, würde die Allmende bei letztendlich doch beschränkten Ressourcen bei Zugang ohne Beschränkungen letztendlich ruiniert.

Bei der Problematik rund um die freien Güter wie reines Wasser oder reine Luft kommt ein weiterer Aspekt hinzu. Die negativen Folgen einer Vernachlässigung des Problems treffen am Ende meist Gruppen, die keinen Widerstand leisten können, wie zukünftige Generationen, gesellschaftliche Randgruppen oder auch – regional gesehen – die Entwicklungsländer.

Globalisierung und Grenzen

Auf Basis des bisher Gesagten sollen die Grenzen der wirtschaftlichen Entwicklung und damit einer nachhaltigen Entwicklung noch einmal aufgezeigt werden. Es ist zweifelsfrei so, dass Länder auf Dauer nur dann immer reicher werden können, wenn die dortigen Ressourcengrundlagen aufgezehrt oder dauerhaft geschädigt werden. Offenbar gibt es Obergrenzen für das quantitative Wachstum. In diesem Zusammenhang haben die armen Länder dieser Erde sicherlich Nachholbedarf, während die Obergrenzen in den reichen Ländern bereits erreicht oder sogar überschritten erscheinen. Eine Reduktion des Schadstoffausstoßes ist ein prioritäres Ziel der nächsten Zukunft, die Industrieländer müssen dabei Vorreiter sein. Generell deutet vieles darauf hin, dass die Menschen in den Industrieländern auf Kosten der kommenden Generationen leben. Die Belastung des Planeten Erde ist begrenzt. Eine Ausdehnung der Lebensverhältnisse der Industrieländer auf die ganze Welt ist nicht tragbar. Im globalen Maßstab sind weder der Energie- und Ressourcenverbrauch noch der Schadstoffausstoß der Industrieländer umweltverträglich und aus Umweltsicht leistbar.

Ethisch-nachhaltige Veranlagung und Globalisierung

Die ethisch-nachhaltig ausgerichtete Veranlagungsstruktur versucht, auf Basis der bekannten Risken der Globalisierung einen Beitrag zur Entschärfung des Problems zu leisten. Der Druck einer ethisch-nachhaltig ausgerichteten Investment Community sollte die Konzerne in ihre Schranken weisen. Viele Probleme, die in Richtung von sozialen Strukturen im In- wie auch im – vielleicht noch weniger entwickelten – Ausland gehen oder die ökologische Dimension betreffen, könnte man leichter in den Griff bekommen.

Die Macht des Kapitals ist, wie uns der Kapitalismus lehrt, nicht zu unterschätzen. Das konsequente Ausleben des „Investor Citizenship“ ist eine wichtige Voraussetzung. Auch der Druck auf die Anbieter von Geldanlagen zur Berücksichtigung der ethisch-nachhaltigen Dimension sowie die Unterstützung der Bemühungen von Regierungen und NGOs für die Forcierung nachhaltiger Strukturen in der Wirtschaft erscheinen wesentliche Dimensionen am Weg zu einem „guten Kapitalismus“ trotz oder gerade mit der Dimension der Globalisierung. Damit ist die ethisch-nachhaltige Veranlagung letztendlich auch eine Alternative zu den Forderungen von radikalen Gruppen aus den Reihen von „Globalisierungs- und Kapitalismus-Gegnern“. Deren Ideen gehen stark in Richtung von Regeln, Verboten und auch Besteuerungen. Derivate etwa werden als Spekulationsobjekte gesehen, obwohl sie freilich für die große Mehrzahl der Marktteilnehmer weiterhin als Sicherungsinstrumente dienen. Eine Rückkehr zu festen Wechselkursen ist eine weitere, schon vom System her wahrscheinlich unerfüllbare Forderung. Zu den größten NGOs zählen heute – gemessen an deren Budgets – das internationale Rote Kreuz, CARE International, Oxfam, Save the Children, Greenpeace, Caritas, Ärzte ohne Grenzen und der WWF.

Kurzfristigkeit der Finanzmärkte und Tobin-Steuer

An dieser Stelle sei auf ein wichtiges Argument für die ethisch-nachhaltige Investmentphilosophie hingewiesen. Aus investmenttechnischer, aber auch sehr stark aus moralischer Sicht stellt die immer wieder zu Tage tretende kurzfristige Sichtweise der Finanzmärkte ein Problem dar. Daher sollte das Interesse der Marktteilnehmer an der ethisch-nachhaltigen Asset-Klasse auch insofern tendenziell zunehmen, als mit dem ethisch-nachhaltigen Konzept eine Möglichkeit besteht, dieser Tendenz der Kurzfristigkeit der Märkte entgegenzuwirken. Dieses negative Kriterium der Finanzmärkte beginnt auch in der breiten Öffentlichkeit immer mehr erkannt zu werden.

Zu den Faktoren, welche die Kurzfristigkeit der Finanzmärkte vor allem ausmachen, gehören beispielsweise zu kurze Amortisationszeiten für Investitionen oder die Begünstigung – in Form hoher und letztendlich möglicherweise überhöhter Börsenbewertungen – von Unternehmen mit aktuell hohen Gewinnerwartungen. Das Konzept der Tobin-Steuer ist ein weiterer Puzzle-Stein in den Gedanken der Befürworter einer völligen Neuorientierung des internationalen Wirtschaftssystems. Nobelpreisträger und Wirtschaftswissenschaftler Tobin forderte 1978 mit seiner Steuerkonzeption eine Besteuerung aller kurzfristigen und internationalen Geldströme. Ausgangspunkt seiner Forderungen war der Umfang der „virtuellen Ökonomie", wobei etwa 2001 bei einem täglichen Weltsozialprodukt von 120 Mrd. US-Dollar Transaktionen an den Devisenmärkten im Gegenwert von 700 Mrd. US-Dollar getätigt wurden. Im Detail wurde eine Börsenumsatzsteuer von 0,5 % auf den Handel mit Aktien, Anleihen und Währungen angeregt. Investments bei Emissionen sollten steuerbefreit sein, wohl sollte auch eine Behaltefrist zur Unterscheidung von „Spekulation" und „Investment" ein Thema sein. Die Besteuerung sollte gemäß ihrem Erfinder zu einer Verlangsamung der Schwankungen in den Kursen der Wertpapiere führen. Weiters würden hohe Milliardenbeträge zur Verfügung stehen, die etwa in Richtung Entwicklungshilfe fließen könnten.

Eine Schwäche des Konzeptes liegt in dem Versuch, letztendlich „Veranlagungen“ unattraktiver zu machen. Allein durch Mittelzuflüsse müssen Fondsmanager laufend Transaktionen tätigen – in diesem Fall etwa Wertpapiere zukaufen. Fondsmanager die Indizes folgen und diese weitgehend nachvollziehen, sind ebenfalls zu Umschichtungen in den Portfolios gezwungen. Beide Beispiele zeigen, dass die Steuer auch Investments treffen würde, die ganz und gar nicht dem Bereich „Spekulation“ zuzuordnen wären, wie immer man den Terminus Spekulation auch auslegen möchte. Eine konsequent umgesetzte Orientierung an dem Prinzip ethisch-nachhaltiger Veranlagung ist die deutlich bessere Alternative zu den genannten regulatorischen Konzepten ohne Treffsicherheit.

6. Gut und geprüft

„Men that hazard all do it in hope of fair advantage"
(Merchant of Venice)

Ethisch-nachhaltige Veranlagung berücksichtigt, wie bereits dargestellt, im Wesentlichen die ethische, ökologische und ökonomische Komponente. Während im ökonomischen Bereich Analysen bereits seit Jahren standardisiert sind und unzählige Analysten vor allem die großen Unternehmen, die auch als Blue Chips bezeichnet werden, regelmäßig verfolgen, sind Untersuchungen im ethisch-ökologischen Bereich noch weitgehend Neuland.

Für eine detaillierte Einschätzung von Ethik samt sozialer und kultureller Faktoren wird aber verstärkt ein so genanntes ethisch-ökologisches Ranking oder Rating eingesetzt. Der Begriff des Ratings stammt aus den USA, er bezeichnet eine Bewertung durch unabhängige Ratingagenturen in Form von Noten, wobei sowohl quantitative als auch qualitative Aspekte berücksichtigt werden.

Öko-Rating als Gegensatz zum Finanz-Rating

Während das Finanz-Rating fast ausschließlich auf die ökonomischen Gesichtpunkte fokussiert, kann das Öko-Rating zunächst als systematische Erhebung, Auswertung und Aufbereitung umweltbezogener Unternehmensdaten betrachtet werden. Ein Problem in der Akzeptanz des Öko-Ratings liegt aktuell noch in der mangelnden Standardisierung der Prozesse. Die folgende Tabelle zeigt einen Vergleich von Kredit- und Öko-Rating.

Öko-Rating wird aber in vielen Ansätzen um den sozialen, ethischen oder auch kulturellen Aspekt in Richtung einer nachhaltigen Sichtweise erweitert. Öko-Rating oder „SRI-Rating" als Ratingprozess, der alle ethisch-nachhaltigen Themen umfasst, steht bezüglich der Einschätzung von Unternehmen auch in einer engen Verwandtschaft zum Investment Research. Tausende Research-Analysten beobachten die ihnen zugewiesenen Unternehmen Tag für Tag und versuchen deren

Tabelle 18: Unterschiede und Gemeinsamkeiten von Kredit- und Öko-Rating
Quelle: Beckstett, Rainer (1997). Öko-Rating: Bedeutung und methodische Ansätze zur Integration von Umweltrisiken in Finanzmärkte

	Kredit-Rating	**Öko-Rating**
Intention	Erzeugung von Transparenz von Kapitalanlagen bezüglich finanzieller Aspekte	Erzeugung von Transparenz von Kapitalanlagen bezüglich ethisch-ökologischer Aspekte
Thematische Schwerpunkte	Kreditwürdigkeitsprüfung (Bonität)	Umweltrisikoermittlung (ökologische Bonität)
Stellenwert am Markt	Weltweit etabliert	Wachstumsphase, aktueller Stellenwert eher gering
Zielgruppen	Experten (Banken, Versicherungen, Fondsmanager, Broker, institutionelle Anleger)	Experten (Banken, Versicherungen, Fondsmanager, kirchliche und soziale Institutionen, ethisch-ökologisch ausgerichtete institutionelle Anleger)
Bewertungsobjekte	Länder, Emittenten allgemein	Vor allem Unternehmen, zum Teil Branchenvergleiche
Durchführendes Unternehmen	Unabhängige Ratingagenturen	Unabhängige Ratingagenturen, teilweise auch Forschungsinstitute
Bewertungssystematik	Endnote und Ausblick, Anlageentscheidung je nach Risikofreudigkeit	Endnote, bestimmte Negativkriterien können Anlage ausschließen
Anwendung	Ein Teil der Finanzanalyse eines Unternehmens	Beleuchtung der gesamten ökologischen Dimension von Unternehmen

aktuelle Kurspotentiale einzuschätzen. „SRI-Rating" Analysten versuchen in vielen Fällen dasselbe, einfach erweitert um die ethisch-nachhaltige Komponente. Der herkömmliche Researchprozess als Analyse der Makrodaten, der Branche und schließlich des Unternehmens selbst wird quasi durch den „SRI-Filter" ergänzt, wobei dieser Filter natürlich einen Mittelpunkt der Analyse darstellt.

Finanzanalyse spielt für ethisch-nachhaltige Investoren eine nicht unwesentliche Rolle. Diese muss aber in Einklang mit den jeweiligen ethisch-nachhaltigen Konzepten gebracht werden. Die folgende Abbildung verdeutlicht die Unterschiede zwischen den Researchprozessen.

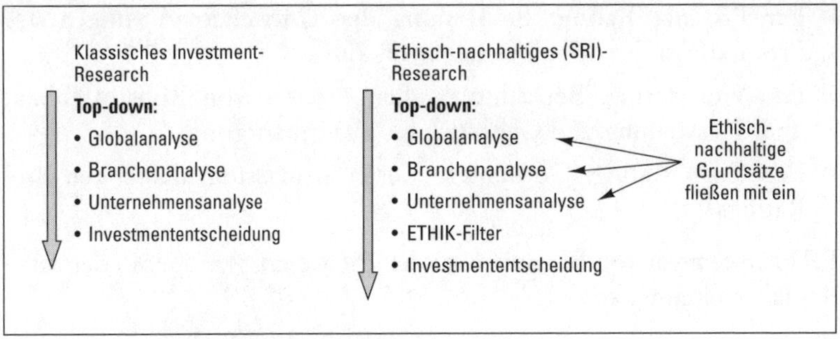

Abbildung 23: Klassischer versus SRI-Research Prozess

Mit der steigenden Bedeutung von ethisch-nachhaltigen Veranlagungen sollten auch die ökologisch wie ethisch-nachhaltig orientierten Rating-Agenturen an Bedeutung gewinnen. Unternehmen und das Management der Unternehmen werden heute von „mächtigen" Branchenanalysten bereits vielfach zu Entscheidungen gedrängt, da andernfalls eine negativere Einschätzung des Analysten drohen könnte. Derartige Entwicklungen sind auch im Bereich ethisch-nachhaltiger Inhalte möglich. Die Häufigkeit der Anfragen durch „SRI"-Analysten und die dahinter stehenden Veranlagungsvolumina entscheiden über die Wahrscheinlichkeit für Veränderungen in den Entscheidungsprozessen der Unternehmen im Sinne der Nachhaltigkeit.

Öko-Rating im engeren Sinn

In der Folge sollen einige Anbieter im Bereich des Öko-Ratings vorgestellt werden. Zu den Anbietern von Öko-Rating im engeren Sinn, also rein auf Basis der Umweltkomponente, zählt unter anderem das Unternehmen „Eco-Rating International" (ERI). ERI wurde 1992 gegründet und sieht als seine Hauptaufgabe die Beurteilung der ökologischen Bonität von Unternehmen und Anlageobjekten. Die dazu entwickelten Öko-Rating-Instrumente sind in fünf verschiedene Umwelt-Ratings eingeteilt:

- Eco-Agro Rating: Beurteilung der Urproduktion (Land- und Forstwirtschaft, Bergbau)
- Eco-Tech Rating: Fokus auf Produktionsprozesse

- Eco-Product Rating: Beurteilung der Umwelteinwirkungen des Produktes während seines Lebenszyklus
- Eco-Vita Rating: Betrachtung aller Aspekte von Rohstoffabbau, über Herstellung und Gebrauch bis zur Entsorgung
- Eco-Corp Rating: Gewichtete Zusammenfassung der ersten drei Ratings

ERI zählte zwar von Beginn an zu den Pionieren, war aber in den letzten Jahren kaum aktiv.

Anbieter im deutschsprachigen Raum

▶ Die Münchner „oekom research AG" (www.oekom-research.com) sieht sich als unabhängige Rating-Agentur zur Lieferung fundierter Informationen über die ökologische und soziale Performance von Unternehmen, Branchen und Ländern. Im Fall von oekom wurde das reine Öko-Rating also um die soziale Komponente erweitert. Derzeit liegt das Researchuniversum, also die analysierte Grundgesamtheit an Unternehmen, bei rund 1000 Titeln.

Oekom research ist seit 1993 auf dem Markt für nachhaltige Investments tätig. Die Agentur verfügt über ein wissenschaftlich fundiertes Rating-Konzept, das ständig weiterentwickelt wird, das multidisziplinär besetzte Analysten-Team arbeitet mit einem umfassenden Kriterien-Katalog. Die Analysten werden dabei durch einen unabhängigen Beirat und ein weltweites Netzwerk von Umwelt- und Sozialexperten unterstützt. oekom research analysiert die weltweit wichtigsten Unternehmen. Das Research-Universum wird ständig erweitert und einem kontinuierlichen Update-Prozess unterzogen. Von den genannten 1000 Werten werden derzeit über das „Corporate Responsibility Research" 750 internationale Large & Mid Caps aus allen bedeutenden Branchen analysiert. Das „Potentials Research" deckt mehr als 250 internationale Small Caps mit besonders nachhaltigen Produkten und Dienstleistungen ab.

Das Corporate Responsibility Profile gibt einen ersten Überblick über das ökologische und soziale Engagement eines Unternehmens. Die Analyse basiert auf öffentlich zugänglichen Dokumenten. Das Corporate Responsibility Profile enthält Informationen, wie:

- Kontakt, Beschreibung der Hauptgeschäftsfelder, Geschäftsdaten
- Kontroverse Geschäftsbereiche (Alkohol, Atomenergie, Biozide, chlororganische Massenprodukte, Embryonenforschung, Glücksspiel, grüne Gentechnik, Militär, Pelze, Pornographie, Tabak)
- Kontroverse Geschäftspraktiken (Arbeitsrechtsverletzungen, Kinderarbeit, Menschenrechtsverletzungen, sozial-ökologisch kontroverse Großprojekte, Tierversuche, kontroverse Wirtschaftspraktiken)

Die Corporate-Responsibility-Analyse teilt sich in:

- Analyse des Engagements in den Bereichen Umweltbericht, Umweltpolitik und Umweltprogramm
- Analyse des Engagements in den sozial-kulturellen Bereichen Sozial-/Kulturbericht, Sozial-/Kulturpolitik und Sozial-/Kulturprogramm
- Ergebnisse der externen Recherche

Neben den Unternehmens-Ratings bietet oekom research auch Branchenanalysen an, wobei der klassische Industry Report sämtliche Ratingergebnisse einer Branche analysiert und erläutert. Schließlich analysiert oekom research die weltweit wichtigsten Staaten. Das Country Rating deckt derzeit alle 30 Staaten der OECD und Russland ab. Das Rating-System kann auf alle Länder angewendet werden.

▶ Die erst 2000 gegründete „scoris GmbH" (www.scoris.de) ist hingegen Teil eines europäischen Gemeinschaftsunternehmens, das von einem deutschen geschäftsführenden Gesellschafter und vier europäischen Sustainable Investment Research Institutionen – Avanzi SRI Research (Italien), CaringCompany etikanalytikerna (Schweden), Centre Info (Schweiz) und Triodos Research (Niederlande) – getragen wird. scoris liefert Informationen und Bewertungen zur Nachhaltigkeit von Aktien und Anleihen, geht also ebenfalls weit über den reinen Öko-Standard hinaus.

Scoris kann zurzeit gemeinsam mit seinen Partnern aus der SiRi Group Nachhaltigkeitsinformationen zu insgesamt weit mehr als 2.500 Unternehmen und Anleihen weltweit anbieten. Scoris ist der deutsche

Partner in der Sustainable Investment Research International Group (SiRi Group). Die SiRi Group ist ein Zusammenschluss von zurzeit elf internationalen Partnern, die mit ihrer Arbeitskooperation auf die wachsenden Ansprüche des internationalen Marktes für Informationen zu nachhaltigen Finanzprodukten reagieren. Nahezu alle Mitglieder der SiRi Group sind bereits heute Marktführer auf ihren Heimatmärkten.

Die Grundidee des Netzwerkes ist folgende: Das Verhalten von Unternehmen weltweit wird nach einer international einheitlichen Methodik untersucht, und zwar arbeitsteilig vom jeweiligen regionalen – somit kompetentesten – Partner. Diese Daten werden allen SiRi-Partnern weltweit zur Verfügung gestellt, die diese Informationen als Grundlage Ihrer angebotenen Produkte und Dienstleistungen nutzen können. Mit derzeit elf Partnern ist die SiRi Group an den wichtigsten Finanzplätzen der Welt vertreten:

- Avanzi SRI Research s.r.i., Italien
- CaringCompany AB, Schweden
- Centre Info SA, Schweiz
- Fundación Ecologia y Desarollo, Spanien
- KLD Research & Analytics Inc., USA
- Michael Jantzi Research Associates, Kanada
- Pensions & Investment Research Consultants Ltd., Großbritannien
- scoris GmbH, Deutschland
- SIRIS – Sustainable Investment Research Institute Pty Ltd., Australien
- Stock at Stake NV/Ethibel, Belgien
- Triodos Research BV, Niederlande

Die Partner der SiRi Group haben in den letzten Jahren aus ihren regionalen Perspektiven heraus unterschiedliche Ansätze entwickelt, wie Unternehmensverantwortung zu definieren, zu untersuchen und zu bewerten ist. Unter Berücksichtigung regionaler, kultureller und gesetzlicher Unterschiede ist es nun gemeinsam gelungen, einen international gültigen Katalog von Nachhaltigkeitskriterien zur Untersuchung von Unternehmen zusammen zu stellen, der Orientierung bietet, wie die Unternehmen mit ihren internen und externen Anspruchsgruppen umgehen.

Scoris und seine Partner aus der SiRi Group erheben weltweit Unternehmensdaten zu folgenden Untersuchungsbereichen:

A. Allgemeine Unternehmensinformationen
z. B. Branche, Geschäftsfelder, Umsatzstruktur, Unternehmensphilosophie

B. Gesellschaftliches Engagement
z. B. Stiftungen, Spendenvolumen, Engagement an den Standorten, Maßnahmen gegen Korruption und Bestechung

C. Corporate Governance
z. B. Transparenz der Geschäftsführung, Kontrollmechanismen, Stimmrechtsbeschränkungen, Entlohnung des Vorstands

D. Kunden
z. B. Qualitätsmanagement, Produktqualität, Kundenzufriedenheit, ethische Marketingpraktiken

E. Mitarbeiter
z. B. Gesundheit und Sicherheit am Arbeitsplatz, Chancengleichheit und Frauenförderung, Mitbestimmung und Mitarbeiterbeteiligung

F. Umwelt
z. B. Umweltpolitik und -management, Zertifizierungen, Produktökologie, Ressourceneffizienz, Umweltkennzahlen

G. Lieferanten
z. B. Einbindung der Zulieferer in das Umwelt- und Qualitätsmanagement, Einhaltung von Mindest-Arbeitsstandards, Menschenrechte als Kriterium in der Lieferantenauswahl

H. Aktivitäten in kontroversen Geschäftsfeldern
z. B. Alkohol, Atomenergie, Gentechnologie, Glücksspiel, Pornographie, Rüstungsgüter und Waffen, Tabakwaren, Tierversuche

Im Anhang findet sich ein beispielhafter Fragebogen des österreichischen Unternehmens „VA Technologie“, der nach der scoris-Struktur erstellt wurde.

▶ Die Schweizerische „Centre Info“ (www.centreinfo.ch) ist ein Beratungs- und Forschungsunternehmen, das „über die Verantwortung von Unternehmen informiert“. Analysiert und bewertet werden das Verhalten und die Performance der Unternehmen im Umwelt- und Sozialbereich. Centre Info entwickelt Produkte und Dienstleistungen in zwei sich ergänzenden Bereichen:

- Nachhaltigkeitsanalyse (Unternehmen und Länder)
- Corporate Governance.

Für beide Bereiche werden Standardprodukte und an Kundenbedürfnisse angepasste Dienstleistungen angeboten. Centre Info ist Gründungsmitglied der Sustainable Investment Research International (SiRi) Group.

Im Bereich Consulting bietet die Agentur bedürfnisorientierte Lösungen in folgenden Bereichen:

- Erarbeitung von Richtlinien für nachhaltige Anlagen
- Erarbeitung von Richtlinien für die Ausübung der Aktionärsrechte
- Portfolio-Audit
- Analyse der Nachhaltigkeitsindizes von Portfolio
- Portfolio-Screening mit Ausschlusskriterien (Tabak, Alkohol, Waffen, Atomkraft usw.)
- Forschung über ein ökologisches und soziales Thema
- Informationen über ethisch-ökologische Anlagen in der Schweiz und im Ausland.

▶ Die „imug Beratungsgesellschaft“ (www.imug.de) ist 1995 aus dem imug Institut an der Universität Hannover hervorgegangen. Die Gesellschaft untersucht die Fragestellung, inwieweit sich betriebswirtschaftliche Ziele, wie Umsatz oder Gewinn mit tatsächlichen Vorteilen für die Konsumenten und Kunden, für die Gesellschaft und für die Umwelt im Sinne eines Sustainability-Konzeptes optimal verbinden lassen. Ergänzt wird diese Arbeit um Marktforschungs- und Kommunikationsprojekte zur nachhaltigen Geldanlage. Bei praxisorientierten Forschungsprojekten kooperiert die imug Beratungsgesellschaft mit dem imug Institut. Im Bereich Investment Research werden Corporate Research und Market Research angeboten. Das Corporate Research bei imug untersucht das soziale und ökologische Handeln deutscher und internationaler Unternehmen nach unterschiedlichen Kriterien. Bei der Recherche der sozialen und ökologischen Leistungen von Unternehmen werden drei Schritte unterschieden:

1. Primärinformationen: Auswertung von Informationen, die direkt vom Unternehmen zur Verfügung gestellt werden. An erster Stelle geht es hier um Fragebögen zu verschiedenen Unternehmensaktivitäten, in denen das imug die beteiligten Unternehmen bittet, Stellung zu beziehen und Hintergründe zu schildern. Außerdem fließen Informationen in die Bewertung ein, die vom Unternehmen selbst öffentlich kommuniziert werden, z. B. in Form von Geschäfts-, Sozial- und Umweltberichten, anderen Broschüren und Unternehmensinfos. Abgerundet wird dieses Bild durch persönliche Kontakte zu Unternehmensvertretern, die die Möglichkeit zu differenzierten Einsichten in Praktiken und Problemstellungen bieten.
2. Sekundärinformationen: Auswertung von Presseberichten über Unternehmensaktivitäten. In einer breit angelegten Nachrichtensuche recherchiert das imug regelmäßig Artikel über ökonomische und sozial-ökologische Themen, die sowohl einzelne Unternehmen betreffen als auch Branchenstandards liefern.
3. Know-how von Experten: Da es sich beim Ethischen Investment nicht um die klassischen Finanzthemen handelt, ist das Know-how verschiedener Experten unentbehrlich. In diesem Zusammenhang arbeitet das imug mit NGO's und unterschiedlichen Stakeholdern zusammen, um einen breiten Überblick über Unternehmensaktivitäten, deren Einschätzung und Folgen zu erhalten.

Einige Beispiele für von imug angewandte Kriterien im Bereich Umwelt sind:

- Umweltmanagement
  Verpflichtungserklärungen zum Umweltschutz, UMS nach EMAS/ISO 14.001, Zuständigkeiten für Umweltschutz in der Unternehmensorganisation, ökologische Qualität der Zulieferer, Einsatz ökologischer Beschaffungsrichtlinien, Erfassung betrieblicher Stoff-

und Energiedaten, Einsatz von Umweltkennzahlen, Stellenwert der ökologischen Dimension des Themas „Nachhaltige Entwicklung“

- Umweltrelevante Prozesse
  Anwendung weltweit einheitlicher technischer Maßstäbe im Umweltschutz, Reduktion des Wasserverbrauchs, Reduktion des Energieverbrauchs, Reduktion der Roh-, Hilfs- und Betriebsstoffverbräuche, Reduktion der Abfallmengen, Reduktion des Anteils gefährlicher Abfälle, Reduktion der Abwassermengen/-belastungen, Reduktion von Luftschadstoffen, Vermeidung/Verminderung transportbedingter Umweltbelastungen, Umweltentlastung bei der Mitarbeiter-Mobilität, Maßnahmen im Büro- und Personalbereich, Maßnahmen in der Gebäude- und Flächenbewirtschaftung
- Produktökologie
  Berücksichtigung ökologischer Merkmale bei der Produktentwicklung, Einsatz von Produkt-Ökobilanzen, gute Umweltbewertung in Produkttests, gute Gebrauchstauglichkeitsbewertung in Produkttests, Bereitstellung von Ersatzteilen, Verantwortungsübernahme für zu entsorgende Altgeräte, niedriger Energie-/Standby-Verbrauch, Verzicht auf umwelt- und gesundheitsgefährdende Stoffe, Produkte mit Umweltzeichen, Reduktion der Verpackungsmaterialien, zusätzliche umweltrelevante Leistungen im Rahmen der Produktvermarktung

▶ Die 2001 ins Leben gerufene Schweizerische „Inrate“ (www.inrate.ch) sieht sich als Agentur für Nachhaltigkeitsratings und beurteilt weltweit und über alle Sektoren Unternehmungen nach ökologischen und ethischen Kriterien. Die Beurteilung der ökologischen und sozialen Qualität einer Firma erfolgt in einem klar strukturierten Prozess. Dieser wird eng begleitet von einem Fachrat. Das monatlich tagende Gremium entscheidet verbindlich über das Ratingergebnis und damit über die Aufnahme eines Titels ins Anlageuniversum. Die Beurteilung der ökologischen und sozialen Nachhaltigkeit erfolgt vollständig getrennt und unabhängig von der finanziellen Attraktivität des jeweiligen Titels.

Inrate hat das „best in service“-Konzept für einen branchenübergreifenden Vergleich entwickelt. Ausgangspunkt ist dabei die Frage, wie ein Bedarf auf möglichst umweltschonende und sozialverträgliche Art und Weise befriedigt werden kann. Produkte, die gleiche Bedürfnisse befriedigen und damit den gleichen Service bieten, müssen sich innerhalb des gleichen Servicesektors dem Vergleich stellen. Diese Sichtweise geht über die herkömmliche Brancheneinteilung hinaus und begünstigt den notwendigen Strukturwandel, da sie problematische Tätigkeiten direkt mit ökologisch verantwortbaren Alternativen vergleicht. Mit „INrating" werden die Unternehmen in drei Stufen bewertet:

1. Negativkriterien (Eintrittstest)
2. Unternehmensbeurteilung mit Positivkriterien
3. Gewichtung und Gesamtbeurteilung

- Negativkriterien
  Unternehmen, welche grundsätzlich nicht akzeptable Tätigkeiten aufweisen, werden von der weiteren Beurteilung ausgeschlossen.
- Unternehmensbeurteilung mit Positivkriterien
  In einem durchgängig quantifizierten Verfahren werden Produkte, Prozesse und Strategien eines Unternehmens bewertet. Dabei werden qualitative Informationen operationalisiert, das heißt mittels eines klaren Rasters in Zahlen umgesetzt (benotet). Zentrale Kriterien sind beispielsweise die Lebenszyklusbetrachtung bei den Produkten (‚von der Wiege bis zur Bahre'), die Umweltbelastung durch Beschaffung und Produktion, Umgang mit Arbeitnehmenden und Öffentlichkeit sowie ausformulierte Ziele und deren Umsetzung hinsichtlich ökologischer und sozialer Fragen.
- Gewichtung und Gesamtbeurteilung innerhalb des Servicesektors
  Die Gewichtung und Aggregation dieser Aspekte durch eine Nutzwertanalyse führt zu einer Gesamtbewertung der Unternehmung. Diese muss mindestens 5 % höher liegen als der Durchschnitt des Servicesektors, damit der Titel auf die Liste der möglichen Investitionen (Anlageuniversum) aufgenommen wird.

Anbieter in Europa

„Arese" (www.arese-sa.com) ist eine französische Rating-Agentur für Investoren, Unternehmen und Stakeholder. Arese ist Gründungsmitglied der SiRi Gruppe und verfolgt einen pro-aktiven Ansatz im Bereich der Corporate Sustainability.

„Avanzi" (www.avanzi-sri.org) wurde 1997 in Italien gegründet und berät Unternehmen und Branchenorganisationen, lokale Regierungen und auch NGOs im Bereich Sustainability. Avanzi pflegt die Zusammenarbeit mit Universitäten, Research-Unternehmen und anderen Institutionen im In- und Ausland.

„E.Capital Partners" (www.e-cpartners.com) ist ein unabhängiger, dem Vatikan nahestehender Consultant in Italien. Die Angebotspalette reicht von Research über Benchmarkanalysen, das Erstellen eigener Indizes und Portfolio Reviews bis zu strukturierten Produkten. Das Unternehmen liefert auch Unterstützung im Bereich Corporate Finance und Asset Management.

„Ethibel" (www.ethibel.org) ist ein unabhängiger belgischer Consultant, der über seinen eigenen Europäischen Qualitätsstandard verfügt. Das Unternehmen ist Teil von verschiedenen nationalen wie internationalen Netzwerken.

„Etikanalytikerna" (www.etikanalytikerna.se) ist ein schwedischer Anbieter im Bereich ethisches Consulting. Die Philosophie des Unternehmens geht in Richtung eines gleichen Wertes aller Menschen. Etikanalytikerna hat fünf Bereiche für die Analyse von Unternehmen definiert: Umgang mit Minderheiten, Ehrlichkeit, Respekt und Verantwortung, soziale Verantwortung und Demokratie.

„PIRC" (www.pirc.co.uk) ist ein unabhängiger Anbieter von ethisch-nachhaltigem und Corporate Governance Research. PIRC fokussiert auf das Verhältnis zu wesentlichen Stakeholdern.

SAM als Rating Agentur und Asset Manager

Der Investmentprozess der Schweizer „SAM-Sustainable Asset Management" verbindet Sustainability Research mit klassischer Portfoliokonstruktion. Auf Basis einer im Laufe der letzten Jahre verfeinerten detaillierten Evaluation ökonomischer, ökologischer und sozialer Faktoren wird ein Anlageuniversum definiert, das gemäß SAM-Definition sowohl Sustainability Leader als auch Pioniere umfasst.

Weiterhin werden – ausgehend von einer Makro-Analyse – branchenspezifische Sustainability-Szenarien entwickelt, um die Trends und Triebkräfte zu identifizieren, welche in den nächsten Jahren attraktive

Wachstumschancen in der aktiven Umsetzung von Sustainability ermöglichen sollten. Das Sustainability-Rating von SAM gliedert sich in die drei Teile Rating für die Branche, Sustainability-Chancen und Sustainability-Risiken.

Sustainability-Rating von SAM

1. **Rating für die Branche**
- Betroffenheit der Branche durch Sustainability
- Beitrag der Produkte/Dienstleistungen zu einer nachhaltigen Entwicklung
- Stakeholder-Exposure der Branche

2. **Sustainability-Chancen**
- Qualität/Intensität der Sustainability-Strategie (Strategische Ausrichtung)
- Qualität der Sustainability-Managements (operative Umsatzung, Leistungs- und Produktegestaltung, Technologiequalität etc.)
- Corporate Sustainability (Aktionariat, Management, Human Capital, Anreizstrukturen, Knowledge Management etc.)

3. **Sustainability-Risiken**
- Qualität und Effizienz des Sustainability-Management- und Controllingsystems (Informationssysteme, Audits, Ausbildung etc.)
- Stakeholder-Management und Kommunikation
- Ökologische Schadschöpfung (Ressourcenverbrauch, Emissionen etc.)
- Sustainability-Kosten (Umweltsanierungen und -strafen, Produkte- und Umwelthaftungen, soziale Kosten)

Abbildung 24: Sustainability-Rating von SAM
Quelle: Armbruster, Christian (2000). Entwicklung ökologieorientierter Fonds

Der „Frankfurt-Hohenheimer Leitfaden"

Der Frankfurt-Hohenheimer Leitfaden stellt eine gut durchdachte Grundlage für eine Bewertungssystematik auf Basis einer ethisch-nachhaltigen Veranlagungsphilosophie dar. Nachdem bereits 1993 eine Projektgruppe Ethisch-ökologisches Ranking gegründet worden war, wurde die in den Folgejahren erarbeitete methodengestützte Kriteriologie und Bewertungssystematik schließlich 1997 als „Frankfurt-Hohenheimer Leitfaden" veröffentlicht. Die darin enthaltenen Bewertungsdimensionen sind Kulturverträglichkeit, Naturverträglichkeit und Sozialverträglichkeit. Die Kriteriologie umfasst rund 850 Einzelkriterien. Die Umsetzung in ein brauchbares Bewertungssystem erfolgte gemeinsam mit der bereits erwähnten oekom research AG, im Sinne der Praktikabilität wurden die rund 850 Einzelkriterien zu etwa 200 Untersuchungskriterien zusammengefasst.

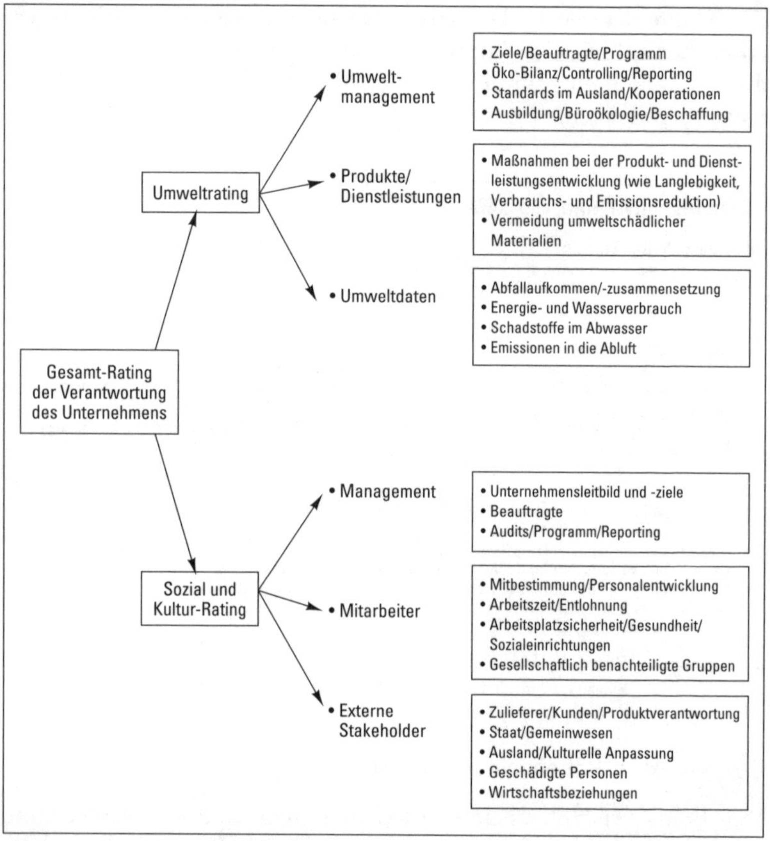

Abbildung 25: Rating-Konzept auf Basis des Frankfurt-Hohenheimer Leitfadens – Gesamtbetrachtung
Quelle: Hoffmann, J. & Scherdorn, G. (2002). Saubere Gewinne

Versuche einer Standardisierung

Zur Problematik der Objektivität der ethisch-nachhaltigen Veranlagung sind Bemühungen bezüglich einer Standardisierung im Gange. Ende 2002 haben die Entwicklungsarbeiten an einem freiwilligen Qualitätsstandard für SRI-Research begonnen. In der Beschreibung der Projektziele heißt es:

„Das Projekt zielt auf die Erstellung eines transparenten Regelwerks für hochqualitatives SRI/ethisch-nachhaltiges Research ab. Das bedeutet im Detail, dass der Schwerpunkt auf die prinzipielle Erstellung von ethisch/nachhaltigem Research und auf die Integrität der SRI-Research-Unternehmen gelegt werden soll. Eine Harmonisierung der Kriterien oder Methodologie im Allgemeinen ist nicht geplant. Der freiwillige Qualitätsstandard wird dazu dienen, die Bewertungskriterien zu veröffentlichen und sie in der Öffentlichkeit transparent zu machen. Der Standard soll im Oktober 2003 veröffentlicht werden."

Bereits jetzt hat die oekom research in enger Kooperation mit der Projektgruppe Ethisch-Ökologisches Rating an der Universität Frankfurt unter der Leitung von Prof. Hoffmann und dem wissenschaftlichen Beirat der oekom einen Qualitätsstandard für Nachhaltigkeitsratings entwickelt. Die Grundsätze für Nachhaltigkeitsratings orientieren sich an dabei an den Leitlinien für Unternehmens-Ratings des Branchenverbandes Cert e.V.

Die wesentlichen Punkte umfassen:

I. Allgemeine Pflichten der Ratingagentur

1. Unabhängigkeit
2. Verbot der widerstreitenden Interessen, Neutralität
3. Qualifikation der Analysten
4. Ganzheitlicher Ratingansatz
5. Sicherung der gewissenhaften Analysedurchführung
6. Sicherung der Vertraulichkeit
7. Objektivität der Analysemethoden
8. Sicherung der qualifizierten Urteilsfindung
9. Verwendung eindeutig definierter Ratingsymbole
10. Regelmäßige Datenrevision
11. Berücksichtigung landestypischer Gegebenheiten
12. Festlegung des Ratingobjekts
13. Transparenz der Ergebnisse

II. Erhebungsgrundsätze

1. Entkoppelung von Erhebung und Beurteilung
2. Verschiedenheit der Erhebungsmethoden und Datenquellen
3. Standardisierung der Erhebung mit Auswertung

4. Dokumentation der Erhebung
5. Begründungszwang bei Abweichung von der Standardisierung
6. Plausibilitätsprüfung, Vier-Augen-Prinzip

III. Beurteilungsgrundsätze

1. Einzelbeurteilung der Erfolgsfaktoren
2. Ausgewogenheit zwischen Vergangenheits- und Zukunftsbezogenheit
3. Branchen- und Länderorientierung
4. Nachvollziehbarkeit

IV. Allgemeine Pflichten des Analysten

1. Unparteilichkeit
2. Persönliches Tätigwerden
3. Gewissenhaftigkeit
4. Eigenverantwortlichkeit bei der Urteilsbildung
5. Unvereinbarkeit von Analystentätigkeit und Beratung
6. Weitere Unvereinbarkeiten
7. Ausschließung des Analysten wegen Unvereinbarkeit
8. Verwendung von Beurteilungen, Bewertungen und Feststellungen Dritter
9. Nachvollziehbarkeit des Urteils
10. Pflicht zu einheitlicher Methodik
11. Verschwiegenheitspflicht
12. Beachtung von Urheberrechten
13. Insidervorschriften
14. Vorteilsannahme

Im Rahmen des Exkurses am Ende des Buches soll ein Beispiel für ein Unternehmensrating im deutschsprachigen Raum gegeben werden. Der diesbezüglich erstellte Fragebogen ist an die „scoris"-Struktur angelehnt und berücksichtigt die einzelnen Stakeholder in einzelnen Kapiteln.

7. Gut und variantenreich

„I have a young conception in my brain“ (Troilus and Cressida)

Das Angebot an ethisch-nachhaltigen Veranlagungen hat sich innerhalb der letzten Jahre deutlich erweitert. Es ist mittlerweile auch im Hinblick auf die Anbieterstruktur durchaus weit gefächert. Allerdings ist der Hintergrund der spezifischen Veranlagung in den einzelnen Fonds mitunter nicht immer gleich auf den ersten Blick erkennbar. Es spielen unterschiedliche Ansätze, wie Positiv- und/oder Negativkriterien oder der „Best-in-Class“, genauso eine Rolle wie die strikte oder nur weitgehende Anwendung von Kriterien.

Verschiedene Vorgehensweisen ethisch-nachhaltiger Investoren

Im durch ethisch-nachhaltige Vorgangsweisen charakterisierten Investmentprozess kann man bezüglich einer prinzipienorientierten – sprich auf Positiv- und/oder Negativkriterien basierenden – oder einer meist Rating-orientierten – sprich Best-in-Class-Philosophie im Wesentlichen auf vier verschiedene Strategien zurückgreifen. Folgende Ansätze sind prinzipiell denkbar:

1. „Alles oder Nichts“: Ein „Alles oder Nichts“-Auswahlverfahren, das heißt eine strikte und rigorose Auslegung der Positiv- und/oder Negativkriterien. Diese Strategie führt regelmäßig zu einem stark eingeschränkten Investmentuniversum, der Manager kann also nur aus wenigen Titeln auswählen, wenn er sein Portfolio zusammenstellt. Die Abweichung vom Gesamtmarkt steigt unter Anwendung derartiger Prinzipien deutlich an.
2. „Öffnungsklauseln“: Die Orientierung am Grad der Ausprägung, es besteht etwa die Möglichkeit einer Festlegung in dem Sinn, dass ein gewisser Prozentsatz – etwa am Umsatz eines Unternehmens – in problematischen Bereichen erwirtschaftet werden darf oder dass Minderheitsbeteiligungen unberücksichtigt bleiben. Mit dieser Definition wird die Konzeption etwas aufgeweicht, das Investmentuniversum wird aber deutlich größer und die Abweichung vom Ge-

samtmarkt verringert sich. In der Praxis sind „Öffnungsklauseln" für geringe Umfänge an problematischen Geschäftsbereichen sehr praktikabel, vor allem was die Betrachtung von Großkonzernen mit einer Fülle von Tochter- und Enkelgesellschaften betrifft.

3. „Best-in-Class": Dabei werden die besten Unternehmen der jeweiligen Branchen ins Universum einbezogen, auch wenn sie prinzipiell in nicht ethisch-nachhaltigen Bereichen tätig sind. In der Praxis wird der Best-in-Class-Ansatz aber auch oft mit gewissen, aber nicht zu umfangreichen Ausschlusskriterien verbunden.
4. „Produktions- und Verbrauchszyklus": Es wird auf die primäre oder sekundäre, auf die aktuelle oder potentielle Problematik abgestellt. Dabei geht es um die Betrachtung etwa der Lieferantenseite resp. der Vorprodukte und um die spätere – vielleicht nicht ursächlich gewünschte – Verwendung von hergestellten Produkten oder Technologien. Dieser Ansatz ist, vor allem was sekundäre und potentielle Problematiken betrifft, ähnlich wie 1. mit sehr viel Re-

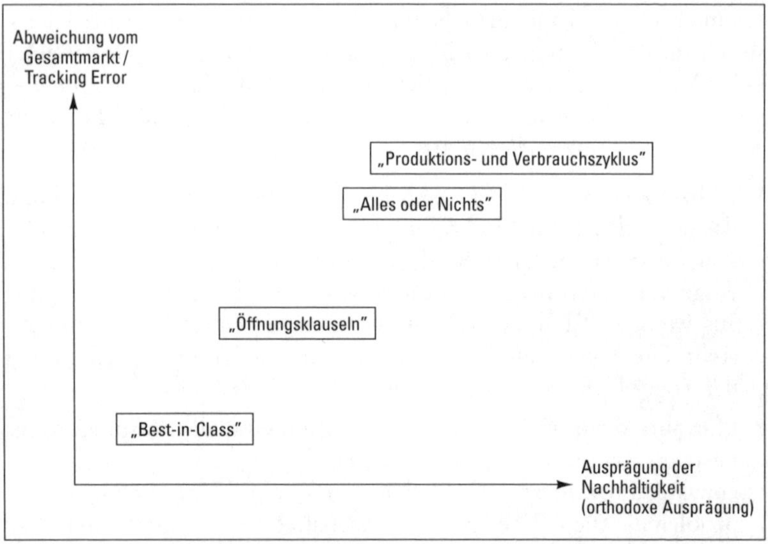

Abbildung 26: Ethisch-nachhaltige Konzepte im Zusammenhang mit Nachhaltigkeitsdimension und Tracking Error

searchaufwand verbunden. Auch hier wird die Abweichung vom Gesamtmarkt hohe Werte erreichen.

In Abbildung 26 wird versucht, die vier genannten Ansätze nach deren „nachhaltigen" Dimension einerseits und ihrem „Tracking Error" zum Gesamtmarkt andererseits einzuordnen.

Drei Ansätze einer anderen Dimension

Die Möglichkeiten zur Differenzierung innerhalb der ethisch-nachhaltigen Veranlagung sind vielfältig. Eine weitere mögliche Dimensionierung ethischer Finanzanlagen geht in die Richtung einer Unterscheidung des gewählten Ansatzes in renditeorientiert, projektorientiert und reformorientiert.

Der ethisch-renditeorientierte Ansatz geht in Richtung einer gezielten Geldanlage in ökologisch oder sozial fortschrittliche Unternehmen. Diese eigentlich konventionelle Finanzanlage nach ethischen Werten kann nach Positiv- und/oder Negativkriterien erfolgen. Der ethisch-projektorientierte Ansatz geht in Richtung einer positiven Investition in ein bestimmtes Projekt, das etwa Gesellschaft oder Umwelt besonderen Nutzen stiftet. Der ethisch-reformorientierte Ansatz schließlich wird etwa von den „kritischen Aktionären" oder „shareholder activists" wahrgenommen. Dabei geht es um die Wahrnehmung der Aktionärsrechte und um die Einflussnahme auf Unternehmen zur Erlangung sozialer oder ökologischer Verbesserungen.

Zur historischen Entwicklung der Fondspalette

Die ersten ethisch-nachhaltigen Fondsprodukte waren, wie im Kapitel zur Geschichte der ethisch-nachhaltigen Veranlagung dargestellt, zunächst ausschließlich nach dem Prinzip der Negativkriterien aufgebaut. Die nächste, zweite Generation von Fonds wählte das Investmentuniversum anhand von Positivkriterien aus. In Stufe zwei konzentrierten sich Fonds auf spezifische Themen und/oder Sektoren wie etwa Umwelttechnologie oder Alternativenergien. Fonds der dritten Generation schließlich kommen dem nachhaltigen Gedanken – auf Basis einer ethischen, ökologischen und ökonomischen Sichtweise – bereits weit näher. In der dritten Generation umfassten die Analysen oder Ratings für die Auswahl der für Investments in Frage kommenden Titel mittlerweile alle Gebiete nachhaltigen Denkens. Auch das bereits beschriebene Öko-Effizienz-Konzept und das Ökoeffizienz-Rating spielten hier herein. Die vierte Generation schließlich bindet auch noch die Shareholder-Kommunikation in den Prozess mit ein, der Researchprozess – also der Prozess der Untersuchung der einzelnen Unternehmen – unterliegt oft einer internen und externen Verifizierung durch einen Beirat. Zu dieser Unterscheidung der vier unterschiedlichen Generationen ist zu sagen, dass je nach Definition die Generationen drei und vier unter Umständen sehr eng beieinander liegen können.

Positiv- und Negativkriterien

Die Angabe von Positiv- und Negativkriterien in einzelnen Fonds ist regelmäßig sehr stark von der Konzeption eines Fonds oder auch vom teilweise vorhandenen ethischen Komitee, das den Investmentprozess begleitet und das dem Management beisteht, abhängig. In Teilbereichen gibt es zwischen einzelnen Kriterien oft nur marginale Unterschiede, wie etwa bei den oft angewendeten Negativkriterien der Atomenergie, dem Betrieb von Kernkraftwerken, der Kernenergie und der Nukleartechnologie.

Abtreibung
Airlines
Alkohol
Atomkraftwerke
Ausbeutung von Umwelt, Mitarbeitern und Gesellschaft
Automobilindustrie
Bergbau
Betrieb fossiler Kraftwerke
Betrieb von Kernkraftwerken
Biotechnologie
Biozide
Chlorchemie und Agrarchemie
Diskriminierung von Frauen und Minderheiten
Drogen
Empfängnisverhütung
Gefährliche Produkte
Gentechnologie
Glücksspiel
Herstellung ozonabbauender Substanzen
Kapitalbeteiligung an Unternehmen mit Negativkriterien
Kinderarbeit
Korruption
Massentierhaltung
Menschenhandel
Nicht nachhaltige Fischwirtschaft
Nicht nachhaltige Forstwirtschaft
Nukleartechnologie
Öl
Pelze
Pornographie
Prostitution
Rüstung/Waffen
Tabak
Tierversuche (vermeidbare)
Unterbinden gewerkschaftlicher Tätigkeit
Unterstützung regressiver Regime
Verstoß gegen ILO-Protokoll
Verstoß gegen rechtliche Bestimmungen
Zwangsarbeit

Abbildung 27: Beispiele Negativkriterien

Abfallbeseitigung
Alternativenergien
Arbeitsplatzsicherheit
Besondere Nutzen für die Gesellschaft
Bildungsförderung
Charity
Corporate Citizenship
Corporate Governance
Einheitliche Arbeitsbedingungen
Energie- und Wasserverbrauch
Erneuerbare Energien
Förderung von Frauen- und Minderheiten
Geringe Werte bei Umweltverschmutzung
Herausragender Umgang mit Mitarbeitern
Hochwertige Produkte
Medizin/Gesundheitsvorsorge
Mitarbeitermitbestimmung
Öffentlicher Transport
Offene Berichterstattung
Produktsicherheit
Recycling
Ressourcenschonung
Sichere Marktanteile auf Basis Stakeholder-Beziehungen
Training/Ausbildung
Umweltpolitik
Umweltschutz
Umwelttechnologische Führerschaft
Wasseraufbereitung

Abbildung 28: Beispiele Positivkriterien

Häufigkeit der Kriterien

In der Folge soll das Ergebnis einer Untersuchung dargestellt werden, welche die Häufigkeit der Anwendung von Kriterien in Fonds zum Thema hat. Die dargestellten Nachhaltigkeitsfonds mit klarem Bekenntnis zu Ausschluss- oder Negativkriterien waren die Basis. Das Sample umfasste sechsunddreißig Fonds. Dabei wurde auf Negativkriterien abgestellt. Formulierungen rund um „Umweltverschmutzung" oder „Verstoß gegen Bestimmungen" wurden wegen der zu geringen Exaktheit in der Definition nicht aufgenommen. Im Bereich Kernenergie wurden alle Bereiche von Kern- über Nuklear- bis zur Atomenergie einbezogen, beim Thema Gentechnologie wurde nicht zwischen Landwirtschaft und anderen Bereichen differenziert. Die folgende Tabelle zeigt die Häufigkeit der einzelnen Kriterien.

Die bereits erwähnte, 280 europäische Fonds umfassende, Studie von „scoris" kommt zu einem ähnlichen Ergebnis. Bei den Ausschlusskriterien führt Rüstung/Waffen mit einer Verbreitung von 91 %, vor Kernenergie mit 76 %, Tabak mit 76 %, Glücksspiel mit 67 % und Menschenrechtsverletzungen, Pornografie, Tierschutzverletzungen und Alkohol mit jeweils 58 %. Es folgen überdurchschnittliche Umweltverschmutzung mit 55 % und grüne Gentechnik mit 45 %. Dieselbe Studie weist im Bereich der Positivkriterien folgendes Ranking vor: Umweltpolitik 64 %, ökologische Produktqualität 58 %, prozessorientierter Umweltschutz 55 %, Beziehungen zu Kunden und Liefe-

Tabelle 19: Häufigkeit von Ausschluss-/Negativkriterien bei Nachhaltigkeitsfonds

Ausschlusskriterium	Häufigkeit	Ausschlusskriterium	Häufigkeit
Rüstung/ Waffen	91,7 %	Kinderarbeit	38,9 %
Tabak	88,9 %	Tierversuche	30,6 %
Kernenergie	80,6 %	Arbeitsrechte	22,2 %
Porno	58,3 %	Diktaturen	13,9 %
Glückspiel	55,6 %	Korruption	13,9 %
Gentechnik	47,2 %	Pelze	11,1 %
Alkohol	44,4 %	Massentierhaltung	11,1 %
Menschenrechte	41,7 %		

ranten sowie Produktsicherheit mit jeweils 52 % und schließlich Mitarbeiterinteressen mit 48 %.

Best-in-Class Ansatz

Der Best-in-Class-Ansatz geht im Vergleich zu den prinzipienorientierten Konzepten etwas weiter. Beim Best-in-Class-Ansatz werden möglichst alle Unternehmen einer Branche eingeschätzt. Existiert schließlich ein Rating, so kann sich der Investor ein gutes Bild davon verschaffen, wie jedes Unternehmen für sich bewertet ist, sowohl auf Basis des Gesamtbewertungskatalogs als auch auf Basis von Einzelkriterien. Oft wird auch der Branchendurchschnitt ermittelt, was eine Richtgröße für Investor und Unternehmen darstellt.

Eine Anlageentscheidung nach dem Best-in-Class-Ansatz kann insofern auch ethisch-ökologische Wirkungen auf die gesamte wirtschaftliche Entwicklung haben, weil mit dem Verfahren ein positiver Wettbewerb ausgelöst werden kann. Dieser Wettbewerb kann sowohl innerhalb einer Branche als auch zwischen den Branchen attestiert werden. Andererseits werden im Best-in-Class-Ansatz natürlich auch Branchen berücksichtigt, die zweifelsfrei nicht einem ethisch-nachhaltigen Denken entsprechen, es wird daher „quasi der kleine Gauner unter den Verbrechern“ für ein Investment berücksichtigt.

Wasserversorger

Peer Group

		Bewertung (1... schlecht, 5... Bestnote)			
		ökonomisch	ökologisch	Soziales	
AWG	UK	4	4	3	
Kelda Group	UK	2	3	2	
Pennon Group	UK	4	5	3	
Severn Trent	UK	5	5	5	SAM-Industry Leader
Veolia Environnement	Frankreich	2	2	5	
United Utilities	UK	5	5	5	

Abbildung 29: Bewertung „Best-in-Class" am Beispiel Wasserversorger vom SAM
Quelle: SAM

Als Beispiel soll die Branche Wasserversorger im Rahmen der „Sustainability-Analyse" von SAM angegeben werden.

Severn Trent ist für SAM das führende Unternehmen, der Industry Leader. Auch United Utilities weist in allen drei Dimensionen „Ökologisch", „Ökonomisch" und „Soziales" die Bestbewertung auf. Beide Titel Severn Trent und United Utilities sind daher im Index Dow Jones Sustainability enthalten. Sollte einer der beiden Titel aus dem Index gestrichen werden, wäre Pennon Group mit einer etwas schlechteren Bewertung der nächste Kandidat für eine Aufnahme in den Index.

Neben dem Best-in-Class-Ansatz existiert auch noch ein so genannter „Best-in-Best-Classes"-Ansatz. Hier wird das Veranlagungsuniversum auf die nach der jeweiligen Fondsdefinition nachhaltigsten Branchen und deren beste Vertreter reduziert.

Selektionsprozesse und ethischer Beirat

Die Einzeltitelauswahl wird sich bei einem ethisch-nachhaltig gemanagten Fonds von den herkömmlichen Entscheidungsstrukturen insofern unterscheiden, als einerseits die ethisch-nachhaltige Komponente als wesentliches Kriterium zu berücksichtigen ist. Andererseits kann auch ein ethischer Beirat von Spezialisten aus verschiedenen Bereichen wie Umwelt, Gesundheit, Kirche oder Soziales in den Prozess einbezogen werden. Dies ist – auch auf Basis der Analyse der im deutschsprachigen Raum angebotenen Fonds – allerdings eher die Ausnahme.

Der Fonds „Prime Value Aktien Europa" etwa verfügt zusätzlich zu einem Researchteam über ein unabhängiges interdisziplinäres Ethikkomitee mit monatlichen Konferenzen. Der interdisziplinär besetzte Beirat diskutiert regelmäßig in monatlichen Abständen über die Zusammensetzung des Investment-Universums. Das Gremium besteht aus hochkarätigen Vertretern der Fachbereiche Ethik, Medizin, Ökologie und Wirtschaft.

Im Einzelnen besteht das Ethik-Komitee aus:

Dr. Christoph Schwingenstein/München – Wirtschaftsethik
Dr. Walter Dawid/Wien – Wirtschaftsethiker, Bankvorstand i. R.
Dr. Gisela Bockenheimer-Lucius/Frankfurt – Medizinethik
Prof. Dr. em. Hans Ruh/Universität Zürich – Sozialethik (Vorsitz)
Prof. Dr. Michael Braungart/Hamburg – Umweltethik
Dr. Elisabeth Höller/Zürich – Fondsmanager des Ethik-Fonds Prime Value
Mag. Reinhard Friesenbichler/Wien – Ethikberater
Univ. Prof. Dr. Ing. Wolfgang Kühn/Geschäftsführer – Technologiezentrum Wasser, Karlsruhe
Univ. Prof. em. Ing. Dipl.-Kaufm. Dr. Geiserich Tichy/Wien – Fachbereiche: Wirtschaftsethik, Controlling, Revision, Bankwesen
Jens Soth/Hamburg – Umweltethik

Die Aufgaben des Beirates sind unter anderem die Diskussion von neuen oder aktualisierten Analysen im Bereich des Investment Universums. Im Rahmen der ethischen Beobachtung hat ein Analyseupdate eines Unternehmens im Universum zumindest alle drei Jahre zu erfolgen. Aus dem Universum wählt das Portfolio Management die aktuelle Fondszusammenstellung aus.

Die folgende Abbildung zeigt beispielhaft einen Investmentprozess eines ethisch-nachhaltigen Fonds mit Unterstützung eines Ethik-Beirates. Der Beirat hat in diesem Beispiel zum einen eine federführende Rolle bei der Erstellung der Kriterien, seien es Positiv- oder Ausschlusskriterien. Zum anderen wird der Beirat bei der letztendlichen Festlegung des Investmentuniversums erneut beigezogen.

Generell könnten einem „ethischen Beirates" oder „Ethik-Beirats" folgende Aufgaben zugeordnet werden:

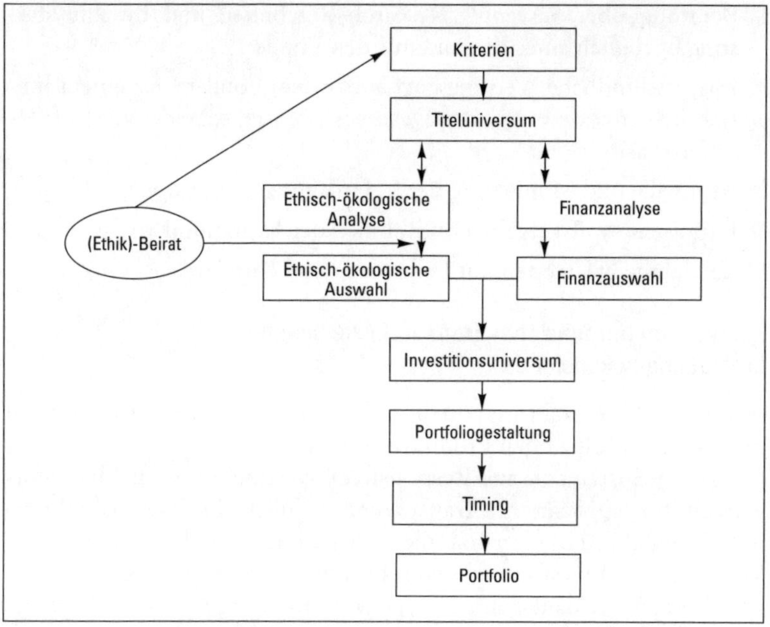

Abbildung 30: Beispielhafter Selektionsprozess ethisch-nachhaltiger Fonds

- Die Bestimmung der Anlagekriterien, eine Diskussion der Kriterien sowie die Anpassung der Kriterien an Veränderungen im Bereich Gesellschaft, Ökologie oder Technologie
- Vorgaben zur Operationalisierung der Kriterien
- Die Darstellung eines prinzipiellen Investmentuniversums
- Eine klare Aussage zu „Sonderbereichen" wie Hedge Funds oder Derivativen
- Erstellung einer Shopping-Liste von Fremdfonds als möglicher Beimischung innerhalb der gesetzlichen Grenzen
- Eine Auswahl von Ethik-Ratinginstitutionen oder die selbständige Durchführung ethisch-nachhaltiger Unternehmens- und/oder Länderbewertungen
- Die Auswahl von Unternehmen, Branchen oder Ländern, bei denen ein sozial-ökologisches Screening erfolgen soll

- Beratung über Screening/Research-Ergebnisse und Beschlussfassung bezüglich einer Eignung für den Fonds
- Eine verbindliche Weisung gegenüber dem Fondsmanagement hinsichtlich Investitions- oder Desinvestitionsentscheidungen auf Beschlussbasis
- Kontrolle und Monitoring der Veranlagungsstrukturen
- Repräsentationsaufgaben im Rahmen der Kommunikationspolitik
- Teilnahme bei Treffen mit Investoren und Kunden

Pilotversion europäischer Transparenzleitlinien für Nachhaltigkeitsfonds

Nachdem die Anzahl und auch die unterschiedlichen Ausprägungen der ethisch-nachhaltigen Produkte laufend zunehmen, hat das Eurosif (European Sustainable and Responsible Investment Forum) eine Pilotversion für europäische Transparenzleitlinien für Nachhaltigkeitsfonds lanciert. Hintergrund dieser Leitlinien ist der Versuch, das Vertrauen der Investoren in den sehr dynamischen Markt der ethisch-nachhaltigen Geldanlagen zu steigern. Vorteile ergeben sich durch die Leitlinien für Anleger und Fondsmanager. Während Fondsmanager die Leitlinien nutzen können, um klarer aufzuzeigen, wie ihr Nachhaltigkeitsfonds konzipiert ist und welcher Anlagephilosophie er folgt, bekommen interessierte Anleger durch die erhöhte Transparenz ein wesentlich besseres Verständnis der Methoden und Vorgehensweisen der Fonds. Die Leitlinien beleuchten beispielsweise Aspekte, wie Anlagekriterien, Research-Verfahren, Diskussionsprozesse zwischen Fonds und Unternehmen (Engagement) sowie das Abstimmungsverhalten der Fonds auf Aktionärshauptversammlungen. Im deutschsprachigen Raum gehören die Dresdner Bank, SEB Invest, die Bank Sarasin sowie die Kepler Fonds Kapitalanlagengesellschaft zu den Erstunterzeichnern der Leitlinien.

8. Gut und indiziert

„When Caesar says ‚Do this', it is performed"
(Julius Caesar)

In den letzten Jahren hat sich die Anzahl ethisch-nachhaltiger Indizes parallel zur Anzahl der angebotenen Fonds deutlich erhöht. Die Berechnung von Indizes nach ethisch-nachhaltigen Richtlinien erleichtert einerseits die Ermittlung einer geeigneten Grundgesamtheit für den Fondsmanager, andererseits wird über Ermittlung der Performance des Index die Performance der jeweiligen ethisch-nachhaltigen Struktur deutlich gemacht und zusätzlich eine geeignete ethisch-nachhaltige Benchmark kreiert.

Der Natur-Aktien-Index

Der Natur-Aktien-Index ist ein typisches Beispiel für einen „orthodoxen", auf Positivkriterien basierenden ethisch-nachhaltigen Index. Sein Konzept ist im deutschsprachigen Raum entstanden. Zur Aufnahme in den im April 1997 aufgelegten Index müssen zwei der folgenden vier Positivkriterien erfüllt werden:

1. Das Unternehmen bietet Produkte oder Dienstleistungen an, die einen wesentlichen Beitrag zur ökologisch und sozial nachhaltigen Lösung zentraler Menschheitsprobleme leisten (z. B. regenerative Energieerzeugung; biologische Landwirtschaft; effiziente Wassertechnik; sozial-ökologisch orientierte Forschung, Finanzierung und Beratung oder Armutsbekämpfung)
2. Das Unternehmen ist Branchenleader im Hinblick auf die Produktgestaltung (z. B. Lebensdauer und Nutzungseffizienz; Produktsicherheit; Recyclingfähigkeit oder Ersatz gefährlicher Stoffe)
3. Das Unternehmen ist Branchenleader im Hinblick auf die technische Gestaltung des Produktions- und Absatzprozesses (z. B. Minimierung des Energie- und Rohstoffverbrauchs; Umweltverträglichkeit als Unternehmenspolitik; ständige und nachhaltige Verbesserung der Umweltleistungen)

4. Das Unternehmen ist Branchenleader im Hinblick auf die soziale Gestaltung des Produktions- und Absatzprozesses (z. B. Schaffung von Ausbildungs- und Arbeitsplätzen; Sicherheit und Gesundheitsschutz am Arbeitsplatz; überdurchschnittliche Weiterbildungsmöglichkeiten; besondere Sozialleistungen sowie Förderung von Frauen, ethnischen und sozialen Minderheiten)

Im Natur-Aktien-Index prinzipiell ausgeschlossen sind Unternehmen, die eines oder mehrere der folgenden Negativmerkmale erfüllen:

Atomenergie, Waffenproduktion, Diskriminierung von Frauen, sozialen und ethnischen Minderheiten, Betriebe die gewerkschaftliche Tätigkeit unterbinden, Kinderarbeit und Zwangsarbeit, Tierversuche, Gentechnologie in der Lebensmittelproduktion, Erzeugung von ausgesprochen umwelt- oder gesundheitsschädigenden Produkten, wie Pestiziden, fossilen Kraft- und Brennstoffen oder FCKW.

Die Natur-Aktien-Index-Titel werden vom Investmentresearch des Imug-Instituts laufend auf Einhaltung der Kriterien überprüft. Die Benchmark für den Natur-Aktien-Index auf Gesamtmarktebene ist der MSCI-World. Aktuell enthält der Natur-Aktien-Index, wie in der folgenden Tabelle dargestellt, 25 Werte.

Weitere Indexfamilien

In der Folge soll eine Übersicht über weitere Indexfamilien mit unterschiedlichen Auswahlkriterien gegeben werden:

Good Money hat zwei Indizes kreiert, Good Money Industrial Average (GMIA) und Good Money Utility Average (GMUA). Beide wurden in den 90ern strukturiert, für rund 25 Jahre rückgerechnet und bestehen aus über 20 Titeln aus 24 respektive 5 Branchen.

Der Domini 400 Social Index war der erste ethisch-ökologische Index, er wurde 1990 gestartet. Er wird von KLD Research and Analytics (früher Kinder, Lydenberg, Domini & Co.) gewartet. Zur Konstruktion wurde der S&P 500 zunächst gescreent – also auf Kriterien überprüft – und dann um 150 Werte ergänzt. Zu den Ausschlusskriterien zählen etwa Tabak und Alkohol, Glückspiel, Nuklearenergie, Waffen. Positivkriterien sind Umweltperformance, Mitarbeitermanagement, Frauen und Minderheiten, Charity und produktbezogene Kriterien.

Tabelle 20: Aktuelle Struktur des Natur-Aktien-Index
Quelle: Ökoinvest, Ausgabe Juli 2003

Unternehmen	**Branche**	**Land**
Body Shop	Kosmetik	UK
Boiron	Homöopathie	F
Condomi	Kondome	D
Energy Conversion	Patentverwertung	US
Fannie Mae	Hypotheken	US
Gaiam	Internet-Handel	US
Geberit	Sanitärtechnik	CH
Grontmij	Consulting	NL
Herman Miller	Möbel	US
Horizon Organic	Bio-Milch	US
Interface	Bodenbeläge	US
Kansas City Southern	Eisenbahnbetreiber	US
Kurita Water	Umwelttechnik	J
Mayr-Melnhof	Verpackung	A
NEG Micon	Windturbinen	DK
Oxford Health	Krankenversicherung	US
Ricoh	Büromaschinen	J
Severn Trent	Wasserversorgung	UK
Shimano	Fahrräder	J
SolarWorld	Solarenergie	D
Starbucks	Kaffeehäuser	US
Tomra Systems	Pfandautomaten	NOR
Transmeta	Mikroprozessoren	US
Tridos Groenfonds	Umweltfinanzierung	NL
Wedeco	Wasseraufbereitung	D

FTSE4Good-Indizes existieren für Großbritannien, Europa und USA. Positivkriterien betreffen Umwelt, Soziales und Stakeholder Kriterien sowie Menschenrechte. Ausschlusskriterien sind Tabak, Nukleartechnologie, Waffen, der Betrieb von Atomkraftwerken und die Urangewinnung. Die verbleibende Grundgesamtheit wird nach den Kriterien der Auswirkung (auf ökologischer Basis) in high-impact, medium-impact und low-impact industries eingeteilt und nach den Kriterien Unternehmenspolitik, Management und Reporting quergecheckt.

EIRIS (Ethical Investment Research Service) wurde 1983 gegründet und bietet eine Familie von fünf Indizes an. Den ethischen „ethical balanced index", den etwas weiter gefassten „charities' avoidance index", den umweltspezifischen „environmental damage avoidance Index", den auf Positivkriterien basierenden „responders' index" und schließlich den „environmental management index".

Die italienische Gruppe E.Capital Partners begann im Jahr 2000 mit der Schaffung einer Indexfamilie, die neben auf marktbreite Aktien spezialisierten Indizes für Europa und auf globaler Basis auch verschiedene ethisch-nachhaltig konzipierte Bondindizes anbietet. E.Capital Partners ist mit kirchlichen Stellen in Italien verbunden und arbeitet mit der Pontificia Università Lateranese im Vatikan zusammen. Zu den Ausschlusskriterien zählen, etwas außerhalb der Norm angesiedelt, Verhütungsmittel.

Dow Jones Sustainability

Im September 1999 begann die SAM Sustainability Group gemeinsam mit dem US-Index-Anbieter Dow Jones das Projekt der Dow Jones Sustainability Group Index-Familie. Der gewählte Ansatz basiert ausschließlich auf dem Best-in-Class-Ansatz, es wurden keine Ausschlusskriterien definiert.

Auf Basis von Researchuntersuchungen wurden aus rund 2000 Unternehmen etwa 300 ausgewählt, die in jeweils ihren spezifischen Sektoren ökologischen, sozialen und finanziellen Anforderungen am besten entsprachen. Von den 59 einzelnen Branchen sind rund 10 % der Titel im Index enthalten. Die Indexfamilie besteht aus dem weltweiten Index, Teilindizes für Europa, Nordamerika sowie Asien/Pazifik. Weiterhin existieren Sonderformen die Negativkriterien berücksichtigen. Der Gesamtindex und die Regionalindizes werden jeweils auch ex Alkohol, ex Tabak, ex Glücksspiel und ex aller drei genannten Faktoren berechnet.

Ethisch-nachhaltige Indexperformance weitgehend in line

In der bereits öfters zitierten Studie des ZEW aus dem Jahr 2003 wurde die Performance von insgesamt zehn ethisch-nachhaltigen Indexkonstrukten gegenüber deren Benchmarks aus dem Gesamtmarkt überprüft. Lediglich der Calvin-Index, der europaweite FTSE4Good-Index und der Dow Jones Sustainability World Index zeigten eine leichte Underperformance seit Bestehen. Auf Seite 168 nochmals eine Übersicht über Indizes, deren Startdatum und über die wesentlichen Charakteristika dieser Indizes.

Vergleich des NAI und des Dow Jones Sustainability World zu ihren Benchmarks

Wie sieht die Performance zweier Indexkonzepte aus den Bereichen „Prinzipienorientiert – Negativ- und/oder Postitivkriterien" und „Best-in-Class" nun wirklich im Detail aus? Im Kapital zum Thema Ertrag/Volatilitäten wurde der Vorteil der ethisch-nachhaltigen Konzepte zu ihren Gesamtmarktbenchmarks bereits herausgearbeitet. In der Folge soll ein Performanceüberblick seit Bestehen der Indexkonzepte NAI und des Dow Jones Sustainability World gegeben werden. Die Gesamtmarkt-Benchmarks sind, wie bereits dargestellt, der „MSCI World" für den „NAI" und der „Dow Jones World" für den des „Dow Jones Sustainability World".

Der NAI wurde am 1.4.1997 erstmals berechnet und bei einem Wert von 1000 gestartet. Er erreichte seinen bisherigen Höchststand am 20.3.2002 bei 2025,69 Punkten und steht aktuell bei 1621,39. Der MSCI World erreichte seinen Höchstand in der Beobachtungsperiode schon am 24.3.2000 bei 377,937 und notiert derzeit bei 224,641.

Der Dow Jones Sustainability World startete im September 1999 bei 1000 Punkten und liegt derzeit bei 739,74. Der Dow Jones Global steht derzeit bei 153,19 Punkten. Beide Indizes erreichten ihre Höchststände am 24.3.2000, und zwar bei 1292,47 resp. 254,87 Punkten.

Tabelle 21: Beispiele ethisch-nachhaltiger Indizes

Quelle: Dziawgo, Leszek & Dziawgo, Danuta (Hrsg.). Finance & Natural Environment; Verfasser

Name	Berechnung	Region	Start	Charakteristik
Calvin	Calvert	US	06/00	US Large Caps, Positiv- und Negativkriterien
FTSE4Good Europe 50	Financial Times	Europe	02/99	Positivkriterien und Ausschlusskriterien, Kriterien der ökologischen Auswirkung, Kriterien Unternehmenspolitik, Management und Reporting quergecheckt
FTSE4Good Global 100	Financial Times	Global	08/96	Siehe FTSE4Good Europe 50
FTSE4Good US 100	Financial Times	US	08/96	Siehe FTSE4Good Europe 50
Naturaktienindex	Öko-Invest-Verlag	Global	04/97	Zwei von vier eng definierten Positivkriterien müssen erfüllt werden, etliche Negativkriterien
S&P 500 Environment Services	Standard&Poor's	US	01/95	Spezieller Branchenindex für Umwelt/Öko Dienstleistungen in den USA
World – DS Environmental Control	Thomson Financial Datastream	Global	01/90	Spezieller Branchenindex für kontrolliertes Umweltmanagement weltweit
DJSI World	Dow Jones	Global	09/99	Wesentliches Kriterium ist die Nachhaltigkeit, rund 10 % der Unternehmen der einzelnen Sektoren
DJSI Stoxx	Dow Jones	Europa	09/01	Siehe DJSI World
Domini 400 Social Index	KLD Research & Analytics	Global	05/90	Soziale und ökologische Kriterien, Positiv- und Negativkriterien
Good Money Industrial Average	Good Money	US	n. a.	Negativkriterien
Good Money Utility Average	Good Money	US	n. a.	Negativkriterien
Humanix 175 Europe	Humanix Holding	Europa	6/01	Negativscreening mit 97 % Klausel (Alkohol, Tabak, Waffen), Umweltperformance, Menschenrechte, Blue Chip-Orientierung
Humanix 200 Global	Humanix Holding	Global	6/01	Siehe Humanix 175 Europe
Ethical Index Euro	E. Capital Partners	Europa	10/00	Negativkriterien, Positivkriterien, Best-in-Class Ansatz, Blue Chip-Orientierung
Ethical Index Global	E. Capital Partners	World	1/01	Siehe Ethical Index Euro

Die Lows aller genannten Indizes fallen in unterschiedliche Zeiträume. Der NAI erreichte seinen Tiefststand bereits am 28.4.1997 bei 959,68 Punkten. Der Dow Jones Global sank am 9.10.02 auf sein tiefstes Level in der Beobachtungsperiode bei 124,89. MSCI World und Dow Jones Sustainability World erreichten ihre Lows jeweils am 12.3.2003 bei 183,053 respektive 590,38 Punkten.

In der Folge drei Abbildungen zur Performance ethisch-nachhaltiger Indizes. Für das Chartbild (Abbildung 33) wurde der Dow Jones Sustainability bis 1997 rückgerechnet dargestellt.

	Beobachtungsperiode	aktueller Indexstand (30.6.03)	High	*Datum High*	Low	*Datum Low*	Veränderung vom High	Veränderung vom Low
Natur-Aktien-Index	*seit 01.04.97*	1621,39	2025,69	*20.03.2002*	959,68	*28.04.1997*	–20,0 %	69,0 %
MSCI World	*seit 01.04.97*	224,641	377,937	*24.03.2000*	183,053	*12.03.2003*	–40,6 %	22,7 %
Dow Jones Sustainability World	*seit 01.09.99*	739,74	1292,47	*24.03.2000*	590,38	*12.03.2003*	–42,8 %	25,3 %
Dow Jones Global	*seit 01.09.99*	153,19	254,87	*24.03.2000*	124,89	*09.10.2002*	–39,9 %	22,7 %

Abbildung 31: Performancestatistik ethisch-nachhaltiger Indizes
Quelle: Bloomberg; Öko-Invest

Der Natur-Aktien-Index weist im Beobachtungszeitraum die eindeutig beste Performance auf absoluter Basis auf. Er ist außerdem am relativ nächsten zu seinem Höchststand und weist zudem offenbar einen relativ geringen Gleichlauf mit den Gesamtmarktindizes auf. Der Dow Jones Sustainability World hingegen ähnelt in seinen Strukturen den Gesamtmarktindizes relativ stark. Er liegt performancemäßig aber knapp vor seiner Gesamtmarktbenchmark Dow Jones World.

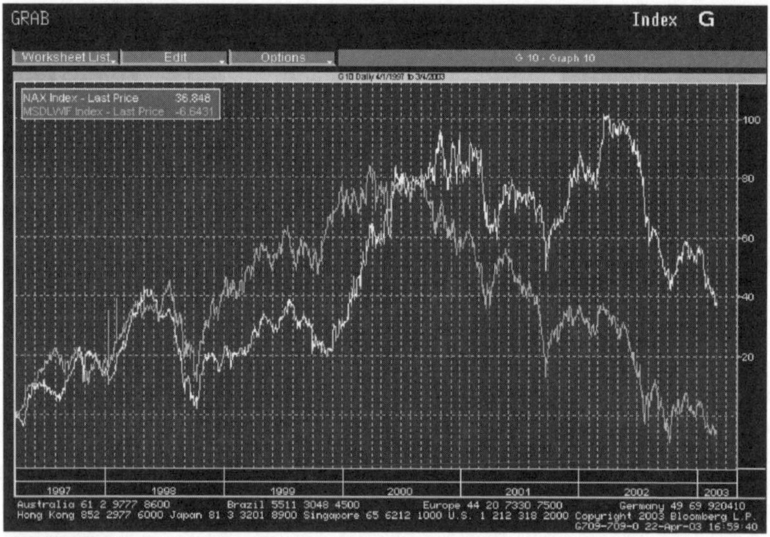

Abbildung 32: Natur-Aktien-Index versus MSCI World
Quelle: Bloomberg

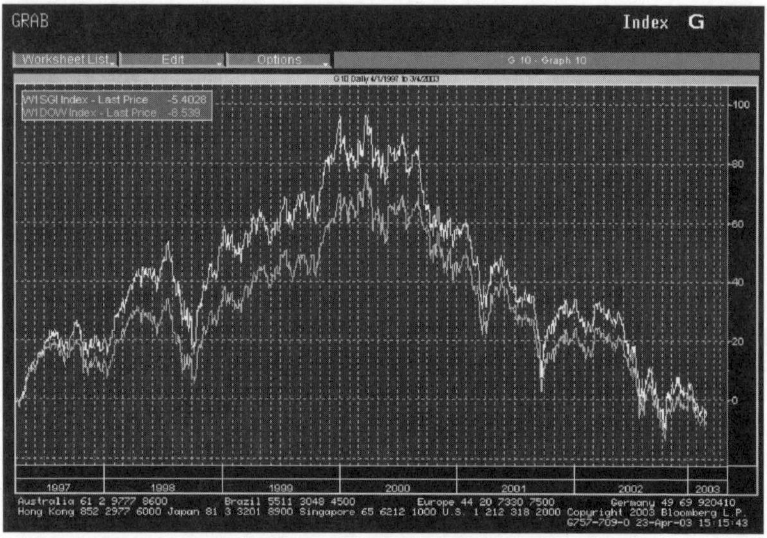

Abbildung 33: Dow Jones Sustainability World versus Dow Jones World
Quelle: Bloomberg

9. Gut und angeboten

„His promises were as he then was, mighty, but his performance, as he is now, nothing“ (Henry VIII)

Das Angebot an ethisch-nachhaltigen Fonds umfasst allein im deutschsprachigen Raum eine Vielzahl von Fonds aller Generationen und Klassen. Darunter sind:

- ethisch-ökologische Fonds – mit Spezialisierung auf Soziales und Umwelt, ohne spezifische Berücksichtigung der ökonomischen Tangente
- Nachhaltigkeitsfonds – Fokus auf Soziales, Ökologie und Ökonomie
- Ökoeffizienz – Fokus auf Ökologie und Ökonomie
- Produktspezifische Fonds
- Neue-Energien-Fonds wie Öko-Pionier-Fonds, Öko-Leader-Fonds, Wasserfonds oder Umwelttechnologie-Fonds

Dieses Kapitel ist einer Darstellung der derzeit in Österreich, Deutschland und der Schweiz durch den Privatanleger erwerbbaren Publikumsfonds gewidmet. Renten- und gemischte Fonds sind dabei nicht berücksichtigt. Die Daten zu den Fonds enthalten unter anderem das Volumen der Fonds, das über die Möglichkeiten der Diversifikation Aufschluss gibt. Besonders „kleine“ Fonds werden einerseits wohl eher in weniger Titeln investiert sein und andererseits relativ höhere Transaktionskosten aufweisen. Angaben zum Research zeigen, ob fremdes Research zugekauft wird oder die Fondsgesellschaft eigenständig unterwegs ist. Weitere Kriterien sind die Ausschüttungspolitik, das heißt, ob die Dividenden der Unternehmen ausgeschüttet oder einbehalten (thesaurierender Fonds) werden.

Einen wesentlichen Punkt bilden die Auswahlkriterien des Fonds, anzugeben sind Ausschluss-/Negativkriterien, und Positivkriterien sowie ob ein Beirat existiert. Weitere Details betreffen das Anlageziel und die Benchmark. Die Benchmark schwankt zwischen einer ethisch-nachhaltigen und einer Gesamtmarkt-Benchmark. Weiterhin sind die 10 größten Positionen im Fonds angegeben, dessen Währungs- und Branchenstruktur – mit den größten Positionen. Im Bereich der Kosten wurden Ausgabeaufschlag, Management-Fee und Performance-Fee nachgefragt.

Den Abschluss bilden schließlich Daten zur Performance- und Risikomessung mit Werten für die annualisierte Performance und die annualisierte Volatilität des Fonds. Die Daten stammen – sofern nicht anders angegeben – vom 30.6.2003.

Die Daten wurden in der Regel mit den Fondsgesellschaften abgestimmt, in einigen Fällen war ein Feed-back nicht möglich. Generell war für Fonds ohne Feed-back und solche mit lückenhaften Rückmeldungen die Fondsübersicht auf der Webseite www.nachhaltiges-investment.org eine große Hilfe. Die folgende Kategorisierung der Fonds erfolgt aber abweichend von der genannten Seite in den drei Kategorien:

1. Ethisch-nachhaltige Fonds
2. Themenfonds (wie neue Energie, Wasser, Ökologie allgemein etc.)
3. Beschränkt ethisch-nachhaltig ausgerichtete Fonds

Als Punkt 4) ist noch eine Übersicht über den ethisch-nachhaltigen Zertifikate-Markt beigefügt.

1. Ethisch-nachhaltige Fonds

ABN AMRO Socially Responsible Equity Fund

Wertpapierkennnummer: 755815
Volumen: 7,1 Mio. Euro
Research: Eigenes: ja
Fremdes: KPMG Sustainability, KLD, EIRIS, CoreRatings (UK)
Ausschüttungspolitik: thesaurierend
Auswahlkriterien und Politik:
Der Fonds investiert in Aktien, die bei der Durchführung ihrer Geschäfte auf eine ökologische und soziale Verträglichkeit achten und auf diesen Gebieten großes Verantwortungsbewusstsein zeigen. Investitionen erfolgen vorwiegend in den USA, Europa und Fernost.
Ausschlusskriterien sind Alkohol, Beschäftigung schulpflichtiger Kinder, Glücksspiel, Kernenergie, Menschenrechte-Missachtung, Pelze, Pornographie, Rüstung/ Waffen, Tabak, Tierversuche (vermeidbare) sowie Unterstützung repressiver Regime.
Anlageziel: Langfristiger Kapitalzuwachs durch das Investment in börsenotierte Gesellschaften
Benchmark: MSCI World
Zugelassen in: A, BEL, Jersey, LUX, NL, FIN, CH, UK, GIB
10 größte Positionen:
Royal Dutch NL 3,9 %
Citigroup US 3,8 %
Pfizer US 3,7 %
Canon J 3,4 %
Microsoft US 3,4 %
Merck US 3,1 %
Vodafone UK 3,1 %
Bank of America US 3,0 %
Johnson & Johnson US 2,8 %
Novartis CH 2,7 %
Währungsstruktur: n. a.
Branchenstruktur: Finanz 22,4 %, Gesundheit 17,5 %, Informationstechnologie 16,7 %, Zyklische Konsumgüter 9,6 %, Nicht-zyklische Konsumgüter 9,1 %
Kosten:
Ausgabeaufschlag: max. 5,25 %
Management-Fee: 1,5 %
Performance-Fee: –
Performance- und Risikomessung:
Fondsstart: 12/01
Annualisierte Performance: –23,5 %.
Annualisierte Volatilität: n.a.

Activest Lux EcoTech

Wertpapierkennnummer: 971345
Volumen: 28,0 Mio. Euro
Research: Eigenes: ja
Fremdes: ja
Ausschüttungspolitik: ausschüttend
Auswahlkriterien und Politik:
Die der Analyse der Unternehmen zugrundeliegende Anlagestrategie geht nach dem Best-In-Class-Prinzip vor und berücksichtigt sowohl Positiv- als auch Ausschlusskriterien. Der Activest Lux EcoTech investiert in Aktien von Unternehmen, die umweltfreundliche Produkte und Technologien entwickeln und dadurch dazu beitragen, eine saubere und gesunde Umwelt zu schaffen, zu erhalten oder existierende Schäden zu reparieren. In die Auswahl kommen daher Unternehmen, die beispielsweise umweltfreundliche Produktionsabläufe besitzen oder umwelt- und gesundheitsgerechte Produkte herstellen. Es ist nicht notwendig, dass die Unternehmen beides gleichzeitig erfüllen. Es wird gleichzeitig auf Qualitätsindikatoren der Unternehmen geachtet. Dazu zählen die Unternehmensstrategie, Marktposition, Kostenstruktur, Produktlinie, Finanzsituation und Managementqualität.
Anlageziel: Erwirtschaften eines langfristig hohen Wertzuwachses durch Anlagen in internationale, ökologisch orientierte Unternehmen
Benchmark: interne Benchmark
Zugelassen in: D, SWE, CH, A, GR
10 größte Positionen:
Newmont Mining US 3,3 %
Cia Espanola de Petroleos ESP 3,1 %
Halliburton US 3,0 %
Mayr-Melnhof A 2,4 %
Sharp J 2,4 %
Canon J 2,3 %
SGS CH 2,2 %
Saurer CH 2,2 %
United Natural Foods US 2,2 %
VA TECH A 2,1 %
Währungsstruktur: USD 30,5 %, EUR 19,3 %, GBP 14,6 %, JPY 10,0 %, CHF 9,7 %
Branchenstruktur: Versorger 13,0 %, Technologie 11,6 %, Grundstoffe 11,0 %, Energie 10,4 %, Langlebige Konsumgüter & Textilien 8,3 %
Kosten:
Ausgabeaufschlag: 5,0 %
Management-Fee: 1,3 %
Performance-Fee: –
Performance- und Risikomessung:
Fondsstart: 04/90
Annualisierte Performance: 4,4 %
Annualisierte Volatilität: 15,6 %

Aviva Funds European Socially Responsible Equity Fund

Wertpapierkennnummer: 658679
Volumen: 12,7 Mio. Euro
Research: Eigenes: Morley Fund Management mit 4 SRI-Analysten
Fremdes: EIRIS, PIRC und Manifest in Großbritannien, GRM für europäische Daten, für USA IRRC und KLD, für Asien ASrIA plus Entwicklung weiterer Kapazitäten
Ausschüttungspolitik: thesaurierend
Auswahlkriterien und Politik:
Entwicklung einer Nachhaltigkeits-Matrix, welche Firmen bezüglich der ethischen Nachhaltigkeit des Kerngeschäfts und der Management-Vision sowie der Strategie bewertet.
Wenn eine Position durch das Research Team genehmigt wurde, legen die SRI-Fondsmanager die gleichen strikten finanziellen Kriterien an, wie bei „Mainstream"-Investments. Die folgende Finanzanalyse wird angewandt, um die Eignung zu bewerten: Top-down – Qualität von Unternehmen und Einkünften – Qualität des Managements – Value-Momentum.
Negativkriterien umfassen genaue Regelungen für die Bereiche Alkohol, Tierversuche, Glücksspiel, Gentechnik, Treibhausgase, Verletzung von Sicherheits-/Gesundheitsvorschriften, Menschenrechtsverletzungen, Massentierhaltung, Waffen, Kernenergie, Pestizide, Pornographie, Straßenbau, Entwicklungsländer-Belange, Tabak, tropische Hölzer und Papierherstellung.
Anlageziel: Kapitalwachstum durch Investment hauptsächlich in ein Euro-denominiertes Aktienportfolio von Firmen, die eine Verpflichtung zu langfristigem Wirtschaftswachstum ohne Beeinträchtigung für Gesellschaft oder Umwelt zeigen
Benchmark: MSCI Europe ex UK Net LC
Zugelassen in: D, LUX, A, BEL, FIN, F, I, NOR, ESP, SWE
10 größte Positionen:
UBS CH 3,6 %
Telecom Italia I 3,1 %
Svenska Handelsbanken SWE 3,0 %
Radiometer DK 2,9 %
Snam Rete Gas I 2,8 %
Roche CH 2,6 %
Banco Popular Espanol ESP 2,5 %
Nokia FIN 2,5 %
Getinge SWE 2,4 %
Air Liquide F 2,4 %
Währungsstruktur: EUR 60,0 %, SEK 13,8 %, CHF 10,5 %, DKK 8,2 %, GBP 4,9 %
Branchenstruktur: Finanz 24,8 %, Dienstleistungen 20,2 %, Gesundheit 18,6 %, Zykliker 12,6 %, Energie 7,9 %
Kosten:
Ausgabeaufschlag: 5 %
Management-Fee: 1,5 %
Performance-Fee: –
Performance- und Risikomessung:
Fondsstart: 03/01
Annualisierte Performance: -18,9 % (-1Y)
Annualisierte Volatilität: 24,2 % (-1Y)

Aviva Funds Global Socially Responsible Equity Fund

Wertpapierkennnummer: 577558
Volumen: 11,7 Mio. Euro
Research: Eigenes: Morley Fund Management mit 4 SRI-Analysten
Fremdes: EIRIS, PIRC und Manifest in Grossbritannien, GRM für europäische Daten, für USA IRRC und KLD, für Asien ASrIA plus Entwicklung weiterer Kapazitäten
Ausschüttungspolitik: thesaurierend
Auswahlkriterien und Politik:
Entwicklung einer Nachhaltigkeits-Matrix, welche Firmen bezüglich der ethischen Nachhaltigkeit des Kerngeschäfts und der Management-Vision sowie der Strategie bewertet.
Wenn eine Position durch das Research-Team genehmigt wurde, legen die SRI-Fondsmanager die gleichen strikten finanziellen Kriterien an, wie bei „Mainstream"-Investments. Die folgende Finanzanalyse wird angewandt, um die Eignung zu bewerten: Top-down – Qualität von Unternehmen und Einkünften – Qualität des Managements – Value-Momentum.
Negativkriterien umfassen genaue Regelungen für die Bereiche Alkohol, Tierversuche, Glücksspiel, Gentechnik, Treibhausgase, Verletzung von Sicherheits-/Gesundheitsvorschriften, Menschenrechtsverletzungen, Massentierhaltung, Waffen, Kernenergie, Pestizide, Pornographie, Straßenbau, Entwicklungsländer-Belange, Tabak, tropische Hölzer und Papierherstellung.
Anlageziel: Kapitalwachstum durch Investment hauptsächlich in ein USD-denominiertes Aktienportfolio von Firmen, die eine Verpflichtung zu langfristigem Wirtschaftswachstum ohne Beeinträchtigung für Gesellschaft oder Umwelt zeigen.
Benchmark: MSCI World Net USD
Zugelassen in: D, LUX, A, BEL, FIN, F, I, NOR, ESP, SWE
10 größte Positionen:
Pfizer US 2,2 %
Telecom Italia I 2,0 %
Microsoft US 1,7 %
Merck US 1,5 %
Unicredito I 1,5 %
Westpac Banking AUS 1,5 %
Hewlett-Packard US 1,5 %
Bank of America US 1,4 %
Apache US 1,4 %
Kroger US 1,4 %
Währungsstruktur: USD 54,8 %, GBP 12,6 %, EUR 8,9 %, JPY 7,9 %, SEK 4,8 %
Branchenstruktur: Finanz 23,7 %, Dienstleistungen 18,6 %, Gesundheit 14,0 %, Technologie 13,4 %, Zykliker 9,0 %
Kosten:
Ausgabeaufschlag: 5 %
Management-Fee: 1,5 %
Performance-Fee: –
Performance- und Risikomessung:
Fondsstart: 09/02
Annualisierte Performance: –6,6 % (-1Y)
Annualisierte Volatilität: 18,5 % (-1Y)

AXA WF II European Socially Responsible Equities A

Wertpapierkennnummer: 972201
Volumen: 3,4 Mio. Euro
Research: Eigenes: n. a.
Fremdes: n. a.
Ausschüttungspolitik: thesaurierend
Auswahlkriterien und Politik:
Ausrichtung auf Unternehmen, die in den Bereichen Umweltverschmutzungskontrolle, Wasserbehandlung, Überwachung von Bodenschätzen, Umweltberatung tätig sind und das Unternehmen nach sozialen und umweltpolitischen Kriterien führen. An Positivkriterien ist die Umweltorientierung, an Ausschlusskriterien sind Gentechnik in der Landwirtschaft, Kernenergie, Rüstung/Waffen, Tabak, Tierversuche (vermeidbare), umweltschädliche Aktivitäten/Produkte und der Verstoß gegen rechtliche Bestimmungen zu erwähnen.
Anlageziel: Langfristiger Kapitalzuwachs
Benchmark: MSCI World
Zugelassen in: A, D
10 größte Positionen:
Shell Transport & Trading UK 5,3 %
Nokia FIN 4,7 %
SAP D 3,8 %
Unilever NL 3,4 %
L'Oreal F 3,4 %
Aventis F 3,2 %
Carrefour F 2,9 %
BMW D 2,9 %
Essilor F 2,8 %
Bank of Ireland IRE 2,8 %
Währungsstruktur: EUR 66,7 %, GBP 31,1 %, CHF 1,8 %
Branchenstruktur: Nicht-zyklische Konsumgüter 19,0 %, Zyklische Konsumgüter 16,0 %, Gesundheit 12,2 %, Informationstechnologie 12,0 %, Finanz 8,0 %
Kosten:
Ausgabeaufschlag: 5,5 %
Management-Fee: 1,5 %
Performance-Fee: –
Performance- und Risikomessung:
Fondsstart: 12/01
Annualisierte Performance: n. a.
Annualisierte Volatilität: n. a.

Allianz Dresdner Global Sustainability–AX

Wertpapierkennnummer: 157662 (EUR Klasse), 164168 (USD Klasse)
Volumen: 12,5 Mio. Euro (EUR Klasse), 0,1 Mio.USD (USD Klasse)
Research: Eigenes: 80 %
Fremdes: ja
Ausschüttungspolitik: ausschüttend
Auswahlkriterien und Politik:

Investition in Unternehmen, deren Produkte und Dienstleistungen langfristig ökonomischen, ökologischen und sozialen Nutzen stiften. Darüber hinaus werden Aktien von Unternehmen erworben, deren unternehmerisches Verhalten in ökologischer und sozialer Sicht als vorbildlich anzusehen ist und deren Wachstums- bzw. Gewinnchancen positiv beurteilt werden. Das können Global Player mit bekannten Markennamen sein, aber auch innovative Nischenanbieter, die in hoch spezialisierten Teilbranchen erfolgreich sind.

Unternehmen, deren Aktien den fundamentalen bzw. finanziellen Kriterien der Fondsgesellschaft entsprechen, werden einem zweistufigen Auswahlverfahren unterworfen: 1. Vorselektion in Zusammenarbeit mit dem UNA Trust. 2. Bewertung der Nachhaltigkeit durch das globale Expertennetz.

Ausschlusskriterien sind Kernenergie, Pornographie, Rüstung/Waffen und Tabak.

Anlageziel: Realisierung langfristiger, überdurchschnittlicher Renditen
Benchmark: DJSI World
Zugelassen in: D, LUX
10 größte Positionen:
Pfizer US 4,9 %
Citigroup US 4,7 %
Royal Dutch NL 3,2 %
Johnson & Johnson 3,0 %
BP UK 3,0 %
Vodafone UK 2,9 %
Procter & Gamble US 2,7 %
Bank of America US 2,5 %
Nokia FIN 2,2 %
Intel US 2,0 %
Währungsstruktur: EUR 39,0 %, USD 33,0 %, GBP 20,6 %, CHF 6,4 %, JPY 5,2 %
Branchenstruktur: Finanzen 21,6 %, Gesundheit 15,4 %, Energie 8,1 %, Hardware & Ausrüstung 6,6 %, Telekommunikation 5,3 %
Kosten:
Ausgabeaufschlag: 5 %
Management-Fee: 1,25 %
Performance-Fee: –
Performance- und Risikomessung:
Fondsstart: 01/03
Annualisierte Performance: n. a.
Annualisierte Volatilität: n. a.

Credit Suisse Equity Fund (Lux) Global Sustainability

Wertpapierkennnummer: 974278
Volumen: 68.8 Mio. Euro
Research: Eigenes: bei den Pionierunternehmen wird ausschließlich auf eigenes Research zurückgegriffen, welches vornehmlich durch das Management Team eingebracht wird.
Fremdes: SAM (Sustainability Asset Management)
Ausschüttungspolitik: thesaurierend
Auswahlkriterien und Politik:
Anlagestrategie ist die Investition in Unternehmen, deren Produkte und Dienstleistungen langfristig einen ökonomischen, ökologischen und sozialen Nutzen bringen.
Die Nachhaltigkeitsleader (großkapitalisierte Gesellschaften) sind Bestandteil des DJSI. Auf der Grundlage der CSAM-Anlagestrategie, die weltweit gestreute Aktien umfasst, werden aus diesem Anlageuniversum die besten Unternehmen ausgewählt.
Der Auswahlprozess von Nachhaltigkeitspionieren (mittelkapitalisierte Unternehmen) ist stark Bottom-up-orientiert, wobei im Zusammenhang mit ausgewählten, nachhaltigkeitsrelevanten Investmentclustern, wie Neue Energien und Sustainable Lifestyle auf firmeninternes Fachwissen (Scientific Board) zurückgegriffen werden kann.
Ausschlusskriterien sind Beschäftigung schulpflichtiger Kinder, Glücksspiel, Kernenergie, Pornographie, Rüstung/Waffen und Tabak.
Positivkriterien sind Schonung von Ressourcen, Reduzierung von Emissionen, ökologische Erfolgsrechnung, Sozial-Berichterstattung, Gleichberechtigung, Nicht-Diskriminierung, Antikorruptionskodex und Reduzierung von Abfall.
Anlageziel: Größtmögliches Kapitalwachstum. Der Fonds investiert weltweit in Unternehmen, deren Produkte und Dienstleistungen langfristig einen ökonomischen, ökologischen und sozialen Nutzen erbringen. Repositionierung per 01.06.2000. (alter Name: CS EF (Lux) Eco Efficiency)
Benchmark: DJSI
Zugelassen in: CHI, D, FIN, F, GIB, GR, I, LIE, LUX, NL, NOR, A, POR, SWE, CH, ESP, TCH
10 größte Positionen:
Pfizer US 4,8 %
Citigroup US 4,5 %
BP UK 3,4 %
Johnson & Johnson US 3,4 %
Royal Dutch NL 3,4 %
Vodafone UK 3,4 %
Intel US 3,2 %
GlaxoSmithKline UK 2,9 %
Procter & Gamble US 2,8 %
Prime New Energy US 2,4 %
Währungsstruktur: USD 39,5 %, EUR 23,0 %, GBP 18,3 %, CHF 10,2 %, JPY 5,6 %
Branchenstruktur: Finanz 22,9 %, Gesundheit 20,1 %, Technologie 13,0 %, Energie 10,0 %, Zyklische Konsumwerte 8,5 %
Kosten:
Ausgabeaufschlag: max. 5 %
Management-Fee: 1.92 %
Performance-Fee: –
Performance- und Risikomessung:
Fondsstart: 10/90
Annualisierte Performance: –6,1 % (-5Y)
Annualisierte Volatilität: 22,0 % (-5Y)

Dexia Equities L World Welfare

Wertpapierkennnummer: n. a.
Volumen: 26,5 Mio. Euro
Research: Eigenes: –
Fremdes: Ethibel
Ausschüttungspolitik: thesaurierend oder ausschüttend
Auswahlkriterien und Politik:

Investition hauptsächlich in Aktien oder mit Aktien vergleichbaren Werten (unter anderem wandelbare Obligationen, Warrants, Anlagezertifikate) von Unternehmen, die in den USA, Europa oder Asien liegen oder die in diesen Ländern tätig sind. Diese Anlagen stellen mindestens 2/3 des Vermögens dar. Die regulären Finanztechniken und -instrumente, wie z. B. Optionen und Terminverträge können gegebenenfalls das Portfolio vervollständigen.

Die Veranlagung erfolgt in Unternehmen, die sich bei der Ausübung ihrer Tätigkeiten darum bemühen, effizient zum Schutz der Umwelt, zur Wahrung der Sozialrechte innerhalb des Unternehmens und zu den Beziehungen mit Entwicklungsländern beizutragen.

Anlageziel: n. a.
Benchmark: MSCI World
Zugelassen in: BEL, CH, F, LUX, NL
10 größte Positionen:
Johnson & Johnson US 4,2 %
3M US 3,2 %
Bank of America US 3,1 %
Anheuser-Busch US 3,0 %
Home Depot US 3,0 %
Cisco US 2,8 %
Statoil NOR 2,8 %
Intel US 2,7 %
Fannie Mae US 2,6 %
Verizon Communication US 2,6 %
Währungsstruktur: USD 58,0 %, GBP 10,7 %, JPY 8,1 %, EUR 4,0 %, AUD 2,9 %
Branchenstruktur: Finanz 26,0 %, Informationstechnologie 16,3 %, Zyklische Konsumgüter 13,3 %, Gesundheit 12,1 %, Industrie 11,8 %
Kosten:
Ausgabeaufschlag: max 6 %
Management-Fee: 1 %
Performance-Fee: –
Performance- und Risikomessung (per 31.5.03):
Fondsstart: 08/00
Annualisierte Performance: –18,8 %
Annualisierte Volatilität: 20,8 %

Dexia Sustainable Accent Earth

Wertpapierkennnummer: n. a.
Volumen: 5,9 Mio. Euro
Research: Eigenes: –
Fremdes: Ethibel
Ausschüttungspolitik: thesaurierend
Auswahlkriterien und Politik:
Investition in Unternehmen weltweit, die ausgehend von tiefgreifenden Studien wegen deren Sozial- und Umweltpolitik ausgewählt werden. Ausschließlich die Aktien von Firmen oder Institutionen, die gute Ergebnisse innerhalb ihres Sektors erzielen, werden ins Register der potenziellen Anlagen aufgenommen.
Anlageziel: n. a.
Benchmark: MSCI World
Zugelassen in: BEL, F, I, LUX, NL, CH
10 größte Positionen:
Johnson & Johnson US 5,4 %
Anheuser-Busch US 5,2 %
Home Depot US 5,1 %
Bank of America US 4,6 %
3M US 4,1 %
Fannie Mae US 4,1 %
Intel US 3,6 %
Gilette US 3,1 %
Keyspan US 2,9 %
Westpac Banking AUS 2,6 %
Währungsstruktur: USD 53,3 %, EUR 12,3 %, GBP 7,6 %, JPY 7,3 %, CAD 7,1 %
Branchenstruktur: Finanz 22,3 %, Industrie 13,8 %, Informationstechnologie 13,6 %, Nicht-zyklische Konsumgüter 13,2 %, Gesundheit 9,4 %,
Kosten:
Ausgabeaufschlag: 3 %
Management-Fee: 0,85 %
Performance-Fee: –
Performance- und Risikomessung (per 31.5.03):
Fondsstart: 05/01
Annualisierte Performance: –24,6 %
Annualisierte Volatilität: 19,1 %

Dexia Sustainable Accent Social

Wertpapierkennnummer: n. a.
Volumen: 35,0 Mio. Euro
Research: Eigenes: –
Fremdes: Ethibel
Ausschüttungspolitik: thesaurierend
Auswahlkriterien und Politik:
Investition weltweit, vor allem in Unternehmen, die sich bei der Ausübung ihrer Tätigkeit darum bemühen, effizient zum Schutz der Umwelt, der sozialen Rechte innerhalb des Unternehmens und zu den Beziehungen zu den Entwicklungsländern beizutragen. Besonderes Augenmerk gilt der Sozialpolitik der Unternehmen.
Anlageziel: n. a.
Benchmark: MSCI World
Zugelassen in: BEL, F, I, LUX, NL, CH
10 größte Positionen:
Johnson & Johnson US 4,9 %
Anheuser-Busch US 4,1 %
Fleetboston Financial US 3,9 %
Fannie Mae US 3,8 %
Target Group US 3,5 %
3M US 3,4 %
Cisco US 3,3 %
Statoil NOR 3,2 %
McGraw Hill US 3,0 %
Intel US 2,8 %
Währungsstruktur: USD 51,7 %, EUR 14,5 %, GBP 9,1 %, CAD 7,8 %, JPY 5,9 %
Branchenstruktur: Finanz 23,5 %, Informationstechnologie 14,0 %, Nicht-zyklische Konsumgüter 11,3 %, Zyklische Konsumgüter 11,0 %, Gesundheit 10,7 %
Kosten:
Ausgabeaufschlag: 3 %
Management-Fee: 1 %
Performance-Fee: –
Performance- und Risikomessung (per 31.5.03):
Fondsstart: 04/98
Annualisierte Performance: –3,0 %
Annualisierte Volatilität: 22,2 % (3 Jahre)

Dexia Sustainable EMU

Wertpapierkennnummer: n. a.
Volumen: 15,0 Mio. Euro
Research: Eigenes: –
Fremdes: Ethibel
Ausschüttungspolitik: thesaurierend
Auswahlkriterien und Politik:
Investition hauptsächlich in Aktien von Firmen, die an den Börsen der Mitgliedsländer der EU, der Schweiz und Norwegens sowie auf anderen europäischen Märkten notiert sind. Die Veranlagung erfolgt in Unternehmen, die sich bei der Ausübung ihrer Tätigkeiten darum bemühen, effizient zum Schutz der Umwelt, zur Wahrung der Sozialrechte innerhalb des Unternehmens und zu den Beziehungen mit Entwicklungsländern beizutragen.
Anlageziel: n. a.
Benchmark: MSCI EMU
Zugelassen in: BEL, F, LUX, NL, CH
10 größte Positionen:
Unicredito I 7,2 %
Nokia FIN 6,8 %
ING NL 6,4 %
Telecom Italia I 5,9 %
Sanofi Synthelabo F 4,6 %
Dexia BEL 4,5 %
Deutsche Telekom D 3,9 %
BMW D 3,8 %
Lafarge F 3,7 %
Münchner Rück D 3,2 %
Währungsstruktur: EUR 100 %
Branchenstruktur: Finanz 23,4 %, Zyklische Konsumgüter 12,1 %, Informationstechnologie 11,2 %, Nicht-zyklische Konsumgüter 10,8 %, Telekom 9,8 %
Kosten:
Ausgabeaufschlag: 3 %
Management-Fee: 0,85 %
Performance-Fee: –
Performance- und Risikomessung (per 31.5.03):
Fondsstart: 06/00
Annualisierte Performance: –21,0 %
Annualisierte Volatilität: 25,0 %

Dexia Sustainable Europe

Wertpapierkennnummer: n. a.
Volumen: 118,7 Mio. Euro
Research: Eigenes: –
Fremdes: Ethibel
Ausschüttungspolitik: thesaurierend
Auswahlkriterien und Politik:
Investition in Firmen in der EU, die sich bei der Ausübung ihrer Tätigkeiten darum bemühen, effizient zum Schutz der Umwelt, zur Wahrung der Sozialrechte innerhalb der Unternehmen und zu den Beziehungen mit Entwicklungsländern beizutragen.
Anlageziel: n. a.
Benchmark: MSCI Europe
Zugelassen in: BEL, F, I, LUX, NL, CH
10 größte Positionen:
Statoil NOR 5,4 %
Barclays UK 4,9 %
Sanofi Synthelabo F 4,7 %
Nokia FIN 4,5 %
HBOS UK 4,2 %
Lloyds TSB UK 4,2 %
Tesco UK 4,2 %
Unicredito I 3,5 %
Credit Suisse CH 3,2 %
Deutsche Telekom D 3,0 %
Währungsstruktur: EUR 45,9 %, GBP 35,5 %, CHF 6,1 %, NOK 5,4 %, SEK 5,4 %
Branchenstruktur: Finanz 27,6 %, Nicht-zyklische Konsumgüter 12,2 %, Zyklische Konsumgüter 11,7 %, Telekom 11,3 %, Gesundheit 10,6 %
Kosten:
Ausgabeaufschlag: 3 %
Management-Fee: 0,85 %
Performance-Fee: –
Performance- und Risikomessung (per 31.5.03):
Fondsstart: 03/00
Annualisierte Performance: –17,7 %
Annualisierte Volatilität: 23,3 %

Dexia Sustainable North America

Wertpapierkennnummer: n. a.
Volumen: 29,7 Mio. Euro
Research: Eigenes: -
Fremdes: Ethibel
Ausschüttungspolitik: thesaurierend
Auswahlkriterien und Politik:
Investition vor allem in Unternehmen in Nordamerika, die sich bei der Ausübung ihrer Tätigkeiten darum bemühen, einen aktiven Beitrag zur Umwelt, zu den Sozialrechten im Unternehmen sowie zu den Beziehungen mit Entwicklungsländern zu leisten.
Anlageziel: n. a.
Benchmark: MCSI North America
Zugelassen in: BEL, F, I, LUX, NL, CH
10 größte Positionen:
Johnson & Johnson US 6,1 %
Bank of America US 5,0 %
3M US 5,0 %
Cisco US 4,6 %
Verizon Communication US 4,6 %
Home Depot US 4,4 %
Fannie Mae US 4,3 %
Anheuser-Busch US 4,2 %
Fleetboston Financial US 3,9 %
Intel US 3,9 %
Währungsstruktur: USD 87,8 %, CAD 12,2 %
Branchenstruktur: Finanz 19,2 %, Informationstechnologie 16,9 %, Zyklische Konsumgüter 13,3 %, Gesundheit 13,3 %, Industrie 13,0 %
Kosten:
Ausgabeaufschlag: 3 %
Management-Fee: 0,85 %
Performance-Fee: –
Performance- und Risikomessung (per 31.5.03):
Fondsstart: 05/00
Annualisierte Performance: –8,4 %
Annualisierte Volatilität: 19,9 %

Dexia Sustainable Pacific

Wertpapierkennnummer: n. a.
Volumen: 7,6 Mio. Euro
Research: Eigenes: –
Fremdes: Ethibel
Ausschüttungspolitik: thesaurierend
Auswahlkriterien und Politik:
Investition vor allem in Unternehmen aus Japan, Neuseeland, Australien, Singapur und Hongkong, die sich bei der Ausübung ihrer Tätigkeiten bemühen, einen aktiven Beitrag zur Umwelt, zu den Sozialrechten im Unternehmen sowie zu den Beziehungen mit Entwicklungsländern zu leisten.
Anlageziel: n.a.
Benchmark: MSCI Pacific
Zugelassen in: BEL, F, I, LUX, NL, CH
10 größte Positionen:
Westpac Banking AUS 6,3 %
National Australia Bank AUS 5,8 %
Canon J 5,5 %
NTT DoCoMo J 4,9 %
Dai Nippon Printing J 4,2 %
Millea Holdings J 4,1 %
Fuji Photo Film J 3,2 %
Sharp J 3,1 %
Hongkong & China Gas HK 3,1 %
Coles Myer AUS 2,9 %
Währungsstruktur: JPY 73,1 %, AUD 20,1 %, HKD 4,7 %
Branchenstruktur: Finanz 23,3 %, Zyklische Konsumgüter 16,7 %, Informationstechnologie 16,1 %, Industrie 12,6 %, Nicht-zyklische Konsumgüter 8,7 %
Kosten:
Ausgabeaufschlag: 3 %
Management-Fee: 0,85 %
Performance-Fee: –
Performance- und Risikomessung (per 31.5.03):
Fondsstart: 09/00
Annualisierte Performance: –9,3 %
Annualisierte Volatilität: 16,3 %

Dexia Sustainable World Large Caps

Wertpapierkennnummer: n. a.
Volumen: 26,1 Mio. Euro
Research: Eigenes: –
Fremdes: Ethibel
Ausschüttungspolitik: thesaurierend
Auswahlkriterien und Politik:
Investition weltweit in Unternehmen, die sich bei der Ausübung ihrer Tätigkeiten darum bemühen, einen effizienten Beitrag zur Umwelt, zu den Sozialrechten im Unternehmen sowie zu den Beziehungen mit Entwicklungsländern zu leisten.
Anlageziel: n. a.
Benchmark: MSCI World
Zugelassen in: BEL, F, I, LUX, NL, CH
10 größte Positionen:
Statoil NOR 4,8 %
Johnson & Johnson US 4,8 %
Bank of Nova Scotia CAN 4,0 %
Anheuser-Busch US 3,9 %
Home Depot US 3,7 %
3M US 3,5 %
Bank of America US 3,4 %
Verizon Communication US 3,0 %
Fannie Mae US 2,9 %
Canadian National Railway CAN 2,8 %
Währungsstruktur: USD 51,9 %, EUR 13,4 %, GBP 8,7 %, JPY 6,9 %, CAD 6,8 %
Branchenstruktur: Finanz 27,0 %, Zyklische Konsumgüter 13,6 %, Informationstechnologie 13,1 %, Gesundheit 11,9 %, Nicht-zyklische Konsumgüter 9,5 %
Kosten:
Ausgabeaufschlag: 3 %
Management-Fee: 0,85 %
Performance-Fee: –
Performance- und Risikomessung (per 31.5.03):
Fondsstart: 12/00
Annualisierte Performance: –20,8 %
Annualisierte Volatilität: 21,0 %

DLI-GLOBAL QUALITY

Wertpapierkennnummer: 701364
Volumen: 5,2 Mio. Euro
Research: Eigenes: Morley Fund Management, London (konzernzugehörig)
Fremdes: –
Ausschüttungspolitik: thesaurierend
Auswahlkriterien und Politik: Das Fondsvermögen wird überwiegend in Aktien von Unternehmen investiert, die aufgrund ihrer Qualität gute, nachhaltige Wachstumsperspektiven aufweisen. Dabei wird auf eine internationale Streuung geachtet.
Die Auswahl berücksichtigt folgende Aspekte: Zusammensetzung des Aktien- Index MSCI World, solide Finanzkraft, starke Marktstellung, strategische Ausrichtung des Unternehmens, länderübergreifende, globale Themen, Qualität des Unternehmensmanagements. Es sollen Unternehmen gemieden werden, die sich schwerpunktmäßig mit Themen wie z. B. Waffenherstellung, Kernernergie, Alkohol, Tabak, Pornographie sowie Wettspiel beschäftigen. Dazu gehören unter anderem auch Unternehmen, die hohe Umweltbelastungen verursachen oder nicht genügend Sorge um ihre Mitarbeiter tragen. Bevorzugt werden hingegen Unternehmen, die sich z. B. um die Herstellung alternativer, erneuerbarer Energie bemühen, Unternehmen, die dem öffentlichen Verkehr dienen, Firmen, die sich um die Verbesserung und Erhaltung der Gesundheit oder die Verbesserung der Ausbildung kümmern beziehungsweise zum Abbau von sozialen Ungleichgewichten beitragen. Dazu zählen auch Firmen aus dem Bereich IT und Medien, die den Ausbau von ortsunabhängigen Arbeitsplätzen unterstützen.
Die Auswahl der Einzeltitel lässt sich wie folgt beschreiben: Analyseprozess mit Primär-Analyse und Bewertung einer Gesellschaft auf Basis einerseits der Nachhaltigkeit des Geschäftszwecks und andererseits der Politik und Umsetzung. Die Nachhaltigkeit des Geschäftszwecks wird dabei in 5 Kategorien (A–E) bewertet. Die Betrachtungsweise im Sinne der Unternehmenspolitik und deren Umsetzung wird ebenfalls in 5 Kategorien eingeteilt: Im Ergebnis führt dies zu einer zweidimensionalen (Produkt/Management) Bewertung des Unternehmens, die unabhängig voneinander vorgenommen wird und sich somit von klassischen Analysemethoden unterscheidet.
Anlageziel: angemessene Rendite in Fondswährung
Benchmark: MSCI World
Zugelassen in: D
10 größte Positionen:
Microsoft US 2,5 %
Telekom Italia I 1,9 %
Merck US 1,6 %
Bankamerica US 1,6 %
Unicredito I 1,6 %
Pfizer US 1,5 %
Apache US 1,5 %
Kroger US 1,5 %
VNU NL 1,5 %
Hewlett-Packard US 1,5 %
Währungsstruktur: USD 54,4 %, GBP 13,2 %, EUR 10,5 %, JPY 8,9 %, SEK 4,5 %
Branchenstruktur: Finanz 24 %, Gesundheit 15 %, Gebrauchsgüter/Medien/Handel 15 %, Informationstechnologie 14 %, Telekom 8 %
Kosten:
Ausgabeaufschlag: max. 6 %
Management-Fee: 1,4 %
Performance-Fee: 25 % der Outperformance zur Benchmark
Performance- und Risikomessung:
Fondsstart: 06/02
Annualisierte Performance: –16,2 %
Annualisierte Volatilität: n. a.

DWS Invest Sustainability Leaders NC

Wertpapierkennnummer: 552514
Volumen: 14,7 Mio. Euro
Research: Eigenes: ja, sowie Expertenbeirat
Fremdes: Unternehmensunabhängige Researchquellen (Broker)
Ausschüttungspolitik: thesaurierend
Auswahlkriterien und Politik:
Vermögensanlage insbesondere unter Berücksichtigung des Sustainability-Gedankens (nachhaltiges Wirtschaften im Sinne von Umwelt, Gesellschaft und Ökonomie).
Das Expertengremium besitzt lediglich eine beratende Funktion und hat keine Entscheidungsbefugnis. Das Gremium versucht, Aspekte, die für ein Sustainability-Fondsmanagement von Bedeutung sein könnten, frühzeitig zu identifizieren und allen Beteiligten zur Verfügung zu stellen. Die sozial-ökologischen Ergebnisse aus den Unternehmensbesuchen der DWS gehen unmittelbar über den Fondsmanager in den Investmentprozess ein. Das Fondsmanagement der DWS bezieht auch kritische Stakeholderstimmen mit in den Researchprozess ein, insbesondere Kunden, Zulieferer, Shareholder und Fremdkapitalgeber (über das DWS-Rentenfondsmanagement).
Anlageziel: Profitieren von Nachhaltigkeit. Auf dem Gebiet der Nachhaltigkeit führende Unternehmen (Sustainability Leaders) zeichnen sich durch eine konsequente Ausrichtung nach wirtschaftlichen, sozialen und ökologischen Kriterien aus. Ihr Ziel ist die langfristige Optimierung des Unternehmenswertes.
Benchmark: MSCI World
Zugelassen in: UK, NL, D, LUX, BEL, PL, F, A, ESP, CH, I
10 größte Positionen:
Telefonica ESP 6,3 %
Pfizer US 4,8 %
BP UK 4,2 %
RWE D 3,6 %
Royal Dutch NL 3,4 %
Citigroup US 3,3 %
Intel US 3,2 %
Johnson & Johnson US 3,1 %
BNP Paribas F 3,1 %
Deutsche Telekom D 2,9 %
Währungsstruktur: USD 34,1 %, EUR 30,2 %, GBP 14,2 %, CHF 4,4 %; JPY 3,5 %
Branchenstruktur: Energie 15,3 %, Finanz 14,4 %, Gesundheit 13,7 %, Telekom 11,6 %, Informationstechnologie 8,9 %
Kosten:
Ausgabeaufschlag: –
Management-Fee: 2 %
Performance-Fee: ja
Performance- und Risikomessung:
Fondsstart: 06/02
Annualisierte Performance: –23,0 %
Annualisierte Volatilität: n. a.

ESPA Stock Ethik

Wertpapierkennnummer: 067561 (ausschüttend), 067562 (thesaurierend)
Volumen: 2,0 Mio. Euro
Research: Eigenes: Bloomberg/ Humanix-Indices
Fremdes: ÖKO-INVEST (Titel & Marktüberblick)
Ausschüttungspolitik: thesaurierend oder ausschüttend
Auswahlkriterien und Politik:
Investition in die bedeutendsten globalen Unternehmen. Die Auswahl erfolgt nach strengen ethischen und sozialen Gesichtspunkten und basiert auf dem Humanix Global Index, der aus 200 internationalen „ethisch akzeptablen" Aktien besteht. Investition in mehr als 100 Unternehmen mit dem Schwerpunkt in USA, Europa und Asien. Das Portfolio im ESPA-Ethik-Stock enthält jedoch keine Finanztitel, die im Humanix 200 Global Index enthalten sind.
Negativkriterien sind Alkohol, Tabak, Waffen, Menschenrechte (Kinderarbeit) und Umweltverschmutzung. Als Positivkriterium ist eine positive Unternehmensführung zu vermerken.
Anlageziel: Investition in Großunternehmen nach ethischen und sozialen Gesichtspunkten mit dem Ziel, den MSCI World Index outzuperformen.
Benchmark: Orientierung am Humanix – Global 200
Zugelassen in: A, D
10 größte Positionen:
Microsoft US 5,0 %
IBM US 3,9 %
Intel US 3,7 %
NTT DoCoMo J 3,0 %
Toyota J 2,6 %
China Telekom HK 2,6 %
Amgen US 2,3 %
Dell US 2,2 %
Eli Lilly US 2,1 %
Canon J 2,0 %
Währungsstruktur: USD 57,5 %, EUR 16,3 %, JPY 13,1 %, GBP 3,6 %, SEK 2,8 %
Branchenstruktur: Kommunikation 30 %, Technologie 28 %, Pharma/ Bio 26 %, Industrie 10 %, Zyklische Komsumgüter 6 %
Kosten:
Ausgabeaufschlag: bis 4 %
Management-Fee: 1,8 %
Performance-Fee: –
Performance- und Risikomessung:
Fondsstart: 06/02
Annualisierte Performance: –9,8 %
Annualisierte Volatilität: 14,5 %

Fortis L Fund – Equity Socially Responsible Europe

Wertpapierkennnummer: 724779
Volumen: 7,5 Mio. Euro
Research: Eigenes: eigenes europäisches Aktienteam
Fremdes: IRIS (Ethical Investments Research Service)
Ausschüttungspolitik: thesaurierend
Auswahlkriterien und Politik:
Der Fonds investiert in Aktien europäischer Unternehmen, die im FTSE4Good Europe gelistet sind. Positivkriterien im FTSE4Good betreffen die Umwelt, Soziales und Stakeholder-Kriterien sowie Menschenrechte. Auf der anderen Seite sind Tabak, Nuklartechnologie, Waffen, der Betrieb von Atomkraftwerken und die Urangewinnung Ausschlusskriterien.
Anlageziel: Erzielung einer optimalen Performance und Hinwirken auf eine Unternehmenspolitik, die der sozialen Verantwortung der Unternehmen gerecht wird.
Benchmark: FTSE4Good Europe
Zugelassen in: LUX, D, A, F, I, NL, BEL
10 größte Positionen:
Vodafone UK 5,4 %
BP UK 5,1 %
GlaxoSmithKline UK 4,3 %
Royal Bank of Scotland UK 3,9 %
HSBC UK 3,6 %
Shell Transport & Trading UK 3,5 %
Total F 3,3 %
Nokia FIN 3,0 %
Royal Dutch NL 2,8 %
Roche CH 2,3 %
Währungsstruktur: EUR 49 %, GBP 44 %, CHF 7 %
Branchenstruktur: Finanz 35,0 %, Konsumgüter 16,0 %, Telekom 13,4 %, Energie 12,4 %, Gesundheit 11,1 %
Kosten:
Ausgabeaufschlag: max. 5 %
Management-Fee: 1,25 %
Performance-Fee: –
Performance- und Risikomessung:
Fondsstart: 12/97
Annualisierte Performance: –9,3 % (-5Y)
Annualisierte Volatilität: 20,8 % (-5Y)

Gerling Select 21

Wertpapierkennnummer: 984734
Volumen: 5,9 Mio. Euro
Research: Eigenes: ja
Fremdes: SAM
Ausschüttungspolitik: thesaurierend
Auswahlkriterien und Politik: Auf Basis der Benchmark des Dow Jones Sustainability World Index ist auch eine Beimischung von nicht im DJSI enthaltenen Werten möglich. Jedoch müssen mindestens 50 % der Investitionen aus dem DJSI stammen. Generell ist eine Übergewichtung europäischer Werte vorgesehen. Es erfolgt eine Prüfung aller Werte anhand eigener Gerling-Kriterien im Anlageausschuss. Die Anlageregionen sind Europa, Nordamerika und Japan.
Positivkriterien sind soziales Engagement (Fairness, Gleichbehandlung von Arbeitnehmern und gleiche Arbeitsbedingungen im Ausland, fairer Wettbewerb, Mitarbeitermotivation und Einbindung in Entscheidungsprozesse, Stakeholder-Beziehungen und die Anwendung der Menschenrechtskonvention weltweit), ökologisches Engagement (Klimaschutz/Klimawandel – alternative Energien und Kraftstoffe, Wasserversorgung, Artenvielfalt und Schutz natürlicher „erneuerbarer" Ressourcen, Effizienzsteigerungen bei der Nutzung „nicht-erneuerbarer" Ressourcen sowie die Vermeidung toxischer chemischer Substanzen mit langer Verweildauer in der Bio- und Geosphäre) und ökonomischer Erfolg (positiver Trend der Finanzkraft, Wettbewerbsfähigkeit und Marktpotential, Zukunftsorientierung/Marktstellung und Innovationsfähigkeit). Zu den Ausschlusskriterien zählen der Verstoß gegen Menschrechte, Verstoß gegen nationale Rechte, Produktion von Rüstungsgütern oder Kernenergie, Korruption und Genmanipulationen (Mensch).
Anlageziel: Unter Berücksichtigung der Gerling-Nachhaltigkeitskriterien einen langfristig möglichst hohen Wertzuwachs generieren.
Benchmark: DJSI
Zugelassen in: D
10 größte Positionen:
Pfizer US 3,7 %
Citigroup US 3,2 %
GlaxoSmithKline UK 3,1 %
Johnson & Johnson US 3,1 %
Vodafone UK 3,0 %
Electrolux SWE 2,9 %
Intel US 2,8 %
Procter & Gamble US 2,7 %
Iberdrola ESP 2,6 %
Unicredito I 2,5 %
Währungsstruktur: EUR 30,0 %, USD 26,4 %, GBP 19,5 %, JPY 4,7 %, CHF 3,6 %
Branchenstruktur: Finanz 21,2 %, Gesundheit 18,6 %, Technologie 12,7 %, Industrie 8,6 %, Zyklische Konsumgüter 9,7 %
Kosten:
Ausgabeaufschlag: 4,5 %
Management-Fee: 1,35 %
Performance-Fee: –
Performance- und Risikomessung:
Fondsstart: 10/00
Annualisierte Performance: –19,1 %
Annualisierte Volatilität: –

GreenEffects NAI-Wertefonds

Wertpapierkennnummer: 580265
Volumen: 22,9 Mio. Euro
Research: Eigenes: –
Fremdes: imug, Hannover
Ausschüttungspolitik: thesaurierend
Auswahlkriterien und Politik: Weltweite Investition ausschließlich in Werte des Natur-Aktien-Index. Der Index setzt sich zur Zeit aus 25 Titeln zusammen.
Positivkriterien gehen in Richtung von Produkten/Dienstleistungen, die einen wesentlichen Beitrag zur ökologisch und sozial nachhaltigen Lösung zentraler Menschheitsprobleme leisten, von Branchen-Vorreitern im Hinblick auf Produktgestaltung, von Branchen-Vorreitern im Hinblick auf technische Gestaltung des Produktions- und Absatzprozesses und von Branchen-Vorreitern im Hinblick auf die soziale Gestaltung des Produktions- und Absatzprozesses.
Zu den Ausschlusskriterien zählen Behinderung gewerkschaftlicher Aktivitäten, Beschäftigung schulpflichtiger Kinder, Diskriminierung von Frauen, Diskriminierung von Minderheiten, Gefährdung menschlicher Gesundheit, Gentechnik in der Landwirtschaft, Kernenergie, mangelnde Bereitschaft zur Kommunikation wesentlicher gesundheits- und umweltbezogener Kennzahlen, Rüstung/ Waffen, Tätigkeit in einem Land, in dem eine anerkannte Protestbewegung ausländische Unternehmen zur Meidung aufruft, Tierversuche (vermeidbare), umweltschädliche Aktivitäten/Produkte, unzureichende soziale Absicherung der Mitarbeiter, Verstoß gegen rechtliche Bestimmungen sowie Zwangsarbeit.
Anlageziel: Erwirtschaftung einer angemessenen Rendite unter Einhaltung der ethisch-ökologischen Kriterien zur Förderung nachhaltiger, umwelt- und sozialverträglicher Wirtschaftsweisen.
Benchmark: Natur-Aktien-Index
Zugelassen in: IRL (mit EU-weiter Zulassung)
10 größte Positionen:
Horizon Organic US 7,9 %,
Triodos Groenfonds NL 6,1 %,
Boiron F 5,4 %,
Starbucks US 5,3 %,
Fannie Mae US 5,2 %
Oxford Health US 4,7 %
Mayr-Melnhof A 4,5 %
Shimano J 4,4 %
Severn Trent UK 4,4 %
Body Shop UK 4,3 %
Währungsstruktur: USD 46,7 %, EUR 23,1 %, Japan 12,1 %, GBP 8,7 % , NOK 2,5 %
Branchenstruktur: –
Kosten:
Ausgabeaufschlag: 4 %
Management-Fee: 0,75 %
Performance-Fee: –
Performance- und Risikomessung:
Fondsstart: 10/00
Annualisierte Performance: –18,6 %
Annualisierte Volatilität: 14,9 %

Henderson Horizon Global Sustainable Investments Fund

Wertpapierkennnummer: 982680
Volumen: 7,9 Mio. Euro
Research: Eigenes: Eigenes SRI Research, tiefgreifende Analyse kritischer Sektoren und Themen
Fremdes: Externen Researchquellen wie Broker und Research-Berater
Ausschüttungspolitik: thesaurierend
Auswahlkriterien und Politik:
Hendersons SRI-Strategie beruht auf der Integration von Fondsmanagement, Research und Engagement, und hat fünf Kernelemente. „Industries of the Future"-Lösungen bei Nachhaltigkeitsproblemen, insbesondere erneuerbare Energieträger, nachhaltiges Transportwesen, Dienstleistungen zum Schutz der Umwelt, Ausbildung und Gesundheitswesen. „Vorreiter in Corporate Responsibility" – Unternehmen in traditionelleren Sektoren, die hohe Standards in Geschäftsethik, Umweltmanagement, Arbeitspraktiken, Dialog mit der Gemeinschaft und Corporate Governance aufweisen. „Engagement"-Dialog mit dem Management von Unternehmen, um Betriebspraktiken zu verbessern. „Auswahl" – Ausschluss von Unternehmen in den Bereichen Nuklearenergie, Tabak und Militär, sowie Unternehmen mit erheblicher Involvierung im Verkauf von Tabak- und Alkoholerzeugnissen und Pornographie. „Politischer Dialog" – ständiger Dialog mit politischen Entscheidungsträgern, wie nationalen und internationalen Regierungskörperschaften, um durch Kommunikation die Marktbedingungen zu verstehen und mitzugestalten.
Henderson war Gründungsmitglied des UK Social Investment Forum (UKSIF), der Association for Sustainable and Responsible Investment in Asia (ASRIA) und des European Social Investment Forum (EUROSIF)
Anlageziel: Das Anlageziel besteht darin, einen langfristigen Kapitalzuwachs durch die Anlage in Gesellschaften in verschiedenen geographischen Regionen der Welt zu erzielen, die die derzeitigen Kriterien in Nachhaltigkeit und Unternehmensverantwortung erfüllen
Benchmark: MSCI World
Zugelassen in: D, A, CH, LUX, NL, UK, I, F, BEL, HK
10 größte Positionen:
Shell Transport & Trading UK 3,0 %
NTT Docomo J 2,4 %
Canon J 2,0 %
UBS CH 2,0 %
Wells Fargo US 2,0 %
Deutsche Bank D 2,0 %
Marsh & McLennan US 1,9 %
Clear Channel US 1,8 %
Medtronic US 1,7 %
Nikko Securities J 1,7 %
Währungsstruktur: EUR 51,3 %, GBP 25,2 %, CHF 14,5 %, DKK 6,0 %, SEK 3,1 %
Branchenstruktur: Finanz 28,8 %, Zyklische Konsumgüter 16,2 %, Informationstechnologie 16,0 %, Gesundheit 10,4 %, Telekom 9,2 %
Kosten:
Ausgabeaufschlag: max. 5 %
Management-Fee: 1,2 %, Shareholder Servicing Fee 0,5 %
Performance-Fee: 10 % der Outperformance gegenüber der Benchmark
Performance- und Risikomessung:
Fondsstart: 11/01
Annualisierte Performance: –13,4 %
Annualisierte Volatilität: n. a.

Hypo-Global-Value

Wertpapierkennnummer: 857537
Volumen: 16,2 Mio. Euro
Research: Eigenes: –
Fremdes: Bank Sarasin
Ausschüttungspolitik: thesaurierend
Auswahlkriterien und Politik:

Der Fonds investiert in Aktien der wichtigsten internationalen Märkte (Europa, USA und Japan). Er investiert vorwiegend in Unternehmen, deren Produkte und Dienstleistungen neben dem finanziellen Erfolg auch langfristig einen ökonomischen, ökologischen und sozialen Nutzen erbringen.

Der Fonds veranlagt im Rahmen des Best-in-Class-Ansatzes unter Berücksichtigung von Positiv- und Ausschlusskriterien. Zu den Positivkriterien zählen Umweltstrategie, Umweltmanagementsystem, Produktionsvorleistungen, Produktlebenszyklus, Sozialstrategien und Beziehungen zu Mitarbeitern und Kunden.

Ausschlusskriterien für den Fonds sind die Produktion von Kernenergie, Waffen, Chlor- und Agrochemie, Flugzeugen, Tabak und Pornographie, sowie in der Landwirtschaft eingesetzte Gentechnologie.

Anlageziel: Investition in Aktien der wichtigsten internationalen Märkte (Europa, USA und Japan)
Benchmark: 50 % MSCI Europe, 50 % MSCI World ex Europe
Zugelassen in: A
10 größte Positionen:
Bank of America US 3,1 %
Schlumberger US 2,6 %
IBM US 2,5 %
3M US 2,5 %
BG Group UK 2,5 %
Johnson & Johnson US 2,5 %
Credit Suisse 2,5 %
Royal Bank of Scotland UK 2,2 %
Deutsche Telekom D 2,1 %
Tesco UK 2,1 %
Währungsstruktur: USD 40,2 %, EUR 18,2 %, GBP 16,8 %, CHF 9,1 %, AUD 6,1 %
Branchenstruktur: derzeit nicht möglich
Kosten:
Ausgabeaufschlag: 3,5 %
Management-Fee: 1,5 %
Performance-Fee: –
Performance- und Risikomessung:
Fondsstart: 03/91
Annualisierte Performance: –10,7 % (-5Y)
Annualisierte Volatilität: 23,3 % (-5Y)

ING Sustainable Growth Fund

Wertpapierkennnummer: 797410
Volumen: 27,4 Mio. Euro
Research: Eigenes: auf Seite der Fondsmanager
Fremdes: SiRi Netzwerk, Beratungsausschuß
Ausschüttungspolitik: ausschüttend
Auswahlkriterien und Politik:

Die Investmentstrategie besteht in der weltweiten Investition in Unternehmen mit herausragender finanzieller Basis, die in ihrer Branche Best-in-Class im Hinblick auf ökologische und soziale Kriterien sind. Das Portfolio enthält einen Mix aus Nachhaltigkeitsleadern und Nachhaltigkeitsinnovatoren.

Ausschlusskriterien des Fonds sind – mit einer Umsatzgrenze von 5 % und einer gemeinsamen Grenze von 10 % – Waffen, Atomenergie, Tabak, Glücksspiel, Pornographie, Pelze und Gentechnologie in der Landwirtschaft. Nicht investiert wird außerdem in Unternehmen, die wesentliche ILO-Vereinbarungen oder die OECD-Richtlinien für multinationale Unternehmen verletzen. Andere Ausschlusskriterien betreffen die Zusammenarbeit mit diktatorischen Regimen, die Verletzung internationaler Gesetze und Umweltzerstörung.

Positivkriterien umfassen Basis- und Zusatzleistungen für die Mitarbeiter, positive Mitarbeiterbeziehungen via Vergütungsmanagement, Chancengleichheit für Frauen und Minderheiten, Teilzeitarbeit, Befolgung des SA 8000 Standard, ethische Geschäftsprinzipien, Corporate Citizenship und Beziehungen zu Stakeholdern, Effizienz im Rohstoff- und Energieverbrauch, Vermeidung von Erd-, Luft- und Wasserverschmutzung im gesamten Produktions- und Produktlebenszyklus, gewissenhaften Umgang mit gefährlichen Abfällen, Recycling, die Organisation des Umweltmanagements, einen jährlichen Umweltbericht und die Befolgung des ISO 14001 Standards.

Anlageziel: Kapitalwachstum
Benchmark: MSCI World
Zugelassen in: A, F, HK, I, LUX, NOR, ESP, SWE, CH
10 größte Positionen:
Royal Dutch NL 4,2 %
Bank of America US 3,8 %
Medtronic US 3,7 %
Johnson & Johnson US 3,5 %
Merck US 3,5 %
American Express US 3,3 %
Pepsico US 3,3 %
Fannie Mae US 3,2 %
BP Amoco UK 3,0 %
McGraw-Hill US 2,9 %
Währungsstruktur: –
Branchenstruktur: Finanz 22,3 %, Gesundheit 17,1 %, Nicht-zyklische Konsumwerte 12,6 %, Informationstechnologie 11,6 %, Energie 10,0 %
Kosten:
Ausgabeaufschlag: –
Management-Fee: auf Verhandlungsbasis
Performance-Fee: –
Performance- und Risikomessung:
Fondsstart: 07/00
Annualisierte Performance: –20,7 %
Annualisierte Volatilität: 24,0 %

JPMF Global Socially Responsible Fund

Wertpapierkennnummer: 939861
Volumen: 5,1 Mio. Euro
Research: Eigenes: 80 %
Fremdes: 20 %
Ausschüttungspolitik: mehrere Klassen
Auswahlkriterien und Politik:
Für das Management des Fonds ist die Global Portfolios Group von JPMF zuständig. Generell wird ein Stock-Picking-Ansatz verfolgt. Es kommt ein transparenter, disziplinierter Investmentprozess zum Einsatz. Auf Basis der lokalen Einheiten erfolgt über ein globales Sektor-Research eine Analyse der Titel im FTSE4Good und danach die Portfoliokonstruktion. Das Team wählt aus dem FTSE4Good Global Index Aktien aus, die es als „Best-in-Class" identifiziert hat.
Zu den Positivkriterien im Fonds zählen Umweltverträglichkeit, positive Beziehungen zu den Aktionären sowie der Einsatz oder die Unterstützung der Menschenrechte.
Anlageziel: Langfristiges Kapitalwachstum über Investment in vom FTSE4Good Global festgelegten, SRI-Prinzipien gehorchenden, Unternehmen
Benchmark: FTSE4Good Global
Zugelassen in: A, BAH, BEL, Bermuda, CHI, EST, FIN, F, D, HK, IRE, I, J, LUX, Macau, NL, NOR, POR, ESP, SWE, CH, TAI, UK
10 größte Positionen:
Pfizer US 4,0 %
Citigroup US 3,8 %
Microsoft US 3,7 %
Johnson & Johnson US 2,8 %
Total Fina F 2,6 %
SBC Communications US 2,5 %
Procter & Gamble US 2,3 %
BP UK 2,3 %
Fannie Mae US 1,9 %
Vodafone UK 1,8 %
Währungsstruktur: USD 46,8 %, GBP 20,5 %, EUR 15,7 %, JPY 6,1 %, CAD 2,8 %
Branchenstruktur: Finanz 34,5 %, Zyklische Konsumgüter 11,8 %, Gesundheit 11,5 %, Informationstechnologie 9,2 %, Nicht-zyklische Konsumgüter 8,9 %
Kosten:
Ausgabeaufschlag: 5 %
Management-Fee: 1,9 %
Performance-Fee: –
Performance- und Risikomessung:
Fondsstart: 09/02
Annualisierte Performance: n. a.
Annualisierte Volatilität: n. a.

Jupiter Global SRI Fund L

Wertpapierkennnummer: 764935
Volumen: 1,0 Mio. Euro
Research: Eigenes: Jupiter Asset Management (Bermuda) Limited
Fremdes: Zukauf von Analystenberichten / Finanzanalyse, welche Jupiter durch eigene Bewertung der Informationen zu seinem Research heranzieht
Ausschüttungspolitik: ausschüttend
Auswahlkriterien und Politik:
Der Fonds investiert vorrangig in Aktien und aktienähnliche Wertpapiere von Unternehmen, die entweder Produkte oder Dienstleistungen anbieten, die zu einer Verbesserung der sozialen Situation oder der Umwelt beitragen, oder so handeln, dass die negativen externen Effekte ihrer Geschäftsaktivitäten reduziert werden, oder beide Kriterien erfüllen.
Die Basis für den Auswahlprozess bildet das „Negativ Screening". Nur Unternehmen, deren Produkte nicht gegen den ethisch-ökologischen Ansatz verstoßen, kommen in die engere Auswahl. Dann folgt das „Positiv Screening". Nur Unternehmen, die ihre Produkte nach umweltfreundlichen und sozialverträglichen Gesichtspunkten herstellen, werden weiterhin berücksichtigt. Der letzte Schritt zum ethisch-ökologischen Investment ist der „Best-in-Class"-Ansatz. Das Management der ausgewählten Unternehmen muss sich zu guter Letzt auch noch gegenüber der Konkurrenz durch langfristige Wettbewerbsvorteile auszeichnen.
Der Fonds verfügt über einen extern besetzten Beirat.
Anlageziel: Das Anlageziel des Fonds ist langfristiger Kapitalzuwachs durch weltweite Anlagen in Unternehmen, die sich für ökologische Nachhaltigkeit einsetzen oder ein positives Engagement für soziale Belange zeigen und darüber hinaus gute Performance bzw. ein starkes Wachstumspotential aufweisen
Benchmark: FTSE Actuaries All World Index in Euro
Zugelassen in: D, LUX, GB, beantragt für F und ESP
10 größte Positionen:
The Go-Ahead Group UK 5,5 %
RPS Group UK 4,9 %
Techem D 4,6 %
Firstgroup UK 4,1 %
Waste Recycling Group UK 4,1 %
Whatman UK 4,0 %
Trojan Technologies CAN 3,8 %
Nestor Healtcare Group UK 3,6 %
Waste Management US 3,5 %
Intercare Group UK 3,1 %
Währungsstruktur: GBP 53,8 %, EUR 11,1 %, CAD 10,7 %, USD 10,6 %, DKK 4,0 %
Branchenstruktur: Ökologie 13,3 %, Transport 12,5 %, Versorgung 9,3 %, Elektro 8,7 %, Energie 8,7 %
Kosten:
Ausgabeaufschlag: 5 %
Management-Fee: 1,75 %
Performance-Fee: 15 % der Performance über Benchmark
Performance- und Risikomessung (per 31.05.03):
Fondsauflage: 08/01
Annualisierte Performance: –45,5 %
Annualisierte Volatilität: 20,1 %

KCD-Union-AKTIEN Nachhaltig DJSG-Index

Wertpapierkennnummer: 532653
Volumen: 63,0 Mio. Euro
Research: Eigenes: eigenes Aktienteam
Fremdes: –
Ausschüttungspolitik: ausschüttend
Auswahlkriterien und Politik:
Der Fonds führt internationale Investitionen in Unternehmen aus dem Dow Jones Sustainability Index durch.
Als Voraussetzung für Investments gilt der Verzicht auf Ausbeutung von Umwelt, Mitarbeitern oder dem gesellschaftlichen Umfeld. Ausschlusskriterien sind Alkohol, Glücksspiel, Raubbau natürlicher Ressourcen, Rüstung/Waffen sowie Tabak.
Anlageziel: Vermögensaufbau und -anlage mit sozialverantwortungsbewusster Ausrichtung
Benchmark: DJSI
Zugelassen in: D
10 größte Positionen:
Citigroup US 7,0 %
Pfizer US 5,5 %
Johnson & Johnson US 4,4 %
HSBC UK 3,3 %
Royal Dutch NL 3,1 %
Aventis F 2,9 %
GlaxoSmithKline UK 2,8 %
BP UK 2,8 %
Schering D 2,7 %
Home Depot US 2,5 %
Währungsstruktur: EUR 32,3 %, USD 30,7 %, GBP 19,7 %, CHF 7,2 %, JPY 4,0 %
Branchenstruktur: n. a.
Kosten:
Ausgabeaufschlag: –
Management-Fee: 1,5 % p. a.
Performance-Fee: –
Performance- und Risikomessung:
Fondsstart: 03/01
Annualisierte Performance: –17,6 %
Annualisierte Volatilität: n. a.

KD Fonds Öko-Invest

Wertpapierkennnummer: 971682
Volumen: 14,2 Mio. Euro
Research: Eigenes: Ja
Fremdes: Ökoinvest, Oekom, Umweltinstitut in Hamburg, SAM
Ausschüttungspolitik: thesaurierend
Auswahlkriterien und Politik: Der Anlagestrategie liegt ein diversifizierendes Öko-Branchenkonzept zugrunde. Neben reinen Umwelttechnologiewerten investiert der Fonds vornehmlich in die umweltfreundlichsten und nachhaltigsten Unternehmen aus verschiedenen Branchen. Diese sollen dem Shareholder-Value-Gedanken verhaftet sein. Wegen der Fokussierung auf Ökoleader und Ökopioniere ordnet das Management den Fonds bei den Ökoeffizienzfonds ein.

Bei der Titelauswahl müssen potentielle Unternehmen zunächst den Kriterien einer „normalen" Aktienanlage genügen. Bei der DZ CAPITAL liegt der Schwerpunkt auf internationalen Wachstumswerten, die technologisch und wirtschaftlich in ihrem jeweiligen Marktsegment eine starke Stellung einnehmen oder zukünftig erreichen können und die sich auf einem stabilen Wachstumstrend bei möglichst hoher Eigenkapital-Rendite befinden. In einem zweiten Schritt untersucht das Fondsmanagement, ob die potentiellen Anlagekandidaten den Umwelt-Kriterien des Fonds genügen, d. h., ob es sich um Unternehmen handelt, die möglichst ressourcensparend und umweltschonend wirtschaften.

Der Fonds wählt Unternehmen aus, die auf folgenden Gebieten tätig sind: umweltfreundliche Energiegewinnung, Technologien zur Verringerung und Beseitigung von Schadstoffbelastungen in der Umwelt, Spezialisierung auf die Entwicklung, die Herstellung, den Vertrieb und die Verwertung umweltfreundlicher Produkte, Umstellung von umweltschädlichen Roh-, Hilfs- und Betriebsstoffen auf umweltverträgliche Alternativen, Förderung naturnaher Verfahren im Gesundheits- und Ernährungswesen.

Ausschlusskriterien sind Atomenergie, Pornografie, Rüstung, Tabak, Grüne Biotechnologie, Kinderarbeit.

Anlageziel: Angemessene Rendite des eingesetzten Kapitals bei langfristiger Kapitalerhaltung.
Benchmark: MSCI World
Zugelassen in: D, LUX
10 größte Positionen:
Henkel D 7,9 %
Groupe Danone F 5,2 %
Severn Trent UK 4,9 %
ING Group NL 4,6 %
United Utilities UK 3,8 %
Tomra NOR 3,5 %
Nokia FIN 3,4 %
Sociedad General de Aguas de Barcelona ESP 3,3 %
Philips NL 3,0 %
Veolia Environnement F 2,9 %
Währungsstruktur: EUR 49,4 %, USD 23,5 %, GBP 31,9 %, NOK 6,1 %, CAN 1,7 %
Branchenstruktur: Energieerzeuger 19 %, Konsumgüter 18 %, Wasserversorger 17 %, Recycling & Abfallentsorgung 7 %, Finanz 7 %
Kosten:
Ausgabeaufschlag: 5 %
Management-Fee: 1 %
Performance-Fee: –
Performance- und Risikomessung:
Fondsstart: 08/91
Annualisierte Performance: 9,6 %
Annualisierte Volatilität: 20,9 %

Kepler Ethik Aktienfonds

Wertpapierkennnummer: 693479
Volumen: 11,6 Mio. Euro
Research: Eigenes: –
Fremdes: oekom research
Ausschüttungspolitik: ausschüttend oder thesaurierend
Auswahlkriterien und Politik:
Negativkriterien sind Rüstung, Atomenergie, grüne Gentechnik, Tierversuche, Tabak, Alkohol (außer Bier und Wein), Glücksspiel, chlororgansiche Massenproduktion, Biozide, Kinderarbeit, Verletzung von Menschenrechten, Verstöße gegen Arbeitsrecht, Pornographie und Embryonenforschung.
Bezüglich Positivkriterien werden Unternehmen im Rahmen des Corporate Responsibility Researchs der oekom research zusätzlich nach dem Best-of-Class-Ansatz ausgewählt bezüglich Naturverträglichkeit, Sozialverträglichkeit und Kulturverträglichkeit. Ausgewählt werden die besten 50 % der jeweiligen Branche bzw. ist ein Mindestrating von C-, was bedeutet, dass das Unternehmen grundlegende Maßnahmen ergriffen hat, Voraussetzung.
Anlageziel: Langfristiges Kapitalwachstum unter Berücksichtigung ethischer Kriterien
Benchmark: 60 % Morgan Stanley Capital International Europa und 40 % MSCI Welt Europa
Zugelassen in: A, D
10 größte Positionen:
Novartis CH 3,1 %
HSBC UK 3,0 %
GlaxoSmithKline UK 2,9 %
United Parcel Service US 2,3 %
Home Depot US 2,0 %
Royal Bank of Scotland UK 1,9 %
ENI I 1,9 %
Nokia FIN 1,9 %
Nestle CH 1,8 %
McGraw Hill US 1,7 %
Währungsstruktur: EUR 32,5 %, USD 26,7 %, GBP 21,6 %, CHF 8,6 %, JPY 3,5 %
Branchenstruktur: Finanz 27,6 %, Zyklische Konsumgüter 11,7 %, Gesundheit 11,0 %, Informationstechnologie 10,4 %, Nicht-zyklische Konsumgüter 9,2 %
Kosten:
Ausgabeaufschlag: 4 %
Management-Fee: 1,5 %
Performance-Fee: –
Performance- und Risikomessung:
Fondsstart: 07/02
Annualisierte Performance: –20,9 %
Annualisierte Volatilität: 24,6 %

Kepler Sustainability Aktienfonds

Wertpapierkennnummer: 625773
Volumen: 6,9 Mio. Euro
Research: Eigenes: –
Fremdes: SAM
Ausschüttungspolitik: ausschüttend oder thesaurierend
Auswahlkriterien und Politik:
Zu den Positivkriterien zählen Produkte, die einen positiven Beitrag zu Umwelt und Lebensqualität leisten, umweltbezogene Dienstleistungen und Technologien, Umweltpolitik, Umweltverpflichtungen, Umweltmanagementsystem/-zertifizierungen, Umweltprüfungen, umweltbezogene Prozesse und Umweltperformance (Input/Output), umweltbezogene Innovationen (Recycling, Eco-Design, ...), Umwelt-/Sozialberichterstattung, Sozialpolitik und -managementsystem, Maßnahmen zur Verhinderung von Menschenrechtsverletzungen, Minderheiten und Diversity, Arbeitnehmer, Arbeitsbedingungen, Beziehungen zu Gewerkschaften, Weiterbildung, Familienförderung und Corporate Governance
Anlageziel: Langfristiges Kapitalwachstum
Benchmark: DJSI
Zugelassen in: A, D
10 größte Positionen:
Citigroup US 5,2 %
Pfizer US 4,8 %
Vodafone UK 3,1 %
Home Depot US 3,1 %
Bank of Amerika US 2,9 %
Intel US 2,7 %
Royal Dutch NL 2,5 %
Johnson & Johnson US 2,4 %
Canon J 2,3 %
Nokia FIN 2,2 %
Währungsstruktur: USD 37,8 %, GBP 23,9 %, EUR 22,1 %, JPY 5,6 %, CHF 2,9 %
Branchenstruktur: Finanz 24,7 %, Gesundheit 17,5 %, Zyklische Konsumgüter 11,3 %, Informationstechnologie 10,5 %, Nicht-zyklische Konsumgüter 8,2 %
Kosten:
Ausgabeaufschlag: 4,0 %
Management-Fee: 1,5 %
Performance-Fee: –
Performance- und Risikomessung:
Fondsstart: 11/00
Annualisierte Performance: –19,2 %
Annualisierte Volatilität: 21,7 %

LIGA-Pax-Cattolico-Union

Wertpapierkennnummer: 691565
Volumen: 22,0 Mio. Euro
Research: Eigenes: –
Fremdes: E. Capital Partners
Ausschüttungspolitik: ausschüttend
Auswahlkriterien und Politik:

Es werden nur Aktien von Unternehmen aufgenommen, die auch im Ehtical Index Global Return der E. Capital Partners gelistet sind. Das mehrstufige Auswahlverfahren dieser italienischen Beratungsfirma bezieht drei der weltweit größten Orden (Jesuiten, Kapuziner und Salesianer) sowie die päpstliche Lateran-Universität und die Universität Bocconi in Mailand ein. Unternehmen, die die strengen Kriterien erfüllen, werden aufgenommen und können dann auch im LIGA-Pax-Cattolico-Union erworben werden.

Anlageziel: Vermögensaufbau und -anlage mit ethischer Ausrichtung
Benchmark: Ethical Index Global
Zugelassen in: D, LUX
10 größte Positionen:
HSBC UK 4,1 %
Microsoft US 3,4 %
GlaxoSmithKline UK 2,4 %
AIG US 2,2 %
Nokia FIN 2,2 %
BP UK 2,2 %
Coca-Cola US 2,1 %
Telefonica ESP 2,1 %
Deutsche Post D 2,0 %
ENI I 2,0 %
Währungsstruktur: USD 25,2 %, EUR 21,6 %, GBP 13,8 %, JPY 4,5 %, CHF 2,7 %
Branchenstruktur: n. a.
Kosten:
Ausgabeaufschlag: 1,75 %
Management-Fee: 0,95 %
Performance-Fee: –
Performance- und Risikomessung:
Fondsstart: 11/02
Annualisierte Performance: –1,2 %
Annualisierte Volatilität: n. a.

Mellon Ethical Index Tracker Euro A

Wertpapierkennnummer: 982502
Volumen: 9,5 Mio. Euro
Research: Eigenes: –
Fremdes: –
Ausschüttungspolitik: thesaurierend
Auswahlkriterien und Politik:
Tracking des Ethical Index Euro.
Anlageziel: Langfristiges Kapitalwachstum durch Investment in europäische Aktien.
Benchmark: Ethical Index Euro
Zugelassen in: A, BEL, D, ESP, FIN, GIB, Guernsey, I, Jersey, NL, NOR, UK
10 größte Positionen:
BP UK 7,4 %
Vodafone UK 6,3 %
GlaxoSmithKline UK 5,8 %
Royal Dutch NL 4,6 %
Nokia FIN 3,8 %
UBC CH 3,1 %
Telefonica ESP 2,7 %
ENI I 2,0 %
BNP Paribas F 1,9 %
Lloyds TSB UK 1,9 %
Währungsstruktur: n. a.
Branchenstruktur: Finanz 30 %, Nicht-zyklische Dienstleistungen 16 %, Ressourcen 16 %, Nicht-zyklische Konsumgüter 12 %, Zyklische Dienstleistungen 8 %
Kosten:
Ausgabeaufschlag: 5 %
Management-Fee: 1 %
Performance-Fee: –
Performance- und Risikomessung:
Fondsstart: 01/02
Annualisierte Performance: n. a.
Annualisierte Volatilität: n. a.

Noriba Global Equity Fund (UBS LUX Noriba Global Equity Fund)

Wertpapierkennnummer: 934196
Volumen: 19,0 Mio. Euro
Research: Eigenes: 90 % eigenes Research
Fremdes: –
Ausschüttungspolitik: thesaurierend
Auswahlkriterien und Politik:

Der Fonds investiert weltweit in Aktien, die im Dow Jones Islamic Market Index enthalten sind und somit auch nach islamischem Recht erworben werden dürfen. Die Unternehmen müssen außerdem den Richtlinien des Noriba Sharia Board entsprechen.

Das Investment Universum wird vierteljährlich von fünf islamischen Gelehrten – dem Sharia Board – überprüft. Zwei Mitglieder überprüfen auch halbjährlich die Investments des Fonds selbst.

Die Sharia-Beschränkungen für Investments basieren auf drei Levels: Level 1 sind verbotene Asset Klassen und Sektoren, Level 2 sind akzeptable Finanzkennzahlen und Level 3 betrifft das Überprüfen der Vereinbarkeit mit Sharia.

Generell ist der Fonds nicht ermächtigt in Unternehmen zu investieren, die vom Schwerpunkt her in den Bereichen Unterhaltungsindustrie (Hotels, Casinos, Glücksspiel, Kino, Pornografie), herkömmliche Finanzdienstleistungen, Alkohol, Schweinefleischproduktion, Tabak oder Waffen tätig sind.

Anlageziel: Erzielung einer Information Ratio von 0,5 % über 3 Jahre
Benchmark: Dow Jones Islamic Market Index
Zugelassen in: CH, LUX, D, LIE
10 größte Positionen:
Microsoft US 4,4 %
Johnson & Johnson US 3,4 %
BP UK 3,1 %
Exxon Mobil US 2,8 %
Wyeth US 2,7 %
Nestle CH 2,4 %
Pfizer US 2,3 %
IBM US 2,3 %
Total Fina F 2,0 %
Nokia FIN 2,0 %
Währungsstruktur: USD 57,6 %, GBP 14,2 %, EUR 13,6 %, CHF 7,8 %, JPY 5,2 %
Branchenstruktur: Gesundheit 26,8 %, Informationstechnologie 24,3 %, Energie 14,0 %, Nicht-zyklische Komsumwerte 8,8 %, Zyklische Konsumwerte 7,6 %
Kosten:
Ausgabeaufschlag: 5,0 %, All-in-Fee: 2,04 %
Management-Fee: –
Performance-Fee: –
Performance- und Risikomessung:
Fondsstart: 05/00
Annualisierte Performance: –4,6 %
Annualisierte Volatilität: 22,2 %

Ökovision

Wertpapierkennnummer: 974968
Volumen: 76,0 Mio. Euro
Research: Eigenes: –
Fremdes: Fondsmanagement und Research übernimmt das Bankhaus Sarasin
Ausschüttungspolitik: thesaurierend
Auswahlkriterien und Politik:

Beim Fonds Ökovision gibt es einen unabhängigen Anlageausschuss mit derzeit 11 Mitgliedern aus Naturschutz-, Umwelt- und Verbraucherschutzorganisationen.
Negativkriterien sind Atomenergie, Chlorchemie, Gentechnik, Raubbau, Tierversuche, Militär, Diskriminierung und Kinderarbeit.
Positivkriterien betreffen regenerative Energien, umweltfreundliche Produkte und Dienstleistungen, ökologische Nahrungsmittel, regionale Wirtschaftskreisläufe, Umweltsanierung, Transparenz und Verbraucherfreundlichkeit, humane Arbeitsbedingungen und hohe Produktqualität.

Anlageziel: langfristiger und nachhaltiger Kapitalzuwachs
Benchmark: MSCI World
Zugelassen in: LUX, D, CH, A
10 größte Positionen:
Deutsche Telekom D 4,0 %
Northern Rock UK 3,9 %
IBM US 3,9 %
BG Group UK 3,8 %
SLM Holding US 3,4 %
Verbund A 3,3 %
Canon J 3,2 %
Swisscom CH 3,2 %
Aguas de Barcelona ESP 2,9 %
SCA SWE 2,9 %
Währungsstruktur: USD 25,4 %, EUR 23,4 %, GBP 14,7 %, CHF 9,4 %, DKK 5,6 %
Branchenstruktur: Gesundheit 13,2 %, Energie 11,3 %, Konsum & Handel 7,9 %, Finanz 7,8 %, Telekom 7,8 %
Kosten:
Ausgabeaufschlag: 5 %
Management-Fee: 1,76 %
Performance-Fee: bei Wertsteigerung über 11 % im Berichtsjahr +0,3 %
Performance- und Risikomessung:
Fondsstart: 05/96
Annualisierte Performance: +0,7 %
Annualisierte Volatilität: n. a.

OP Sustainability

Wertpapierkennnummer: 511745
Volumen: 3,2 Mio. Euro
Research: Eigenes: ja, quantitativ
Fremdes: DJSI (Auswahl des Investmentuniversums)
Ausschüttungspolitik: thesaurierend
Auswahlkriterien und Politik:
Investition in Aktien von Unternehmen mit nachhaltigem Wettbewerbsvorteil und Konzentration auf Unternehmen mit Wachstumspotenzial durch zukunftsorientierte Strategien. Die Auswahl des Investmentuniversums basiert auf dem weltweiten Research führender Sustainability-Experten und findet seinen Niederschlag im DJ Sustainability Group Index.
Anlageziel: Nachbildung der Wertentwicklung des DJSI
Benchmark: DJSI
Zugelassen in: D, A
10 größte Positionen:
Pfizer US 4,5 %
Citigroup US 4,3 %
Vodafone UK 3,3 %
BP Amoco UK 3,1 %
Johnson & Johnson US 3,0 %
Bank of America US 2,5 %
Astrazeneca UK 2,5 %
Shell Transport and Trading UK 2,2 %
GlaxoSmithKline UK 2,1 %
UBS CH 1,9 %
Währungsstruktur: USD 35 %, GBP 25 %, EUR 23 %, Non EUR Europe 8 %, JPY 7 %
Branchenstruktur: Finanz 24 %, Gesundheit 21 %, Versorger 15 %, Dienstleistungen 10 %, Technologie 10 %
Kosten:
Ausgabeaufschlag: 5 %
Management-Fee: 1 %
Performance-Fee: –
Performance- und Risikomessung:
Fondsstart: 01/00
Annualisierte Performance: –21,1 %
Annualisierte Volatilität: 19,6

Pictet Funds Sustainable Equities Europe – P

Wertpapierkennnummer: 750443
Volumen: 30,7 Mio. Euro
Research: Eigenes: Team bei Pictet für Interpretation, Aggregation, Berechnung der Daten aus Fremdresearch
Fremdes: Centre Info und SIRI Group
Ausschüttungspolitik: thesaurierend
Auswahlkriterien und Politik:
Basis der Fondsstruktur ist die mit dem Consultant Centre Info seit 1999 entwickelte „Pictet Sustainable Value Chain". Im Anlageprozess werden Unternehmen zunächst aus Gründen der Nachhaltigkeit und später aus finanziell-ökonomischen Gründen ausgesiebt.
Es handelt sich um ein diversifiziertes Portfolio von 60-80 Titeln. Für einen gegebenen Tracking Error (3 %) wird die Nachhaltigkeit des Portfolios konsequent maximiert.
Der Investitionsprozess ist ein strikt risikokontrolliertes, quantitatives Anlageverfahren. Die Nachhaltigkeit des Portfolios wird für ein vorgegebenes Risiko zum Benchmark mittels API-Modell optimiert.
Gemäß Positivkriterien können nur überdurchschnittliche Unternehmen in das Portfolio aufgenommen werden (strikter „Best-in-class"-Ansatz).
Negativkriterien sind Kernenergie, Rüstung/Waffen und Tabak.
Anlageziel: Investition in europäische Unternehmen, die nachhaltige Managementgrundsätze befolgen
Benchmark: MSCI Europe
Zugelassen in: A, CH, D, FIN, F, UK, IT, LIE, LUX, NL, SWE
10 größte Positionen:
BP UK 5,1 %
Royal Dutch NL 5,0 %
Barclays UK 3,9 %
Shell Transport & Trading UK 3,3 %
UBS CH 3,2 %
Nokia FIN 3,0 %
BT Group UK 2,7 %
Novartis CH 2,7 %
Lloyds TSB UK 2,6 %
Deutsche Telekom D 2,4 %
Währungsstruktur: GBP 39,0 %. EUR 45,2 %, CHF 11,8 %, SEK 4,0 %
Branchenstruktur: Finanz 24,7 %, Energie 13,5 %, Verbrauchsgüter 11,5 %, Gesundheit 11,5 %, Telekom 10,5 %
Kosten:
Ausgabeaufschlag: n. a.
Management-Fee: 1,25 %
Performance-Fee: n. a.
Performance- und Risikomessung (Daten per 30.6.03):
Fondsstart: 09/02
Annualisierte Performance: 2,4 %
Annualisierte Volatilität: n. a.

Pictet Funds Sustainable Equities – Switzerland

Schweizer Valorennummer: 889'763
Volumen: 13,0 Mio. Euro
Research: Siehe Pictet Sustainable Equities Europe
Ausschüttungspolitik: thesaurierend
Auswahlkriterien und Politik:
Basis der Fondsstruktur ist die mit dem Consultant Centre Info seit 1999 entwickelte „Pictet Sustainable Value Chain". Im Anlageprozess werden Unternehmen zunächst aus Gründen der Nachhaltigkeit und später aus finanziell-ökonomischen Gründen ausgesiebt.
Für einen gegebenen Tracking Error (3 %) wird die Nachhaltigkeit des Portfolios konsequent maximiert. Der Investitionsprozess ist ein strikt risikokontrolliertes, quantitatives Anlageverfahren. Die Nachhaltigkeit des Portfolios wird für ein vorgegebenes Risiko zum Benchmark mittels API-Modell optimiert.
Gemäß Positivkriterien können nur überdurchschnittliche Unternehmen in das Portfolio aufgenommen werden (strikter „Best-in-class"-Ansatz).
Negativkriterien sind Kernenergie, Rüstung/Waffen und Tabak.
Anlageziel: Investition in Schweizerische Unternehmen, die nachhaltige Managementgrundsätze befolgen
Benchmark: SPI
Zugelassen in: CH, LIE
10 größte Positionen:
Novartis CH 23,1 %
Nestle CH 17,7 %
UBS CH 16,4 %
Roche CH 9,1 %
Swiss Re CH 4,4 %
Credit Suisse CH 4,1 %
Zürich Financial CH 3,2 %
Swatch Group CH 3,0 %
Geberit CH 2,3 %
Julius Bär CH 1,7 %
Währungsstruktur: CHF 100,0 %
Branchenstruktur: Gesundheit 34,7 %, Finanz 31,7 %, Verbrauchsgüter 18,6 %, Industriewerte 5,7 %, Grundstoffe 3,1 %
Kosten:
Ausgabeaufschlag: n. a.
Management-Fee: 0,9 %
Performance-Fee: n. a.
Performance- und Risikomessung:
Fondsstart: 09/99
Annualisierte Performance: –8,1 %
Annualisierte Volatilität: 17,7 %

Pioneer Funds Global Environmental & Ethical

Wertpapierkennnummer: 580490
Volumen: 12,5 Mio. Euro
Research: Eigenes: ja
Fremdes: ja, SiRi Group
Ausschüttungspolitik: thesaurierend (Klasse A)
Auswahlkriterien und Politik:

Der Fonds investiert weltweit in Aktien von Unternehmen, die strenge ökologische und ethische Kriterien erfüllen. Dazu gehören: Unternehmen, deren Produkte und Dienstleistungen zu einer sicheren und gesunden Umwelt beitragen, die nicht in umweltschädliche Geschäftsfeldern investieren und die sich sozial verantwortlich zeigen. Der Fonds wird wie ein internationaler Aktienfonds gemanagt, es gibt zunächst keine Beschränkungen betreffend Sektoren oder Regionen. Der Investmentprozess basiert auf Bottom-up-Kriterien, mit dem Ziel, Unternehmen mit guten Ertragsentwicklungen, starken Cash-flows, einer führenden Marktposition und attraktiven Bewertungen zu finden. Allerdings werden Unternehmen favorisiert, die festgelegte ökologische und ethische Kriterien erfüllen. Das UniCredito Italiano Ethik-Komitee stellt sicher, dass die Kriterien eingehalten werden und gibt zusätzliche Guidelines bezüglich umstrittener Bereiche (Tierversuche etc.).

Ausschlusskriterien sind Alkohol, Bergbau, Chemie, Förderung und Verkauf fossiler Energieträger, Glücksspiel, Kernenergie, Luftfahrt, Öl, Rüstung und Waffen, Tabak sowie umweltschädliche Aktivitäten und Produkte.

Zu den Positivkriterien zählen aktive und gute Beziehungen zur Gesellschaft, exzellente Beschäftigungspolitik, ein positiver Einfluss auf die Umwelt, ethische Grundsätze bei Produktion und Einkauf von Gütern und Dienstleistungen, die Verwendung alternativer Energiequellen sowie Güter und Dienstleistungen, die von grundlegender Bedeutung für das Leben sind oder die Gesundheit fördern.

Anlageziel: Mittel- bis langfristige Wertsteigerung des eingesetzten Kapitals.
Benchmark: FTSE 4Good Global 100
Zugelassen in: LUX, D, A, ESP, F, TCH, NL
10 größte Positionen:
Citigroup US 5,4 %
Pfizer US 5,2 %
Wells Fargo US 4,9 %
Vodafone UK 4,3 %
Microsoft US 4,2 %
Tesco UK 2,8 %
Banco Popular Espanol ESP 2,8 %
HSBC UK 2,5 %
Taiwan Semiconductor TAI 2,4 %
Cisco US 2,4 %
Währungsstruktur: USD 56,5 %, GBP 16,1 %, EUR 15,9 %, JPY 3,4 %, CHF 2,3 %
Branchenstruktur: Finanz 31,6 %, Informationstechnologie 20,2 %, Gesundheitswesen 13,0 %, Verbrauchsgüter 11,8 %, Gebrauchsgüter 8,9 %
Kosten:
Ausgabeaufschlag: 5 %
Management-Fee: 1,5 %
Performance-Fee: –
Performance- und Risikomessung:
Fondsstart: 06/00
Annualisierte Performance: n. a.
Annualisierte Volatilität: 26,5 %

Postbank Dynamik Vision

Wertpapierkennnummer: 630843
Volumen: 11,7 Mio. Euro
Research: Eigenes: n. a.
Fremdes: n. a.
Ausschüttungspolitik: thesaurierend
Auswahlkriterien und Politik:
Es erfolgt eine Auswahl von Unternehmen aus dem DJSI. Als Positivkriterien sind ein planvoller Umgang mit Ressourcen, der Einsatz umweltschonender Technik, soziales Engagement und offene Informationspolitik formuliert. Es existieren keine Ausschlusskriterien.
Anlageziel: Langfristige Überrendite durch Investition in nachhaltig wirtschaftende Unternehmen
Benchmark: DJSI
Zugelassen in: n. a.
10 größte Positionen (nur 5 angegeben):
ITT Industries US 5,5 %
BP UK 3,1 %
Citigroup US 2,8 %
Johnson & Johnson US 2,8 %
Pfizer US 2,6 %
Währungsstruktur: n. a.
Branchenstruktur: Banken 8 %, Gesundheit 7 %, Öl & Gas 5 %, Halbleiter 3 %, Telekommunikation 3 %
Kosten:
Ausgabeaufschlag: 3,75 %
Management-Fee: 1,1 %
Performance-Fee: –
Performance- und Risikomessung:
Fondsstart: 06/01
Annualisierte Performance: –11,4 %
Annualisierte Volatilität: n. a.

Prime Value Aktien Europa

Wertpapierkennnummer: 707179
Volumen: 1,0 Mio. Euro
Research: Eigenes: im Ethikbereich eigene Ethik-Analysten, zusätzlich unabhängiges interdisziplinäres Ethikkomitee mit monatlichen Konferenzen
Fremdes: –
Ausschüttungspolitik: thesaurierend
Auswahlkriterien und Politik:

Bei der Titelauswahl wird das Schwergewicht auf Titel von Unternehmen mit überdurchschnittlich interessanten Marktchancen, erstklassigem Management und einem sehr soliden Bilanz- wie Gewinnprofil gelegt. Bei der Selektion der Anlagen wird darüber hinaus jeweils strikt darauf geachtet, dass es sich dabei um Aktien von Unternehmen handelt, in deren Geschäftspolitik eine bestmögliche Umweltfreundlichkeit sowie die Einhaltung hoher, ethischer und moralischer Grundprinzipien erkennbar sind. Die Charakteristik des Fonds ist sein Anlageprozess mit einem dreistufigen Vorgehen:

1. Schritt (laufend): Vor-Evaluation von Anlagemöglichkeiten durch die Finanzanalysten und Fondsmanager.
2. Schritt (laufend): Analyse durch die hausinterne Ethik-Research-Abteilung betreffend Ausschlusskriterien und Stakeholder-Ansatz. Jede Analyse wird von einem Autor und einem Co-Referenten durchgeführt. Die zu analysierenden Unternehmen und Emittenten werden im Rotationsverfahren zwischen den Analysten ausgetauscht.
3. Schritt (monatlich): Ethik-Einstufungsentscheid durch das unabhängige Ethik-Komitee. Damit ist der Einfluss des Ethik-Beirats im Vergleich zu anderen Anbietern sehr groß.

Ausschlusskriterien bestehen für Unternehmen, die Menschenrechte missachten, in Drogengeschäfte, Prostitution und Menschenhandel involviert sind, Kinderarbeit zulassen, sowie für diejenigen, die militärische Güter, Nukleartechnologie und gefährliche Produkte und Technologien herstellen, einsetzen oder vertreiben. Diese Kriterien sind exemplarisch, nicht taxativ zu verstehen. Die Beurteilung, welche Produkte, Dienstleistungen und Technologien als nicht nachhaltig und gefährlich anzusehen sind, obliegt dem Ethik-Komitee.

Angestrebte ethische Qualitäten bei Unternehmen und Emittenten sind ethisches Problem- und Verantwortungsbewusstsein, ethische Innovationskraft, erkennbares Handeln in positiver ethisch-innovatorischer Richtung und wahrnehmbare, glaubwürdige positive ethische Fortschritte.

Bei der Stakeholder-Analyse des Fonds erfolgt eine ganzheitliche Betrachtungsweise der Stakeholder (Kunden, Umwelt, Investoren, Lieferanten, Mitarbeiter, Gesellschaft), wobei jeder Stakeholder gleichberechtigt ist.

Es existieren drei Bewertungsstufen: a) ethisch vertretbar – Mindeststandard, b) ethisch positiv – positive Bewertung und c) ethisch hochwertig – hoher Standard, positive Bewertung

Anlageziel: Einer langfristig orientierten, möglichst kontinuierlichen Wertsteigerung des Fondsvermögens wird gegenüber der Erzielung von raschen Handlesgewinnen in hochvolatilen Anlagen mit kurzfristigen Zielhorizont uneingeschränkt der Vorzug eingeräumt.
Benchmark: FTSE4Good Europe Index seit Benchmarkbeginn ab 01.07.01, davor Stoxx Europe
Zugelassen in: A, D
10 größte Positionen:
Centerpulse CH 5,7 %
Erste Bank A 4,0 %
Mayr-Melnhof A 3,8 %
St. Galler Kantonalbank CH 3,6 %
SAP D 3,6 %
Verbund A 3,5 %
Altana D 3,3 %
Geberit CH 3,3 %
Straumann CH 3,2 %
Vodafone UK 3,0 %
Währungsstruktur: EUR 50,5 %, CHF 38,5 %, GBP 11,0 %
Branchenstruktur: Finanz 29,4 %, Technologie 11,0 %, Gesundheit 10,8 %, Nicht-zyklische Konsumgüter 10,5 %, Einzelhandel 6,9 %
Kosten:
Ausgabeaufschlag: 5 %
Management-Fee: 1,85 %
Performance-Fee: –
Performance- und Risikomessung:
Fondsstart: 06/01
Annualisierte Performance: –21,6 %
Annualisierte Volatilität: 16,5 %

Raiffeisen Futura Global Stock

Schweizer Valorennummer: 1'198'100
Volumen: 24,1 Mio. Euro
Research: Eigenes: Vontobel Asset Management
Fremdes: INrate
Ausschüttungspolitik: ausschüttend
Auswahlkriterien und Politik:

Zunächst Ausschluss nicht-akzeptabler Tätigkeiten als Negativkriterien wie Kernkraft, Gentechnologie, Verletzung von grundlegenden Menschen- und Arbeitsrechten, Kinder- und Zwangsarbeit, Unterstützung von Gewaltregimes, Bestechung, Geldwäscherei, Biopiraterie, Alkohol, Tabak, Spielgewerbe und Pornografie.

Danach erfolgt eine Unternehmensbewertung mit Positivkriterien. Mit geeigneten, sektorspezifischen Kriterien wird die ökologische Belastung durch die Produkte und die Produktion, die Beziehung zu den Anspruchsgruppen (Mitarbeitende, Kunden, Lieferanten, Aktionäre, Öffentlichkeit) sowie die Implementierung ökologischer und sozialer Zielsetzungen in Strategie und Managementsysteme untersucht.

Schließlich erfolgt auf „Best-in-Class"-Basis eine Identifikation der fortschrittlichsten Unternehmungen. Mit dem Ansatz „Best-in-Service" vergleicht INrate die Unternehmungen über die Branchengrenzen hinaus und sucht jene, welche ein Produkt oder eine Dienstleistung mit hoher ökologischer Effizienz und überdurchschnittlicher Sozialverträglichkeit erbringen. Beispielsweise werden im Servicesektor Mobilität neben Autoproduzenten auch Bus- und Bahnunternehmen, Flug- und Schifffahrtsgesellschaften sowie Fahrradhersteller miteinander verglichen. Der monatlich tagende, externe Fachrat kontrolliert und diskutiert sämtliche Ratings, welche erst mit seiner Zustimmung Gültigkeit erlangen. Er besteht aus Fachleuten mit Spezialwissen in Wirtschaft, Arbeitsmarkt und Sozialpolitik, Energie, Bio- und Gentechnologie, Umwelttechnik, Altlasten und Wasserbau, Umweltmanagementsysteme und Umweltreporting.

Anlageziel: Investition weltweit in Aktien und aktienähnlichen Wertpapieren von Unternehmen, die einem strengen Auswahlverfahren nach ökologischen und ethischen Kriterien unterliegen.
Benchmark: MSCI World ex Switzerland Index-TRI
Zugelassen in: CH
10 größte Positionen:
Johnson & Johnson US 6,8 %
Fannie Mae US 6,7 %
Medtronic US 5,0 %
Canadian National Railways CAN 4,6 %
ING Group NL 3,8 %
Canon J 3,6 %
BASF D 3,5 %
Electrolux SWE 3,4 %
BT Group UK 3,4 %
Sharp J 3,1 %
Währungsstruktur: USD 46,7 %, EUR 22,3 %, JPY 14,4 %, GBP 6,4 %, SEK 5,5 %
Branchenstruktur: Finanz 18,5 %, Zyklische Konsumgüter 16,7 %, Informationstechnologie 15,1 %, Gesundheit 12,4 %, Industrie 12,2 %
Kosten:
Ausgabeaufschlag: 1,5 %
Management-Fee: 1,9 %
Performance-Fee: –
Performance- und Risikomessung:
Fondsstart: 06/01
Annualisierte Performance: n. a.
Annualisierte Volatilität: n. a.

Raiffeisen Futura Swiss Stock

Schweizer Valorennummer: 1'198'098
Volumen: 26,7 Mio. Euro
Research: Eigenes: Vontobel Asset Management
Fremdes: INrate
Ausschüttungspolitik: ausschüttend
Auswahlkriterien und Politik:

Zunächst Ausschluss nicht-akzeptabler Tätigkeiten als Negativkriterien wie Kernkraft, Gentechnologie, Verletzung von grundlegenden Menschen- und Arbeitsrechten, Kinder- und Zwangsarbeit, Unterstützung von Gewaltregimes, Bestechung, Geldwäscherei, Biopiraterie, Alkohol, Tabak, Spielgewerbe und Pornografie.

Danach erfolgt eine Unternehmensbewertung mit Positivkriterien. Mit geeigneten, sektorspezifischen Kriterien wird die ökologische Belastung durch die Produkte und die Produktion, die Beziehung zu den Anspruchsgruppen (Mitarbeitende, Kunden, Lieferanten, Aktionäre, Öffentlichkeit) sowie die Implementierung ökologischer und sozialer Zielsetzungen in Strategie und Managementsysteme untersucht.

Schließlich erfolgt auf „Best-in-Class"-Basis eine Identifikation der fortschrittlichsten Unternehmungen. Mit dem Ansatz „Best-in-Service" vergleicht INrate die Unternehmungen über die Branchengrenzen hinaus und sucht jene, welche ein Produkt oder eine Dienstleistung mit hoher ökologischer Effizienz und überdurchschnittlicher Sozialverträglichkeit erbringen. Beispielsweise werden im Servicesektor Mobilität neben Autoproduzenten auch Bus- und Bahnunternehmen, Flug- und Schifffahrtsgesellschaften sowie Fahrradhersteller miteinander verglichen. Der monatlich tagende, externe Fachrat kontrolliert und diskutiert sämtliche Ratings, welche erst mit seiner Zustimmung Gültigkeit erlangen. Er besteht aus Fachleuten mit Spezialwissen in Wirtschaft, Arbeitsmarkt und Sozialpolitik, Energie, Bio- und Gentechnologie, Umwelttechnik, Altlasten und Wasserbau, Umweltmanagementsysteme und Umweltreporting.

Anlageziel: Investition in Aktien von Schweizer Unternehmen, welche einem strengen Auswahlverfahren nach ökologischen und ethischen Kriterien unterliegen, und deren Geschäfts- und Gewinnentwicklung ein gutes bis überdurchschnittliches Potenzial aufweist.
Benchmark: Swiss Performance Index-TRI
Zugelassen in: CH
10 größte Positionen:
Zurich Financial Services CH 7,9 %
UBS CH 7,3 %
Holcim CH 7,3 %
Swatch Group CH 7,2 %
SGS CH 6,2 %
Geberit CH 5,6 %
Phonak CH 5,2 %
Sika CH 5,2 %
Swiss Re CH 4,6 %
Micronas CH 3,8 %
Währungsstruktur: CHF 100 %
Branchenstruktur: Industriegüter & Services 23,4 %, Bau 12,9 %, Banken 11,0 %, Versicherungen 9,1 %, Gesundheit 7,9 %
Kosten:
Ausgabeaufschlag: 1,5 %
Management-Fee: 1,5 %
Performance-Fee: –
Performance- und Risikomessung:
Fondsstart: 06/01
Annualisierte Performance: n. a.
Annualisierte Volatilität: n. a.

Raiffeisen Ethik Aktien Fonds

Wertpapierkennnummer: 677901 (ausschüttend), 677919 (thesaurierend)
Volumen: 9,6 Mio. Euro
Research: Eigenes: ja
Fremdes: ja
Ausschüttungspolitik: ausschüttend, thesaurierend
Auswahlkriterien und Politik:

Es werden Positiv- und Negativkriterien von einem Ethik-Beirat erstellt, dessen Mitglieder unabhängig von Raiffeisen Capital Management sind. Die Positivkriterien werden durch die Kriterien für die Auswahl für die Aufnahme in den Dow Jones Sustainability Index dargestellt. Diese gliedern sich in wirtschaftliche, umwelt- und soziale Kriterien. Zudem folgt dieser Index dem „Best-In-Class"-Ansatz. Das Investmentuniversum des Raiffeisen Ethik Aktien Fonds setzt sich ausschließlich aus den Wertpapieren der Benchmark (d.i. Dow Jones Sustainability World ex Tobacco, Alcohol, Gambling and Firearms) zusammen.

Zusätzlich wird ein Screening nach Negativkriterien über die Wertpapiere durchgeführt. Folgende Kriterien kommen zur Anwendung:

Rüstungsindustrie, Alkohol (Produktion), Tabak (Produktion), Glücksspiel, Pornographie, Kernkraftwerkbetreiber, Abtreibung (Klinikbetreiber, Produktion), Tierversuche, Pelzproduktion und –handel, Bestechung und Wirtschaftskriminalität sowie Ausschluss von Gewerkschaften (ILO-Charta) und Menschenrechtsverletzungen, Zwangs- und Kinderarbeit (ILO-Charta).

Die Überwachung der Veranlagungspolitik (Einhaltung der Positiv- und Negativkriterien) wird halbjährlich von der unabhängigen Rating-Agentur oekom research durchgeführt.

Anlageziel: Ertragsmaximierung unter Einhaltung der Positiv- und Negativkriterien
Benchmark: Dow Jones Sustainability World ex Tobacco, Alcohol, Gambling and Firearms
Zugelassen in: A, D
10 größte Positionen:
Procter & Gamble US 4,2 %
GlaxoSmithKline UK 4,0 %
Amgen US 3,4 %
Nokia FIN 3,1 %
Home Depot US 2,7 %
Bank of America US 2,6 %
AstraZeneca UK 2,4 %
Royal Bank of Scotland UK 2,4 %
HSBC UK 2,3 %
Bristol-Myers US 2,0 %
Währungsstruktur: USD 29,0 %, EUR 25,9 %, GBP 19,8 %, JPY 6,4 %, CHF 4,5 %
Branchenstruktur: Finanz 26,5 %, Nicht-zyklische Konsumgüter 23,8 %, Zyklische Konsumgüter 10,2 %, Informationstechnologie 9,9 %, Nicht-zyklische Dienstleistungen 7,4 %
Kosten:
Ausgabeaufschlag: 5 %
Management-Fee: 1,75 %
Performance-Fee: –
Performance- und Risikomessung:
Fondsstart: 05/02
Annualisierte Performance: –26,9 %
Annualisierte Volatilität: 24,5 %

S EthikAktien

Wertpapierkennnummer: 068116 (Thesaurierer), 068117 (Ausschütter)
Volumen: 6,0 Mio. Euro
Research: Eigenes: Ethik-Beirat
Fremdes: oekom research
Ausschüttungspolitik: thesaurierend, ausschüttend
Auswahlkriterien und Politik:
S EthikAktien veranlagt in bedeutende Aktiengesellschaften mit hohem Qualitätsstandard, die nach ethisch-sozialen und ökologischen Standards handeln. Ausschlusskriterien sind im Wesentlichen Rüstung, Atomenergie, Tabak, Pornographie, Embryonenforschung, Verstöße gegen Arbeitsrechte, Kinderarbeit und Menschenrechte.
Anlageziel: langfristiger und nachhaltiger Kapitalzuwachs
Benchmark: MSCI World
Zugelassen in: A
10 größte Positionen:
Dt. Telekom D 3,2 %
IBM US 3,1 %
Fresenius Medical D 2,8 %
Fannie Mae US 2,5 %
Apple US 2,5 %
Intel US 2,4 %
Procter & Gamble US 2,4 %
Dow Chemical US 2,3 %
Merck US 2,2 %
Occidental Petrol US 2,2 %
Währungsstruktur: USD 39,3 %, EUR 32,0 %, GBP 8,9 %, CHF 7,0 %, JPY 5,4 %
Branchenstruktur: Technologie 23,0 %, Finanz 16,2 %, Pharma 12,8 %, Telekom 12,4 %, Konsum 12,3 %
Kosten:
Ausgabeaufschlag: 5 %
Management-Fee: 1,5 %
Performance-Fee: –
Performance- und Risikomessung:
Fondsstart: 05/02
Annualisierte Performance: –23,5 %
Annualisierte Volatilität: n. a.

SAM Sustainability Index Fund

Wertpapierkennnummer: 926178
Volumen: 38,0 Mio. Euro
Research: Eigenes: Ja
Fremdes: –
Ausschüttungspolitik: thesaurierend
Auswahlkriterien und Politik:
Der Fonds investiert in großkapitalisierte, global tätige Unternehmen, die Sustainability proaktiv in ihre Strategie integrieren und dadurch substantielle Wettbewerbsvorteile erzielen. Berücksichtigt werden ausschließlich Firmen, welche aufgrund ihrer Bewertung anhand ökonomischer, ökologischer und sozialer Kriterien führend in ihren jeweiligen Industriesektoren sind und dadurch über überdurchschnittliche Erfolgspotentiale verfügen.
Anlageziel: Übertreffen der Benchmarkrendite MSCI World
Benchmark: MSCI World
Zugelassen in: D, CH, A, LUX, I, NL, BEL
10 größte Positionen:
Pfizer US 5,1 %
Citigroup US 4,0 %
BP UK 3,2 %
Johnson & Johnson US 3,0 %
HSBC UK 2,7 %
Intel US 2,6 %
Novartis CH 2,3 %
Vodafone UK 2,2 %
GlaxoSmithKline UK 2,2 %
Bank of America US 2,2 %
Währungsstruktur: USD 37,5 %, GBP 24,0 %, EUR 22,6 %, CHF 6,7 %, JPY 5,3 %
Branchenstruktur: Finanz 25,3 %, Gesundheit 19,2 %, Technologie 10,5 %, Gebrauchsgüter 10,5 %, Energie 8,0 %
Kosten:
Ausgabeaufschlag: max. 5 %
Management-Fee: 1 %
Performance-Fee: –
Performance- und Risikomessung:
Fondsstart: 10/99
Annualisierte Performance: –12,0 %
Annualisierte Volatilität: 20,7 %

Sarasin ValueSar Equity

Wertpapierkennnummer: 921125
Volumen: 80,4 Mio. Euro
Research: Eigenes: Das Research wird durch ein neunköpfiges interdisziplinäres Team der Bank Sarasin unter Nutzung vielfältiger Datenquellen erstellt
Fremdes: –
Ausschüttungspolitik: ausschüttend
Auswahlkriterien und Politik:

Das Anlageziel des Sarasin ValueSar Equity ist ein langfristiger Vermögenszuwachs durch weltweite, diversifizierte Anlage in Aktien mit einem Fokus auf Europa. Der Fonds ist geeignet für Anleger mit einem Anlagehorizont von mindestens sieben Jahren. Sarasin ValueSar Equity legt in Aktien von Unternehmen an, die einen Beitrag zu einer nachhaltigen Wirtschaftsweise leisten. Rund ein Viertel bis ein Drittel wird in kleine und mittelgroße Unternehmen (Pionierunternehmen) investiert.

Dabei wird bei den Unternehmen in die jeweiligen Branchenführer investiert, welche umweltgerechtes und sozialverträgliches Management als strategische Chance nutzen und damit auch wirtschaftlichen Erfolg haben. Analysekonzepte sind für die ökologische Perspektive das Lebenszykluskonzept und Ökoeffizienz sowie für die soziale Perspektive das Anspruchsgruppenkonzept. Das Gesamtrating eines Unternehmens (und damit die Einordnung in die Sarasin Sustainability Matrix®) setzt sich aus dieser Unternehmensbewertung und einer davon unabhängig vorgenommenen Bewertung der Branche zusammen.

Es existieren folgende Auswahlkriterien für Unternehmen:

Positivkriterien für den Umweltbereich: Überdurchschnittliches Abschneiden in der gewichteten Bewertung von: Umweltstrategie, Umweltmanagementsystem, Produktionsvorleistungen, Produktion/Leistungserstellung sowie Produkte und Dienstleistungen. Kriterien bei der Öko-Effizienzbetrachtung des Produktlebenszyklus entsprechen denjenigen des WBCSD: Energie- und Materialintensität, Toxizität, Revalorisierung, Einsatz erneuerbarer Ressourcen, Dauerhaftigkeit, Dienstleistungsanteil.

Positivkriterien für den sozialen Bereich: Überdurchschnittliches Abschneiden in der gewichteten Bewertung von: Sozialstrategie, Sozialmanagementsystem, sowie im Umgang mit den Anspruchsgruppen: Lieferanten, Kapitalgeber, Staat/Öffentlichkeit, Mitarbeiter, Kunden sowie Konkurrenten

Die Auswahlkriterien für Branchen sind:

Komplementär zur Unternehmensanalyse wird auch das mit den einzelnen Branchen verbundene Risiko für eine nachhaltige Entwicklung bewertet. Grundlage dafür ist der ökologische und soziale Einfluss entlang des Lebenszyklus der Produkte und Dienstleistungen. Die Bewertungskriterien sind: Ressourcenverbrauch, Emissionen, Zentralisierungsgrad, Belastung der sozialen Stabilität sowie Beeinträchtigung individueller Werte und Rechte.

Ausschlusskriterien sind die Herstellung von herkömmlichen Automobilen, Kernenergie, Chlor- und Agrochemikalien, Tabakwaren, Pornographie, und Rüstungsgütern sowie Airlines, Glücksspiel und in der Landwirtschaft eingesetzte Gentechnik. Legalität wird selbstverständlich für alle Aktivitäten vorausgesetzt.

Weiterhin wurde ein fünfköpfiger kompetenter, interdisziplinärer und unabhängiger Beirat berufen. Unter Berücksichtigung der Anlegerbedürfnisse berät dieser das Fondsmanagement hinsichtlich ökologischer und sozialer Anlagekriterien.

Benchmark: 50 % MSCI World ex. Europe, 50 % MSCI Europe
Zugelassen in: D, CH, A, I, LUX, LIE, UK, F
10 größte Positionen:
Bank of America US 3,0 %
Schlumberger US 2,5 %
BG Group UK 2,5 %
Johnson & Johnson US 2,5 %
3M US 2,5 %
Credit Suisse CH 2,4 %
IBM US 2,4 %
Intel US 2,0 %
Tesco UK 2,0 %
SAP D 2,0 %
Währungsstruktur: USD 38,6 %, EUR 18,5 %, GBP 15,8 %, CHF 9,2 %, JPY 5,8 %
Branchenstruktur: Finanz 27,1 %, Health Care 13,7 %, Zyklische Konsumgüter 11,7 %, Informationstechnologie 11,3 %, Nicht-zyklische Konsumgüter 7,9 %
Kosten:
Ausgabeaufschlag: max. 5 %
Management-Fee: 1.75 %
Performance-Fee: keine
Performance- und Risikomessung:
Fondsstart: 06/99
Annualisierte Performance: –7,4 %
Annualisierte Volatilität: 19,0 %

SEB Invest ÖkoLux

Wertpapierkennnummer: 971898
Volumen: 31,3 Mio. Euro
Research: Eigenes: –
Fremdes: oekom research
Ausschüttungspolitik: thesaurierend
Auswahlkriterien und Politik:
Beim Portfolio des SEB Invest ÖkoLux erfolgt eine Fokussierung auf die Nachhaltigkeits-Leader unter den Large Caps unter Beibehaltung eines gezielten Stock-Pickings bei Mid- und Small-Caps in Branchen mit engem Nachhaltigkeitsbezug, wie z. B. alternative Energien. Unverändert von dieser Entscheidung werden bei der Titelauswahl die auf dem Frankfurt-Hohenheimer-Leitfaden basierenden bisherigen strengen Auswahlkriterien zugrunde gelegt.
Positivkriterien sind umweltfreundliche Verfahren, Dienstleistungen und Produkte sowie vorbildliche Leistungen im Hinblick auf Umwelt- und Sozialverträglichkeit
Anlageziel: Erzielung eines langfristig hohen Wertzuwachses unter Inkaufnahme höherer Wertschwankungen bei Berücksichtigung ethisch-ökologischer Kriterien
Benchmark: S&P Aktienfonds Branche Ökologie
Zugelassen in: D, LUX
10 größte Positionen:
New Energies CH 3,9 %
Deutsche Telekom D 3,0 %
Nokia FIN 2,6 %
Deutsche Bank D 2,5 %
Novartis CH 2,0 %
IBM US 2,0 %
Allianz D 1,9 %
Tomra Systems NOR 1,6 %
Procter & Gamble US 1,6 %
Royal Bank of Scotland UK 1,5 %
Währungsstruktur: USD 34,5 %, EUR 30,8 %, CHF 10,3 %, GBP 3,9 %, DKK 3,3 %
Branchenstruktur: Handel/ Konsum 11,8 %, Finanz 10,5 %, Nahrungsmittel/ Pharma 9,7 %, Telekom 9,0 %, Gesundheitswesen 7,7 %
Kosten:
Ausgabeaufschlag: 4,5 %
Management-Fee: 1,5 %
Performance-Fee: –
Performance- und Risikomessung:
Fondsstart: 02/92
Annualisierte Performance: 3,7 %
Annualisierte Volatilität: 24,1 % (-3Y))

Swiss Life Funds (LUX) Equity Sustainability

Wertpapierkennnummer: 806617
Volumen: 15,0 Mio. Euro
Research: Eigenes: „klassisches“ Financial Research durch Swiss Life Asset Management
Fremdes: SAM
Ausschüttungspolitik: thesaurierend
Auswahlkriterien und Politik:
Der Fonds investiert in ein weltweit diversifiziertes Aktienportfolio von Unternehmen, die unter Nachhaltigkeitsaspekten als führend gelten. Bei den so genannten Sustainability Leaders handelt es sich um Unternehmen mit einer hohen Marktkapitalisierung, die nicht nur in finanzieller Hinsicht ausgezeichnete Ergebnisse erwirtschaften, sondern Mehrwert in ökologischer und sozialer Hinsicht schaffen. Der Fonds investiert nach dem „Best-of-Class“-Ansatz, ohne Ausschlusskriterien.
Anlageziel: Ziel des Fonds ist es, langfristiges Kapitalwachstum zu erwirtschaften
Benchmark: DJSI (in EUR)
Zugelassen in: CH, D, F
10 größte Positionen:
BP UK 4,0 %
Pfizer US 4,0 %
Intel US 3,5 %
Johnson & Johnson US 3,3 %
Bank of America US 3,2 %
Citigroup US 3,1 %
GlaxoSmithkline UK 3,1 %
Royal Dutch NL 2,8 %
Royal Bank of Scotland UK 2,5 %
HSBC UK 2,5 %
Währungsstruktur: USD 37 %, EUR 26 %, GBP 23 %, CHF 7 %, JPY 6 %
Branchenstruktur: Gesundheit 21 %, Finanz 20 %, Technologie 12 %, Energie 9 %, Nicht-zyklische Konsumgüter 8 %
Kosten:
Ausgabeaufschlag: max. 5 %
Management-Fee: 1,5 %
Performance-Fee: –
Performance- und Risikomessung:
Fondsstart: 11/01
Annualisierte Performance: –17,4 % (-1Y)
Annualisierte Volatilität: 20,2 %

Swissca Green Investment

Wertpapierkennnummer: 921135
Volumen: 102,7 Mio. Euro
Research: Eigenes: Swissca Portfolio Management AG
Fremdes: Zürcher Kantonalbank Umweltresearch
Ausschüttungspolitik: ausschüttend
Auswahlkriterien und Politik: Der Swissca Green Invest ist ein weltweit investierender Aktienfonds, der sich umfassend an Nachhaltigkeitskriterien ausrichtet. Für die Titelauswahl kommt ein mehrstufiges Prüfverfahren zur Anwendung, mittels welchem, gemäß dem so genannten Branchenleader-Ansatz, diejenigen Unternehmen einer Branche bestimmt werden, welche ihre Verantwortung in den Bereichen Umweltschutz und Soziales am besten wahrnehmen und diesbezüglich einen überdurchschnittlichen Leistungsausweis vorlegen können. Flankierend wurde ein Set von strengen Ausschlusskriterien formuliert. Ebenfalls Teil des Portfolios sind so genannte Nachhaltigkeits-Innovatoren. Diese kleineren und mittleren Unternehmen bieten innovative Produkte und Dienstleistungen an, die zur Lösung von Umwelt oder Sozialproblemen einen substanziellen Beitrag leisten.
Erst im Anschluss an die Nachhaltigkeitsanalyse führt das Portfoliomanagement eine finanzanalytische Prüfung durch und wählt die zurzeit attraktivsten Nachhaltigkeits-Leader aus. Die Ausschlusskriterien wurden in enger Zusammenarbeit mit dem WWF und dem Beirat entwickelt. Ausgeschlossen sind Unternehmen, die maßgeblich zum Klimawandel beitragen, die wesentlich zum Abbau der Ozonschicht beitragen, die direkt zum Rückgang der Artenvielfalt beitragen, die im Kernenergiebereich aktiv sind, die Gentechnik einsetzen und solche, die in weiteren kritischen Bereichen (wie Hersteller von PVC und Vinylchlorid, von Waffen, und Produzenten von Tabak und Raucherwaren) aktiv sind.
Anlageziel: Der Fonds ist nach Sektoren und Ländern diversifiziert und weist ein optimiertes Risiko-/Ertrags-Profil auf, als Anlageziel wird eine Performance angestrebt, welche sich an der Benchmark MSCI World orientiert
Benchmark: MSCI World
Zugelassen in: CH, LIE, D, A, LUX
10 größte Positionen:
Bank of America US 6,1 %
3M US 5,1 %
Gillette US 4,2 %
Johnson & Johnson US 4,1 %
IBM US 4,0 %
Verbund A 2,6 %
GlaxoSmithKline UK 2,3 %
Bristol Myers US 2,2 %
Unilever NL 2,2 %
Canon J 2,1 %
Währungsstruktur: USD 37,6 %, EUR 20,5 %, JPY 12,4 %, CHF 8,5 %, GBP 8,4 %
Branchenstruktur: Gesundheit 16,0 %, Banken 8,2 %, Dienstleistungen 7,1 %, Telekom 6,9 %, Elektronik 6,6 %
Kosten:
Ausgabeaufschlag: max. 5 %
Management-Fee: 2 %
Performance-Fee: –
Performance- und Risikomessung:
Fondsstart: 07/98
Annualisierte Performance: –6,9 %
Annualisierte Volatilität: 21,2 %

Swissca Portfolio Fund Green Invest Equity

Wertpapierkennnummer: 811428
Volumen: 4,6 Mio. Euro
Research:
Eigenes: Swissca Portfolio Management
Fremdes: Zürcher Kantonalbank Umweltresearch
Ausschüttungspolitik: thesaurierend (Tranche B), ausschüttende Tranche A seit 23.5.03
Auswahlkriterien und Politik:
Der Swissca Portfolio Fund Green Invest Equity ist ein weltweit investierender Aktienfonds, der sich umfassend an Nachhaltigkeitskriterien ausrichtet. Für die Titelauswahl kommt ein mehrstufiges Prüfverfahren zur Anwendung, mittels welchem, gemäß dem so genannten Branchenleader-Ansatz, diejenigen Unternehmen einer Branche bestimmt werden, welche ihre Verantwortung in den Bereichen Umweltschutz und Soziales am besten wahrnehmen und diesbezüglich einen überdurchschnittlichen Leistungsausweis vorlegen können. Flankierend wurde ein Set von strengen Ausschlusskriterien formuliert. Ebenfalls Teil des Portfolios sind so genannte Nachhaltigkeits-Innovatoren. Diese kleineren und mittleren Unternehmen bieten innovative Produkte und Dienstleistungen an, die zur Lösung von Umwelt- oder Sozialproblemen einen substanziellen Beitrag leisten. Erst im Anschluss an die Nachhaltigkeitsanalyse führt das Portfoliomanagement eine finanzanalytische Prüfung durch und wählt die zurzeit attraktivsten Nachhaltigkeits-Leader aus. Die Ausschlusskriterien wurden in enger Zusammenarbeit mit dem WWF und dem Beirat entwickelt. Ausgeschlossen sind Unternehmen, die maßgeblich zum Klimawandel beitragen, die wesentlich zum Abbau der Ozonschicht beitragen, die direkt zum Rückgang der Artenvielfalt beitragen, die im Kernenergiebereich aktiv sind, die Gentechnik einsetzen und solche, die in weiteren kritischen Bereichen (wie Hersteller von PVC und Vinylchlorid, von Waffen, und Produzenten von Tabak und Raucherwaren) aktiv sind.
Anlageziel: Der Fonds investiert weltweit in Aktien von Unternehmen, welche den Grundsätzen der ökologischen und sozialen Nachhaltigkeit Folge leisten. Der Aktienanteil des Portfolios beträgt mindestens 90 %, dem Fonds liegt die Swissca-Anlagepolitik zugrunde und hat als Anlageziel die Erwirtschaftung eines realen Vermögenszuwachses
Benchmark: MSCI World
Zugelassen in: CH, LIE, D, A, LUX, I
10 größte Positionen:
Bank of America US 5,8 %
3M US 4,4 %
IBM US 4,2 %
Johnson & Johnson US 3,6 %
Gillette US 3,2 %
Verbund A 2,6 %
Bristol Myers US 2,4 %
SKF AB SWE 2,3 %
GlaxoSmithKline UK 2,2 %
Henkel D 2,1 %
Währungsstruktur: USD 41,3 %, EUR 20,0 %, JPY 12,1 %, CHF 8,2 %, GBP 7,7 %
Branchenstruktur: Gesundheit 13,5 %, Banken 7,9 %, Dienstleistungen 7,8 %, Telekom 6,9 %, Langlebige Konsumgüter 6,1 %
Kosten:
Ausgabeaufschlag: max. 5 %
Management-Fee: 2 %
Performance-Fee: –
Performance- und Risikomessung:
Fondsstart: 11/01
Annualisierte Performance: –26,8 %
Annualisierte Volatilität: 20,1 %

T. Rowe Price Funds-Global Clean Future Equity A

Wertpapierkennnummer: 767374
Volumen: 11,4 Mio. Euro
Research: Eigenes: über 90 % des Fundamentalresearch
Fremdes: Zukauf von makroökonomischem Research
Ausschüttungspolitik: thesaurierend
Auswahlkriterien und Politik:
Das Management ist überzeugt, dass umweltverträgliche Geschäftspraktiken unter Umständen auf eine erstklassige Geschäftsleitung hindeuten. Dies wiederum ist einer der wichtigsten Impulse für kräftige Renditen. Daher werden Large-Cap-Werte mit überdurchschnittlichen Wachstumsmerkmalen und angemessenen Bewertungen ausgewählt, die sich im Vergleich zu ihren Wettbewerbern überdurchschnittlich stark für den Umweltschutz engagieren. Der Fonds umfasst ferner Small- und Mid-Cap-Unternehmen, die neue Technologien und Dienstleistungen im Umweltschutz entwickeln. Mit diesem Ansatz fließen umweltbewusste Aufnahmekriterien in den Anlageprozess ein, ohne das primäre Ziel optimaler Renditen und kontrollierter Risiken zu gefährden. Der Investmentprozess erfolgt einerseits über Auswahl globaler „Blue-Chip"-Unternehmen mit führender Marktstellung und nachhaltiger Gewinndynamik und gleichzeitige Überprüfung auf ihre Umweltschutzbewertung (wie von Innovest Strategic Value Advisors angegeben). Andererseits erfolgt eine Lokalisierung globaler Small- und Mid-Cap-Unternehmen, die sich für den Umweltschutz engagieren und über bewährte Geschäftsmodelle, solide fundamentale Finanzdaten und ein gutes Wachstumspotenzial verfügen. Überprüfte Anlagekandidaten werden bei vergleichsweise attraktiven Bewertungen gekauft.
Anlageziel: Ziel des Fonds ist es, durch die vorrangige Anlage in ein breit gestreutes, globales Portfolio aus Aktien und aktienbasierten Wertpapieren einen langfristigen Wertzuwachs zu erzielen, obwohl der Global Clean Future Equity Fonds nicht mit dem Ziel verwaltet wird einen bestimmten Excess Return zu erzielen, wird erwartet, dass die Performance sich um ca. 200–300 Basispunkte über der Benchmark bewegt
Benchmark: MSCI World
Zugelassen in: DAN, D, LUX, NOR, SWE, UK
10 größte Positionen:
Citigroup US 2,9 %
Royal Bank of Scotland UK 2,4 %
Pfizer US 2,4 %
United Health Group US 2,3 %
Total Fina F 2,2 %
GlaxoSmithKline UK 2,1 %
Microsoft US 2,0 %
Vodafone UK 1,8 %
Reed Elsevier UK 1,8 %
Graninge SWE 1,7 %
Währungsstruktur: USD 55,4 %, GBP 14,1 %, EUR 13,8 %, JPY 6,6 %, SEK 3,1 %
Branchenstruktur: Zyklische Konsumgüter 18,7 %, Finanz 16,0 %, Gesundheit 13,3 %, Dienstleistungen 12,3 %, Informationstechnologie 12,3 %
Kosten:
Ausgabeaufschlag: 5 %
Management-Fee: bis 1,4 %
Performance-Fee: –
Performance- und Risikomessung:
Fondsstart: 06/01
Annualisierte Performance: –8,4 %
Annualisierte Volatilität: 18,6 %

UBS (Lux) Equity Fund – Eco Performance

Wertpapierkennnummer: 577333 (EUR), 987076 (CHF)
Volumen: Eco Performance (CHF) 195,8 Mio. Euro, Eco Performance (EUR) 1 Mio. Euro
Research: Eigenes: 90 %
Fremdes: –
Ausschüttungspolitik: thesaurierend
Auswahlkriterien und Politik:

Anlagestrategie ist die weltweite Investition in Leader und Innovatoren, die überdurchschnittliche ökologische, soziale und ökonomische Leistungen erbringen und ein interessantes Wachstumspotenzial aufweisen.

Investiert wird in Unternehmen mit einer hohen „Eco-Performance" und „Social Responsibility". Die Anlagestrategie berücksichtigt sowohl Leader als auch Innovatoren. Das Prüfverfahren gliedert sich in fünf Schritte: 1. Vorprüfung 2. Ökologisches Ranking 3. Soziale Analyse 4. Plausibilitätsprüfung 5. Entscheidung

Positivkriterien umfassen etwa die Umweltpolitik und -strategie, das Umweltmanagement, Controlling, interne Maßnahmen inkl. Ausbildung und Risk Management, umweltbedingte Kosten und Einsparungen, Umweltkommunikation, die Information externer Anspruchsgruppen, Ökobilanzen; quantitative Umweltdaten (Input- und Output), Produktstrategien, Einkaufsrichtlinien, Produktbewertung, Lebenszyklusbetrachtung, Kundenservice, Recyclingsysteme und Sozialpolitik. Produkte sollen einen konstruktiven Nutzen bringen, Risiken sollen versicherbar sein und Umwelt- und andere Gesetze eingehalten werden.

Ausschlusskriterien betreffen die Bereiche Alkohol, Atomkraftwerke, Gentechnik in der Landwirtschaft, Glücksspiel, Kernenergie, Nukleartechnologie, Pornographie, Prostitution, Rüstung/Waffen, Tabak und Waldwirtschaft ohne Ziel der FSC-Zertifizierung

Anlageziel: Performance in line mit der Benchmark
Benchmark: MSCI World
Zugelassen in: CH, LUX, D, UK, A, HK, Taiwan, ESP, I, F, SWE, POR, NL, LIE, NOR, MAL, FIN, KOR
10 größte Positionen:
Bank of America US 3,0 %
Johnson & Johnson US 2,7 %
Citigroup US 2,6 %
Intel US 2,5 %
3M US 2,5 %
IBM US 2,4 %
Hewlett Packard US 2,2 %
Ecolab US 2,2 %
Bristol Myers US 2,2 %
Federal National Mortgage 2,1 %
Währungsstruktur: USD 53,3 %, GBP 13,6 %, EUR 12,9 %, JPY 7,1 %, CHF 6,0 %
Branchenstruktur: Finanz 19,6 %, Informationstechnologie 18,2 %, Gesundheit 12,9 %, Industrie 12,0 %, Zyklische Konsumgüter 10,9 %
Kosten:
Ausgabeaufschlag: teilweise, All-in-Fee: 2,04 %
Management-Fee: –
Performance-Fee: –
Performance- und Risikomessung:
Fondsstart: 06/97
Annualisierte Performance: –14,3 %
Annualisierte Volatilität: 27,5 %

2. Themenfonds

ADIG Fund New Power P

Wertpapierkennnummer: 591978
Volumen: 15,3 Mio. Euro
Research: Eigenes: n. a.
Fremdes: n. a.
Ausschüttungspolitik: thesaurierend
Auswahlkriterien und Politik:

Schwerpunktmäßige Investition in Unternehmen, die sich zukunftsgerichtet mit der Ressource Energie auseinandersetzen, wobei die gesamte Wertschöpfungskette abgedeckt wird. Fokus auf Firmen im wachstumsstarken, aussichtsreichen Bereich der erneuerbaren Energien.

Positivkriterien sind eine überzeugende Geschäftsstrategie, eine dominante Marktstellung und ein innovatives Produkt. Ausschlusskriterien existieren keine.

Anlageziel: Erzielung eines möglichst hohen Wertezuwachses.
Benchmark: MSCI World TR
Zugelassen in: A, D, LUX
10 größte Positionen:
Gamesa ESP 5,7 %
United Technologies US 4,3 %
Matthey Johnson UK 3,9 %
Iberdrola ESP 3,6 %
Caterpillar US 3,4 %
Intermagnetics General US 3,4 %
Entergy US 3,3 %
Total Fina F 3,3 %
General Electric US 3,2 %
e.on D 3,1 %
Währungsstruktur: USD 66,4 %, EUR 19,5 %, GBP 8,5 %, CAD 2,4 %, KRW 1,7 %
Branchenstruktur: Öl & Gas 29,5 %, Energie 18,4 %, Elektro 11,6 %, Metallverarbeitung 5,3 %, Maschinenbau 4,2 %
Kosten:
Ausgabeaufschlag: 4 %
Management-Fee: 1,5 %
Performance-Fee: –
Performance- und Risikomessung:
Fondsstart: 01/01
Annualisierte Performance: n. a.
Annualisierte Volatilität: n. a.

BB NewEnergy-Invest

Wertpapierkennnummer: 531991
Volumen: 0,5 Mio. Euro
Research: Eigenes: ja
Fremdes: –
Ausschüttungspolitik: ausschüttend
Auswahlkriterien und Politik:

Der Fonds investiert weltweit in Unternehmen, die aufgrund des Geschäftsmodells und der Marktstellung von der Liberalisierung der Energiemärkte und vom zunehmenden Umweltbewusstsein profitieren und in den Bereichen Entwicklung, Gewinnung und Verteilung neuer Energieformen tätig sind. Die grundsätzliche Werteauswahl erfolgt vor dem Hintergrund der Anlagestrategie, der Positiv- sowie der Ausschlusskriterien. Darauf aufbauend erfolgt ein Screeningprozess nach verschiedenen Bewertungskriterien in Zusammenarbeit mit den Brokern.

Positivkriterien sind überzeugende Unternehmensstrategien und Businesspläne, technologischer Vorsprung vor der Konkurrenz, Qualifikation des Managements, ausreichender Raum für Wachstum gemäß Bilanzrelationen, moderne Unternehmenskommunikation und Investor Relations sowie mindestens 30 % frei handelbare Aktien.

Negativkriterien sind Kapitalbeteiligungen an Unternehmen mit Negativkriterien, Menschenhandel und Menschenrechte-Missachtung.

Anlageziel: Langfristiger, überdurchschnittlicher Kapitalzuwachs
Benchmark: MSCI World
Zugelassen in: D
10 größte Positionen: (per 12/02):
Kyocera J 5,8 %
Gamesa ESP 5,3 %
Ingersoll-Rand US 5,3 %
Mitsubishi Heavy Industries J 4,9 %
Ballard Power CAN 4,9 %
Metso FIN 4,7 %
AstroPower US 4,4 %
Hydrogenics CAN 4,3 %
Intermagnetics US 4,2 %
Johnson Matthey UK 4,2 %
Währungsstruktur: n. a.
Branchenstruktur: (per 12/02) Brennstoffzellen 42,2 %, Wind 18,0 %, Dienstleistungen 17,2 %, Solar 9,2 %, Mikroturbinen 9,2 %
Kosten:
Ausgabeaufschlag: 5 %
Management-Fee: 1,2 %
Performance-Fee: –
Performance- und Risikomessung:
Fondsstart: 10/01
Annualisierte Performance: n. a.
Annualisierte Volatilität: n. a.

DWS Value Basket 25+

Wertpapierkennnummer: 565128
Volumen: 4,0 Mio. Euro
Research: Eigenes: ja
Fremdes: n. a.
Ausschüttungspolitik: thesaurierend
Auswahlkriterien und Politik:
Globale Anlage in Aktien von 25 Top-Unternehmen, die sich im Bereich „Neue Energien" (z. B. Brennstoffzellen, Solar- und Windenergie) engagieren.
Anlageziel: Erwirtschaftung eines möglichst hohen Wertzuwachses.
Benchmark: n. a.
Zugelassen in: D, LUX
10 größte Positionen:
Fuelcell Energy US 7,2 %
Capstone Turbine US 6,7 %
Ballard Power CAN 5,4 %
American Superconductor US 5,0 %
Avista US 4,9 %
Symyx Technologies US 4,8 %
Idacorp US 4,5 %
Gamesa Corporation ESP 4,4 %
Active Power US 4,4 %
Global Thermoelectric CAN 4,4 %
Währungsstruktur: USD 51,8 %, CAD 13,9 %, EUR 8,7 %, GBP 8,0 %, DKK 4,5 %
Branchenstruktur: Industrie 55,1 %, Versorger 19,0 %, Grundstoffe 12,7 %, Energie 1,4 %, Andere 3,7 %
Kosten:
Ausgabeaufschlag: 3 %
Management-Fee: 1,45 %
Performance-Fee: ja
Performance- und Risikomessung:
Fondsstart: 11/00
Annualisierte Performance: –26,2 % (-1Y)
Annualisierte Volatilität: n. a.

ESPA Stock Umwelt

Wertpapierkennnummer: 070566 (ausschüttend), 070567 (thesaurierend)
Volumen: 2,4 Mio. Euro
Research: Eigenes: Bloomberg/ Humanix-Indices
Fremdes: ÖKO-INVEST (Titel & Marktüberblick)
Ausschüttungspolitik: thesaurierend oder ausschüttend
Auswahlkriterien und Politik:

Auf Basis einer globalen Investmentstrategie erfolgt die Abbildung eines Universums von Unternehmen aus Europa, USA und dem pazifischen Raum, die in den Umweltbranchen tätig sind.

Negativkriterien sind Alkohol, Tabak, Waffen, Menschenrechte (Kinderarbeit) und Umweltverschmutzung.

Als Positivkriterium ist eine positive Unternehmensführung zu vermerken.

Anlageziel: Beihilfe zur und Unterstützung der Entwicklung von umweltfreundlichen Technologien
Benchmark: keine Benchmark – Ziel ist es, sich mit der Peergroup zu messen.
Zugelassen in: A, D
10 größte Positionen:
Areva F 6,8 %
Waste Management US 6,0 %
Allied Waste Industries US 5,0 %
Shimano J 4,6 %
Republic Services US 4,6 %
Ballard Power CAN 4,3 %
Stericycle US 4,1 %
Herman Miller US 4,1 %
Severn Trent UK 4,0 %
Kurita Water J 4,0 %
Währungsstruktur: USD 50,9 %, EUR 14,8 %, JPY 11,4 %, GBP 11,0 %, NOK 3,2 %
Branchenstruktur: Müllmanagement 30 %, Müllentsorgung 12 %, Recycling 11 %, Wasseraufbereitungssysteme 10 %, Alternative Energie 8 %, Wasserentsorgung 7 %
Kosten:
Ausgabeaufschlag: bis 4 %
Management-Fee: 1,8 %
Performance-Fee: –
Performance- und Risikomessung:
Fondsstart: 07/01
Annualisierte Performance: –25,0 %
Annualisierte Volatilität: 17,4 %

INVESCO Umwelttechnologie Fonds

Wertpapierkennnummer: 847047
Volumen: 33,5 Mio. Euro
Research: Eigenes: ja
Fremdes: ja
Ausschüttungspolitik: thesaurierend
Auswahlkriterien und Politik:
Der Fonds muss mit 51 % des Anlagevermögens in börsennotierten Umweltwerten investiert sein, die mehr als 50 % des Umsatzes oder Ertrages mit Leistungen im Umweltbereich erzielen. Die Umsätze oder Erträge müssen dann aus Bereichen, wie z. B. alternative Energieversorgung (Solarenergie, Windenergie, Biomasse, Wasserkraft, Brennstoffzellentechnologie usw.), Energieeinsparung, Wasseraufbereitung und Wasserversorgung, Abfallbeseitigung, Recycling, ökologische Lebensmittel und Kosmetika, Umweltberatung usw. kommen. Wichtigstes Kriterium ist also, dass das Unternehmen Produkte oder Dienstleistungen anbietet, die wesentliche Beiträge zum Umweltschutz leisten. In Unternehmen ohne Umwelttechnologieanteil in Umsatz oder Ertrag darf nicht investiert werden. Unternehmen mit signifikanten bedenklichen Aktivitäten (Rüstung, Nukleartechnik) werden nicht gekauft. Es werden auch Engagements in Unternehmen vermieden, die z. B. in den Bereichen Suchtmittel (Tabak, Alkohol oder Glücksspiel) tätig sind.
Anlageziel: Anlageziel des Fonds ist langfristiger Kapitalzuwachs durch Wertpapieranlage in Unternehmen, die im Rahmen ihrer Geschäftstätigkeit Beiträge zum Umweltschutz leisten. Der Fonds ist international diversifiziert und die Beimischung von Blue Chips vermindert große Einzelrisiken.
Benchmark: keine
Zugelassen in: D, A
10 größte Positionen:
MVV Energie D 4,1 %
IBM US 3,4 %
Canon J 3,3 %
Mayr Melnhof A 3,1 %
Gamesa ESP 3,0 %
Waste Connections US 3,0 %
Wedeco D 2,8 %
Johnson & Johnson US 2,8 %
Waste Management US 2,6 %
Tomra Systems DK 2,5 %
Währungsstruktur: EUR 34,6 %, USD 31,0 %, GBP 10,1 %, DKK 6,4 %, JPY 4,5 %
Branchenstruktur: Energieversorgung 18,7 %, Wasserversorgung und Wasseraufbereitung 14,7 %, Abfallbeseitigung / Recycling 13,6 %, Biotechnologie/ Gesundheit 10,1 %, Technologie 9,5 %
Kosten:
Ausgabeaufschlag: 4,5 %
Management-Fee: 1,5 %
Performance-Fee: –
Performance- und Risikomessung:
Fondsstart: 10/90
Annualisierte Performance: –0,8 %
Annualisierte Volatilität: 23,7 % (-3Y)

Meridio Green Balance

Wertpapierkennnummer: 564968
Volumen: 5,0 Mio. Euro
Research: Eigenes: –
Fremdes: unabhängige Forschungsstelle
Ausschüttungspolitik: thesaurierend
Auswahlkriterien und Politik:

Der Fonds investiert weltweit in Unternehmen in den Bereichen Umwelttechnologie und regenerative Energien.

Positivkriterien sind verantwortungsvoller Umgang mit Ressourcen, innovative, ökologische Unternehmensstrategien, Ausbau sinnvoller Verkehrsysteme, Minimierung produktionsbedingter Umweltbelastung, fairer Handel mit der 3. Welt, naturgemäße Herstellung von Nahrungsmitteln und Kleidung, vorbildliche Sozialleistungen sowie humane Arbeitsbedingungen, aktive Förderung diskriminierter Gruppen sowie vorbildliche medizinische Produkte und Dienstleistungen.

Ausschlusskriterien sind Diskriminierung von Frauen, Diskriminierung von Minderheiten, Geschäftsbeziehungen zu Ländern, in denen gegen die Menschenrechte verstoßen wird, Produktion in Ländern der 3. Welt unter unzumutbaren sozialen oder ökologischen Verhältnissen, Rüstung/Waffen, Tierversuche (vermeidbare), umweltschädliche Aktivitäten/Produkte sowie unzureichende soziale Absicherung der Mitarbeiter.

Anlageziel: Langfristige Wertsteigerung
Benchmark: MSCI World
Zugelassen in: D, LUX
10 größte Positionen: (per 03/03)
Nature's Sunshine Products US 6,6 %
Fannie Mae US 6,2 %
Medtronic US 5,9 %
Canadian National Railway CAN 5,5 %
Stride Rite US 5,2 %
GE Jenbacher A 4,9 %
Xerox US 4,8 %
Equitable US 4,8 %
Deluxe US 4,4 %
Herman Miller US 3,9 %
Währungsstruktur: n. a.
Branchenstruktur: (per 03/03) Versorger 12,9 %, Elektronik 12,6 %, Pharma 11,3 %, Maschinen 9,6 %, Transport/ Verkehr 5,5 %
Kosten:
Ausgabeaufschlag: 4 %
Management-Fee: 1,2 %
Performance-Fee: –
Performance- und Risikomessung:
Fondsstart: 12/00
Annualisierte Performance: n. a.
Annualisierte Volatilität: n. a.

MLIIF New Energy Fund – A

Wertpapierkennnummer: 630940
Volumen: 4,5 Mio. Euro
Research: Eigenes: ja
Fremdes: –
Ausschüttungspolitik: thesaurierend
Auswahlkriterien und Politik:
Der Fonds investiert vorrangig in börsennotierte Aktien von Unternehmen, die über ein bedeutendes Engagement in den Branchen alternative Energien und Energietechnologie verfügen. Ein besonderer Schwerpunkt kann auf erneuerbaren Energien, der Energieerzeugung (zu Fortbewegungszwecken und zur standortbezogenen Nutzung), Energiespeicherung und alternativen Energietechnologien liegen. Das Währungsrisiko wird in der Regel nicht abgesichert.
Anlageziel: Der Fonds zielt auf größtmöglichen Kapitalzuwachs in US-Dollar bei gleichzeitiger Begrenzung des Risikos ab.
Benchmark: MSCI World
Zugelassen in: A, BAH, BEL, FIN, F, D, GIB, HK, IRE, I, J, KOR,LUX, NL, NOR, POR, ESP, SWE, CH und UK, weiters Guernsey, Jersey und Isle of Man
10 größte Positionen:
American Superconductor US 8,2 %
Intermagnetics US 7,4 %
Ballard Power CAN 6,8 %
Gamesa I 5,9 %
Fuelcell Energy US 5,8 %
Hydrogenics CAN 5,5 %
Active Power US 4,3 %
Energy Conversion Devices US 4,0 %
Vestas Wind Systems DK 3,7 %
Westport Innovations CAN 3,1 %
Währungsstruktur: n. a.
Branchenstruktur: Energieerzeugung zur Fortbewegung und Vor-Ort-Nutzung 32 %, Erneuerbare Energien 24 %, Hilfstechnologien im Energiebereich 24 %, Energiespeicherung16 %
Kosten:
Ausgabeaufschlag: 5,0 %
Management-Fee: 1,75 %
Performance-Fee: –
Performance- und Risikomessung:
Fondsstart: 04/01
Annualisierte Performance: –36,5 % (seit Start)
Annualisierte Volatilität: 43,8 %

Pictet Funds Water

Wertpapierkennnummer: 933349
Volumen: 231,1 Mio. Euro
Research: Siehe Pictet Sustainable Equities Europe
Ausschüttungspolitik: thesaurierend
Auswahlkriterien und Politik:

Basis der Fondsstruktur ist die mit dem Consultant Centre Info seit 1999 entwickelte „Pictet Sustainable Value Chain". Im Anlageprozess werden Unternehmen zunächst aus Gründen der Nachhaltigkeit und später aus finanziell-ökonomischen Gründen ausgesiebt.

Für einen gegebenen Tracking Error (3 %) wird die Nachhaltigkeit des Portfolios konsequent maximiert. Der Investitionsprozess ist ein strikt risikokontrolliertes, quantitatives Anlageverfahren. Die Nachhaltigkeit des Portfolios wird für ein vorgegebenes Risiko zur Benchmark mittels API-Modell optimiert.

Anlageziel: Investition in Unternehmen im Sektor Wasser
Benchmark: MSCI Europe
Zugelassen in: A, CH, CL, D, ES, FI, F, UK, IT, LIE, LUX, NL, SWE
10 größte Positionen:
Veolia Environnement F 7,1 %
RWE D 5,9 %
Nestle CH 5,5 %
Severn Trent UK 5,4 %
Kelda Group UK 4,8 %
Groupe Danone 4,4 %
Pall US 4,3 %
Suez F 4,0 %
ITT Industries 3,8 %
United Utilities UK 3,8 %
Währungsstruktur: USD 37,9 %, EUR 26,0 %, GBP 21,3 %, CHF 5,9 %, JPY 3,6 %
Branchenstruktur: Wasserversorgung 42,1 %, Ausrüstungen 32,1 %, Umweltdienste 14,7 %, Mineralwasser 10,0 %
Kosten:
Ausgabeaufschlag: n. a.
Management-Fee: 1,5 %
Performance-Fee: n. a.
Performance- und Risikomessung:
Fondsstart: 01/00
Annualisierte Performance: –6,7 %
Annualisierte Volatilität: 18,4 %

SAM Sustainability Pionier Fund

Wertpapierkennnummern: 926177
Volumen: 6,3 Mio. Euro
Research: Eigenes: Ja
Fremdes: –
Ausschüttungspolitik: thesaurierend
Auswahlkriterien und Politik:

Der Fonds investiert weltweit in Aktien von innovativen und wachstumsorientierten kleinen und mittelgroßen Unternehmen, die nach Ansicht der SAM in ihrem Geschäftsgebiet überdurchschnittlich von Sustainability-Themen profitieren und diese erfolgreich umsetzen. Investitionen werden in folgenden Themen vorgenommen; Wasser, Energie, Ressourcenproduktivität, Ernährung und Gesundheit.

SAM untersucht die in den Themen Wasser, Energie, Ressourcenproduktivität, Ernährung und Gesundheit tätigen kleinen und mittelgroßen Firmen und wählt die nachhaltigsten Firmen aus („Best-in-Class"-Ansatz). Bewertet wird positives ökologisches, soziales und ökonomisches Verhalten.

Anlageziel: Übertreffen der Benchmarkrendite MSCI Small Cap Index
Benchmark: MSCI Small Cap
Zugelassen in: D, CH, AT LUX, I, BEL, NL
10 größte Positionen:
Phonak Holding CH 5,0 %
Novozymes DK 4,9 %
Neogen US 4,6 %
Marvell Technology US 4,2 %
Pall US 4,1 %
SEZ Holding CH 3,9 %
Hain Celestial US 3,9 %
Idexx Laboratories US 3,7 %
Micronas CH 3,5 %
Jacobs Engineering US 3,3 %
Währungsstruktur: USD 59,8 %, EUR 19,8 %, CHF 13,8 %, CAD 6,6 %
Branchenstruktur: Wasser 29,1 %, Ressourcenproduktivität 28,9 %,
Gesunde Ernährung 23,8 %, Energie 15,8 %, Übrige 2,4 %
Kosten:
Ausgabeaufschlag: max. 5 %
Management-Fee: 1.6 % p.a.
Performance-Fee: –
Performance- und Risikomessung:
Fondsstart: 11/99
Annualisierte Performance: –11,7 %
Annualisierte Volatilität: 34,2 %

SAM Sustainable Water Fund

Wertpapierkennnummer: 763763
Volumen: 10,1 Mio. Euro
Research: Eigenes: Ja
Fremdes: –
Ausschüttungspolitik: thesaurierend
Auswahlkriterien und Politik:
Der Fonds investiert weltweit in Aktien von Unternehmen, welche Technologien, Produkte oder Dienstleistungen mit Bezug zur Wertschöpfungskette des Wassers anbieten, wobei die von SAM erstellten Nachhaltigkeitskriterien erfüllt sein müssen.
Anlageziel: Übertreffen der Benchmarkrendite MSCI World Index und der Peer Gruppe. Da eine passende Benchmark für Anlagen mit dem Thema (Wertschöpfungskette Wasser) fehlt, wurde als Benchmark der weitverbreitete Index für Aktienanlagen (MSCI World) gewählt. Aufgrund des defensiven Anlagecharakters des Produktes wird der Fonds kurzfristig bei starkem Marktanstieg voraussichtlich underperformen und bei schwachen Märkten outperformen. SAM glaubt jedoch, dass im langfristigen Vergleich durch einen vollen Marktzyklus der Fonds eine bessere Rendite als die Benchmark erzielt.
Benchmark: MSCI World
Zugelassen in: D, CH, A, LUX, I
10 größte Positionen:
Tetra Tech US 6,7 %
Novozymes DK 6,0 %
Unilever NL 4,2 %
Geberit CH 4,2 %
Idexx Laboratories US 4,2 %
Pall US 4,2 %
Pentair US 4,1 %
Jacobs Engineering US 3,8 %
Hain Celestial US 3,7 %
Severn Trent UK 3,3 %
Währungsstruktur: USD 44,0 %, EUR 27,5 %, CAD 11,5 %, UK 10,5 %, CHF 4,2 %
Branchenstruktur: Verteilung und Management von Wasser 45,6 %, Umfassende Wasserreinigung 24,8 %, Wasser und Ernährung 14,9 %, Nachfrageseitige Wassereffizienz 11,0 %, Übrige 3,7 %
Kosten:
Ausgabeaufschlag: max. 5 %
Management-Fee: 1.9 %
Performance-Fee: –
Performance- und Risikomessung:
Fondsstart: 09/01
Annualisierte Performance: –7,8 %
Annualisierte Volatilität: 14,7 %

Sarasin NewEnergy Fund

Wertpapierkennnummer: 581365
Volumen: 3,9 Mio. Euro
Research: Eigenes: Neunköpfiges interdisziplinäres Team der Bank Sarasin unter Nutzung vielfältiger Datenquellen
Fremdes: –
Ausschüttungspolitik: ausschüttend
Auswahlkriterien und Politik:

Anlageziel ist ein langfristiger Vermögenszuwachs durch eine risikodiversifizierte Anlage schwergewichtig in Unternehmen, die sich zukunftsgerichtet und innovativ mit der Ressource Energie auseinandersetzen und dabei ökologische und soziale Nachhaltigkeitsaspekte berücksichtigen.

Der Fonds investiert in die gesamte Wertschöpfungskette des Energiemarktes, d.h. in die Beratung, die Finanzierung, die Zulieferer, die Energieproduktion, den Handel aber auch in die führenden Abnehmer und Anwender, welche damit den Durchbruch regenerativer Energien fördern helfen. Investition in Aktien von Unternehmen im Bereich Erneuerbare Energien und Energieeffizienz. Insbesondere werden Unternehmen berücksichtigt, die im Bereich der erneuerbaren Energien wie Wind, Wasser, Biomasse, Sonne, Geothermik tätig sind. Mindestens 25 % werden in kleine und mittelgroße Unternehmen angelegt.

Positivkriterien sind die Berücksichtigung ökologischer Nachhaltigkeitsaspekte und innovative, umweltschonende und sozialverträgliche Lösungen im Bereich der traditionellen und erneuerbaren Energieträger.

Ausschlusskriterien betreffen keine Investition in Unternehmen, die mindestens 25 % ihres Umsatzes mit der Produktion von Kernenergie (die Investition in Zulieferer ist möglich), Waffen, Pornographie oder anderer menschenverachtender Güter erzielen.

Benchmark: keine
Zugelassen in: LUX, D
10 größte Positionen:
Raetia Energie CH 5,8 %
Verbund A 5,2 %
MVV Energie D 5,0 %
Royal Dutch NL 4,9 %
BG Group UK 4,9 %
EVN A 4,4 %
Kyocera J 4,0 %
BP UK 3,7 %
Tokyo Gas J 3,4 %
Techem D 3,3 %
Währungsstruktur: EUR 44,5 %, USD 12,1 %, CHF 8,8 %, GBP 8,6 %, JPY 7,4 %
Branchenstruktur: Energiefonds
Kosten:
Ausgabeaufschlag: max. 5 %
Management-Fee: 1.75 %
Performance-Fee: 1 % vom NAV bei einer absoluten Performance > 10 %;
2 % bei einer absoluten Performance > 20 %
Performance- und Risikomessung:
Fondsstart: 12/00
Annualisierte Performance: –33,3 %
Annualisierte Volatilität: 20,8 %

Spängler New Energy Trust

Wertpapierkennnummer: 70415
Volumen: 2,64 Mio. Euro
Research: Eigenes: –
Fremdes: SAM
Ausschüttungspolitik: thesaurierend
Auswahlkriterien und Politik:
Der Fonds investiert mindestens 50 % des Vermögens in neue Energien und bis zu 50 % in traditionelle Energien. Im Bereich der neuen Energien konzentriert sich der Fonds auf die Themen „erneuerbare Energien“ (z. B. Wind- und Solarenergie), „Erdgas“, „dezentrale Energieversorgung“ (z. B. Brennstoffzellen) und „nachfrageseitige Energieeffizienz“ (Unternehmen, die Methoden zur effizienteren Energienutzung anbieten). Dabei investiert der Fondsmanager vorwiegend in klein- und mittelkapitalisierte Werte, die zum Teil noch in der Forschungs- und Entwicklungsphase stehen.
Das Corporate Sustainability Assessment (Nachhaltigkeitsorientierte Unternehmensbewertung) ermöglicht es, für jedes Unternehmen eine entsprechende Sustainability-Performance-Kennzahl zu berechnen. Dabei beschreibt die Sustainability-Performance die Fähigkeit eines Unternehmens, sowohl ökonomischen als auch sozialen und ökologischen Mehrwert zu schaffen. Die Kennzahl ist das Ergebnis des nachhaltigkeitsorientierten Analyse- und Bewertungsprozesses und wird für jedes Unternehmen aus dem Anlageuniversum des DJSI World berechnet. Das Corporate Sustainability Assessment lässt sich in die drei Bewertungsschritte a) Fragebogenanalyse, b) Qualität und öffentliche Zugänglichkeit der Dokumente und c) Verifizierung unterteilen.
Anlageziel: Ziel des Fondsmanagers, SAM Sustainable Asset Management, ist es, das Wachstumspotenzial neuer und traditioneller Energiebranchen zu nutzen
Benchmark: 20 % MSCI World Energy, 20 % MSCI World Utilities, 60 % berechnet aus Aktienkursen von 25 energietechnischen Firmen
Zugelassen in: A, D
10 größte Positionen:
Impco Technologies US 6,6 %
Verbund A 6,1 %
Enbridge CAN 4,7 %
Init Innovation D 4,5 %
RWE D 4,0 %
Encana CAN 3,8 %
BG Group UK 3,7 %
Echelon US 3,6 %
Transcanada Corp. CAN 3,5 %
PSI AG D 3,4 %
Währungsstruktur: EUR 35,9 %, USD 32,7 %, CAD 17,9 %, GBP 11,7 %, DKR 1,9 %
Branchenstruktur: Erdgas 37,2 %, Dezentrale Energieversorgung 24,6 %, Nachfrageseitige Effizienz 23,3 %, Erneuerbare Energien 14,8 %
Kosten:
Ausgabeaufschlag: 5 %
Management-Fee: 1,5 %
Performance-Fee: –
Performance- und Risikomessung:
Fondsstart: 08/01
Annualisierte Performance: – 41,1 %
Annualisierte Volatilität: –

UBS (Lux) Equity Fund – Future Energy

Wertpapierkennnummer: 676908
Volumen: 8,0 Mio. Euro
Research: Eigenes: 90 %
Fremdes: –
Ausschüttungspolitik: thesaurierend
Auswahlkriterien und Politik:
Investition in meist kleinere und mittlere Unternehmen in den Bereichen erneuerbare Energien und energieeffiziente Produktion. Die Strategie in dieser Nische fokussiert auf vier Bereiche: Erneuerbare Energie und effiziente Energieproduktion, Dienstleistungen, Ausrüstung und Komponenten.
Anlageziel: Kapitalanlage im Energieerzeugungssektor mit konsequenter Berücksichtigung ökologischer Kriterien bei Erzielung einer marktgerechten Rendite
Benchmark: –
Zugelassen in: CH, LUX, D, UK, A, ESP, I, F, SWE, POR, NL, NOR, FIN
10 größte Positionen:
Intermagnetics US 5,8 %
Kyocera J 5,1 %
Scottish & Southern UK 4,8 %
Elektrolux SWE 4,4 %
National Grid UK 4,3 %
Linde D 4,1 %
Echelon US 4,0 %
Fuelcell US 4,0 %
International Rectifier US 4,0 %
Impco Technologies US 3,7 %
Währungsstruktur: USD 34,6 %, EUR 27,5 %, GBP 12,6 %, JPY 10,2 %, CAD 4,8 %
Branchenstruktur: definierte Branche
Kosten:
Ausgabeaufschlag: teilweise, All-in-Fee: 2,04 %
Management-Fee: –
Performance-Fee: –
Performance- und Risikomessung:
Fondsstart: 07/01
Annualisierte Performance: –31,8 %
Annualisierte Volatilität: 31,8 %

UniSector: NatureTech A

Wertpapierkennnummer: 602094
Volumen: 19,0 Mio. Euro
Research: Eigenes: eigenes Aktienteam
Fremdes: –
Ausschüttungspolitik: ausschüttend
Auswahlkriterien und Politik:

NatureTech investiert sein Vermögen weltweit in Aktien von Unternehmen aus den Bereichen alternative Energien, Umwelttechnologien und Recycling. Bei der Aktienauswahl stehen weniger geografische als vielmehr Einzeltitelgesichtspunkte im Vordergrund. Wachstumsstärke und Innovationsfähigkeit stellen dabei genauso Kaufkriterien dar wie eine hervorragende Wettbewerbsposition und attraktive Gewinnperspektiven. Eine Auswahl unter ethisch-nachhaltigen Kriterien erfolgt allerdings nicht.

Anlageziel: Erzielung einer optimalen, nachhaltigen Performance
Benchmark: –
Zugelassen in: D, A, F, CH, LIE
10 größte Positionen:
Suez F 9,6 %
Ecolab US 9,3 %
Waste Management US 6,5 %
Veolia Environnement F 5,6 %
Republic Services US 4,7 %
Mabuchi Motor J 4,0 %
Siemens D 3,7 %
Canadian Utilities CAN 3,5 %
Johnson Electric Holdings HK 3,2 %
Nidec J 3,0 %
Währungsstruktur: USD 35,6 %, EUR 29,9 %, JPY 10,6 %, CAD 6,6 %, GBP 4,9 %
Branchenstruktur: bereits definierte Branche
Kosten:
Ausgabeaufschlag: 4 %
Management-Fee: 1,5 % p.a.
Performance-Fee: –
Performance- und Risikomessung:
Fondsstart: 04/01
Annualisierte Performance: –17,5 %
Annualisierte Volatilität: n. a.

Vontobel Fund Global Trend New Power Tech A

Wertpapierkennnummer: 794739 (A1), 794740 (A2)
Volumen: 5,0 Mio. Euro
Research: Eigenes: Vontobel Asset Management
Fremdes: Sub-Advisor berät als NewPowerTech-Spezialist Vontobel
Ausschüttungspolitik: ausschüttend (A1) und thesaurierend (A2)
Auswahlkriterien und Politik:
Das Titelauswahlverfahren des Fonds basiert nicht auf einem Prozess mit Negativkriterien und anschließendem Positiv-Screening. Für das Anlageuniversum kommen grundsätzlich nicht nur Unternehmungen in Frage, welche erneuerbare Energie produzieren, sondern alle Unternehmen, die in irgendeiner Weise an diesem Prozess beteiligt sind, z. B. bei der Entwicklung oder Implementation von „Erneuerbaren" Energiekonzepten.
Unternehmen, an denen sich der Fonds beteiligt, entwickeln und benützen vorwiegend neue Techniken und neue Verfahren, die eine umweltverträglichere und ressourcenschonendere Energieproduktion oder einen ökologischeren Energieverbrauch ermöglichen.
Anlageziel: Beste Anlagerenditen in EUR durch Anlagen, die zum Fondsthema einen Bezug haben.
Benchmark: MSCI World Euro
Zugelassen in: CH, D, LUX, A, ESP, I
10 größte Positionen:
Gamesa ESP 5,2 %
United Technologies US 4,2 %
Entergy US 3,9 %
Ballard Power CAN 3,8 %
Intermagnetics General US 3,7 %
Johnson Matthey UK 3,5 %
Calpine Corp US 3,5 %
Iberdrola ESP 3,3 %
Caterpillar US 3,2 %
Itron US 3,1 %
Währungsstruktur: USD 70,7 %, EUR 19,2 %, GBP 10,1 %
Branchenstruktur: Energie- und Wasserversorgung 30,3 %, Energie 19,7 %, Technologie 14,5 %, Kapitalgüter 12,4 %, Dienstleistungen 4,2 %
Kosten:
Ausgabeaufschlag: max. 4,5 %
Management-Fee: 1,65 %
Performance-Fee: –
Performance- und Risikomessung:
Fondsstart: 12/01
Annualisierte Performance: –21,9 %
Annualisierte Volatilität: n. a.

3. Beschränkt ethisch-nachhaltig ausgerichtete Fonds

Fairway One-Universal Fonds

Wertpapierkennnummer: 984878
Volumen: 1,4 Mio. Euro
Research: Eigenes: n. a.
Fremdes: n. a.
Ausschüttungspolitik: thesaurierend
Auswahlkriterien und Politik:
Der Fonds investiert weltweit in Aktien. Dabei sollen grundsätzlich 60 % des Fondsvermögens in die weltweit größten Unternehmen (Blue Chips) und 30 % in internationale Wachstumswerte investiert werden. Bis zu 10 % des Fondsvermögens sollen flexibel in Titel der neuen Märkte, Erstemissionen und situativ in Anteilen sektoral oder regional spezialisierter Fonds angelegt werden.
Die Auswahl der Aktien erfolgt mittels „Stock Picking". Dabei werden die weltweiten „best-of"-Unternehmen, die unter anderem dem Aspekt Nachhaltigkeit gerecht werden, mit Hilfe eines Indikatorenmodells verifiziert.
Anlageziel: Erwirtschaftung einer konstant überdurchschnittlichen Performance
Benchmark: MSCI World
Zugelassen in: D
10 größte Positionen:
Ebay US 5,5 %
Siemens D 5,4 %
SAP D 5,3 %
Royal Dutch 4,6 %
DaimlerChrysler 4,3 %
amazon.com US 4,1 %
Roche CH 4,0 %
Deutsche Bank D 3,8 %
Münchner Rück D 3,5 %
e.on D 3,3 %
Währungsstruktur: EUR 75,8 %, USD 17,4 %, CHF 5,2 %, JPY 1,0 %, NOK 1,0 %
Branchenstruktur: Geschäfts- und öffentliche Dienstleistungen 16,7 %, Elektronik 9,9 %, Finanz 8,1 %, Gesundheit 7,1 %, Energie 4,6 %
Kosten:
Ausgabeaufschlag: 5,0 %
Management-Fee: 1,0 %
Performance-Fee: –
Performance- und Risikomessung:
Fondsstart: 10/00
Annualisierte Performance: n. a.
Annualisierte Volatilität: n. a.

Gamax Funds-Junior

Wertpapierkennnummer: 986703
Volumen: 59,7 Mio. Euro
Research: Eigenes: n. a.
Fremdes: n. a.
Ausschüttungspolitik: thesaurierend
Auswahlkriterien und Politik:
Investition im Wesentlichen in internationale Aktien und aktienähnliche Wertpapiere von Gesellschaften, deren Produktion oder Dienstleistungsangebot vor allem auf die jüngere Generation ausgerichtet ist.
Ausschlusskriterien sind Rüstung/Waffen und Tabak.
Anlageziel: Langfristiges Wachstum
Benchmark: MSCI World
Zugelassen in: A, D, LUX
10 größte Positionen: (per 03/03)
Pfizer US 4,4 %
Total Fina F 4,1 %
Microsoft US 4,0 %
Biotech Holders Trust US 3,8 %
Electronic Arts US 3,3 %
Shell Transport & Trading UK 3,2 %
Colgate-Palmolive US 3,1 %
Conoco Phillips US 3,1 %
BP UK 3,0 %
Avon Products US 3,0 %
Wyeth US 3,0 %
Währungsstruktur: (per 03/03) USD 52,5 %, GBP 14,0 %, JPY 11,4 %, EUR 10,0 %, CHF 5,2 %
Branchenstruktur: n. a.
Kosten:
Ausgabeaufschlag: 5 %
Management-Fee: 1,2 %
Performance-Fee: –
Performance- und Risikomessung: (per 03/03)
Fondsstart: 02/97
Annualisierte Performance: n. a.
Annualisierte Volatilität: 23,4 % (-3Y)

Gamax Funds-Senior

Wertpapierkennnummer: 933692
Volumen: 12,0 Mio. Euro
Research: Eigenes: n. a.
Fremdes: n. a.
Ausschüttungspolitik: thesaurierend
Auswahlkriterien und Politik:
Investition in Aktien von Unternehmen, die Produkte und Dienstleistungen für ältere Menschen anbieten, wobei sich der Fonds auf vier Bereiche spezialisiert hat: Life Science/Pharma, Freizeit, Einzelhandel und Finanzdienstleistungen für die private Altersvorsorge. Es kann in festverzinsliche oder variabel verzinsliche Wertpapiere investiert werden. Absicherungsinstrumente können, vor allem zur Abdeckung der Währungsrisiken, eingesetzt werden.
Ausschlusskriterien sind Rüstung/Waffen und Tabak.
Anlageziel: Langfristiges Wachstum
Benchmark: MSCI World
Zugelassen in: A, D, LUX
10 größte Positionen: (per 03/03)
Royal Dutch NL 3,4 %
Exxon Mobil US 3,2 %
Pharmacia US 3,0 %
Novartis CH 2,9 %
Prudential UK 2,9 %
Biotech Holders Trust US 2,9 %
Sharp J 2,7 %
Canadian National Railway CAN 2,6 %
HCA US 2,4 %
Newmont Mining US 2,3 %
Währungsstruktur: (per 03/03) USD 46,6 %, EUR 18,4 %, JPY 11,4 %, GBP 7,2 %, CAN 5,9 %
Branchenstruktur: n. a.
Kosten:
Ausgabeaufschlag: 5 %
Management-Fee: 1,2 %
Performance-Fee: –
Performance- und Risikomessung: (per 03/03)
Fondsstart: 02/00
Annualisierte Performance: n. a.
Annualisierte Volatilität: 21,3 % (-3Y)

4. Zertifikate

Die folgende Darstellung gibt einen Überblick über den Zertifikate-Markt, der dem Anleger als Alternative zu Investmentfonds zur Verfügung steht.

Tabelle 22: Zertifikate im Bereich ethisch-nachhaltige Veranlagung
Quelle: Ökoinvest, Ausgabe Februar 2003

Wertpapier-Kennnummer	Emittent	Zertifikat	Laufzeit	Spread	Gebühr	Dividende
935193	UBS Warburg	Fuel Cell I	01.03.2004	1,20 %	-	nein
769637	BNP Paribas	Alternative Energien	28.05.2004	1,00 %	-	nein
825017	HVB	DJ Sustainability Index	16.09.2004	1,50 %	-	nein
936373	UBS Warburg	Fuel Cell II	04.10.2004	2,00 %	-	nein
696256	WestLB Panmure	Brennstoffzellen Active	14.12.2006	4,25 %	-	nein
696259	WestLB Panmure	New Energy Active	31.01.2007	0,95 %	1,00 %	nein
854100	Merrill Lynch	DJ TOP 50 Sustainability Europe	11.06.2007	1,10 %	-	nein
696260	WestLB Panmure	Wassertechnik Active	09.04.2008	1,00 %	1,00 %	nein
809531	DZ-Bank	EKK Global Ethic Zertifikat	19.04.2010	2,00 %	-	nein
788888	UBS Warburg	FTSE4Good Europe 50	open end	1,00 %	-	nein
583586	BNP Paribas	umwelt:ethik24	open end	1,00 %	1,50 %	ja
696425	WestLB Panmure	DJ Euro Stoxx Sustainability	open end	0,95 %	1,00 %	nein

10. Exkurs: Rating-Fragebogen

In der Folge soll ein Unternehmen beispielhaft nach ethisch-nachhaltigen Kriterien analysiert werden. Der Fragebogen ist an die Struktur von „scoris“ angelehnt. Die Teilbereiche des Fragebogens sind:

- Allgemeine Unternehmensinformationen
- Gesellschaft
- Corporate Governance
- Kunden
- Mitarbeiter
- Umwelt
- Lieferanten
- Umstrittene Geschäftsbereiche

Die Bewertung des Fragebogens erfolgt einerseits auf den oben genannten Ebenen Gesellschaft, Corporate Governance, Kunden, Mitarbeiter, Umwelt, Lieferanten sowie Business Ethics. Zweitens wird in der Regel eine Gesamtnote ermittelt, wobei Gewichtungen etwa mit

- 15 % Gesellschaft
- 10 % Corporate Governance
- 10 % Kunden
- 20 % Mitarbeiter
- 25 % Umwelt
- 10 % Lieferanten
- 10 % Business Ethics

festgelegt werden können.

Ethisch-ökologischer Fragebogen

Wolfgang Pinner
Vereinigte Pensionskasse, 1020 Wien

Unternehmen

Name	VA TECH
Adresse	Lunzerstraße 64; A-4040 Linz
Tel.-Nr.	0043-732-6986-9222
Website	www.vatech.at
Kontakt	Harald Hagenauer

A. Allgemeine Unternehmensinformation

1. Übersicht

1.a. Sektor nach MSCI Index	Kapitalgüterindustrie
1.b. Branche	Engineering, Anlagenbau
1.c. Wichtigste Sparten Produkte und Dienstleistungen	Metallurgische Anlagen, Energieerzeugung, Energieübertragung, Infrastruktur
1.d. Absatz regional	Europa 66 %, Asien/Pazifik 18 %, Nord-/Südamerika 11 %
1.e. Wesentliche Beteiligungen	–
1.f. Wesentliche Brand Names	VA TECH, VAI, ELIN, SULZER

2. Kennzahlen/Zahlenangaben

2.a. Umsatz	3872 Mio. Euro in 2002
2.b. Net Profit	–93 Mio. Euro in 2002
2.c. Mitarbeiteranzahl	17725
2.d. Mitarbeiter im Inland	44 % in Österreich
2.e. Mitarbeiterstruktur im Ausland	10 % Frankreich, 10 % UK, 8 % Deutschland

3. Besitzverhältnisse

3.a. Wesentliche oder mehrheitliche Aktionäre	24 % ÖIAG (Republik Österreich), 19 % Victory Beteiligungs GmbH

4. Unternehmenserklärung zu Wertorientierung resp. Mission Statement

4.a. Beschreibung			Im Geschäftsbericht im Detail beschrieben
4.b. Erklärung zu Wertorientierung resp. Mission Statement betrifft:			„VA TECH ist ein führendes globales Technologie- und Serviceunternehmen. Unser Anliegen ist es, Werte zu schaffen. Gemeinsam mit unseren Kunden entwickeln wir weltweit nachhaltige Lösungen, um die Lebensqualität zu verbessern. Wir sind der kundenorientierte, innovative und zuverlässige Partner. Unseren Aktionären bieten wir attraktive, vorhersehbare Renditen auf das eingesetzte Kapital. Es sind unsere Mitarbeiter, die diese Dinge in die Tat umsetzen auf der Basis von Vertrauen, Fairness und Integrität. Daher fördern wir Kreativität, Vielfalt und persönliche Entwicklung. Was letztlich für uns zählt sind Leistung, Einsatz und die Bereitschaft zur Veränderung". Details zu Prinzipien in den Bereichen Nachhaltigkeit/Umwelt/Soziales sind im Nachhaltigkeitsbericht verfügbar.
4.b.1 Gesellschaft	**ja**	nein	
4.b.2 Corporate Governance	**ja**	nein	
4.b.3 Kunden	**ja**	nein	
4.b.4 Mitarbeiter	**ja**	nein	
4.b.5 Umwelt	**ja**	nein	

B. Gesellschaft

1. Veröffentlichte Reports und Kommunikation

1.a. Eigenes Reporting zu Gesellschaftsbeziehungen oder wohltätigen Stiftungen	**ja**	nein	Beschrieben im Nachhaltigkeitsbericht
1.b. Gesellschaftsbeziehungen auf der Website	**ja**	nein	
1.c. Gesellschaftsbeziehungen im Geschäftsbericht	**ja**	nein	

Inhalt

1.d. Erklärung zur Philosophie der Gesellschaftsbeziehungen	**ja**	nein	
1.e. Beschreibung der Bereiche von Unterstützungen	**ja**	nein	
1.f. Bericht über Spenden oder andere Projekte	**ja**	nein	Im Überblick, aber nicht einzeln ausgewiesen

2. Prinzipien und Politik

Das Unternehmen hat Prinzipien zu

2.a. Gesellschaftsbeziehungen	**ja**	nein	Prinzipien und Politik beschrieben im Nachhaltigkeitsbericht: Sustainability Policy
2.b. Bestechung und Korruption	**ja**	nein	
2.c. Kulturelle Anpassung von internationalen Standards/Verfahren	**ja**	nein	
2.d. Nutzung von lokalen Ressourcen	**ja**	nein	

3. Managementsysteme

Das Unternehmen hat

3.a. Abteilung für Gesellschaftsbeziehungen	**ja**	nein	VA TECH Sustainability Board
3.b. Unternehmensstiftung	ja	**nein**	
3.c. Charity Programme	**ja**	nein	
3.d. Volunteer Programme	ja	**nein**	
3.e. Programme für Wirtschaftsethik bezüglich Bestechung und Korruption	**ja**	nein	Transparancy International

4. Kennzahlen/Zahlenangaben

4.a. Charity Programme, Spenden etc.	Ärzte ohne Grenzen, Brucknerorchester, Kunstmuseum Lentos als Beispiele
4.a.1. Betrag	über 100.000 EUR im Jahr
4.a.2. in % des Vorsteuergewinnes	–
4.b. Primäre Bereiche der Unterstützung	Kultur, Soziales

5. Andere Stärken oder Schwächen bezüglich der Beziehungen zur Gesellschaft	Dialogform mit Institutionen, auch mit NGOs

C. Corporate Governance

1. Veröffentlichte Reports und Kommunikation

Das Unternehmen veröffentlicht Corporate Governance Information

1.a. Eigene Berichterstattung	**ja**	nein	
1.b. Auf der Website	**ja**	nein	
1.c. Im Geschäftsbericht	**ja**	nein	
Inhalt			
1.d. Vorstands CVs	**ja**	nein	Im Geschäftsbericht
1.e. Vorstandsbezüge	**ja**	nein	Im Geschäftsbericht
1.f. Art und Anzahl der Vorstands-/Aufsichtsratssitzungen	ja	**nein**	Vorstand mit wöchentlichen Sitzungen, Aufsichtsrat 2002 mit 12 Sitzungen
1.g. Aktienbesitz und Stimmrechte des Vorstands	ja	**nein**	

2. Prinzipien und Politik

2.a. Unternehmen verfügt über Corporate-Governance-Prinzipien	**ja**	nein	a) Einhaltung des österreichischen Corporate Governance Kodex, b) VA TECH Compliance Richtlinie

3. Managementsysteme

3.a. Anzahl der Vorstands-/Aufsichtsratsmitglieder			6 Vorstände, 15 Aufsichtsräte
3.b. Anzahl der Vorstands-/Aufsichtsratssitzungen			Vorstand einmal wöchentlich, Aufsichtsrat quartalsweise plus Unterausschüsse
Das Unternehmen verfügt über			
3.c. Überprüfungsausschuss	**ja**	nein	Revisionsabteilung im Unternehmen
3.d. Ausschuss für Vergütungs- resp. Gehaltsangelegenheiten	ja	**nein**	kein eigener Ausschuss
3.e. Beförderungsausschuss	ja	**nein**	kein eigener Ausschuss

4. Kennzahlen/Zahlenangaben

4.a. Alle Aktien verkörpern dasselbe Stimmrecht	ja	nein	ja, allerdings bei derzeitiger Einschränkug in der Satzung: Stimmrechtsbeschränkung auf 25 %
4.b. Vorstandsbezüge			1,465 Mio. Euro

5. Andere Stärken oder Schwächen bezüglich Corporate Governance	Ständige Aktualisierung der Einschränkungen zum österreichischen Corporate Governance Kodex im Internet veröffentlicht

D. Kunden

1. Veröffentlichte Reports und Kommunikation

Das Unternehmen veröffentlicht

1.a. Reporting zu Kundenbeziehungen	ja	**nein**	Kein eigenes Reporting, aber grundsätzliche Aussagen
1.b. Berichterstattung auf der Website	ja	**nein**	siehe 1.a.
1.c. Berichterstattung im Geschäftsbericht	ja	**nein**	siehe 1.a.

Inhalt

1.d. Beschreibung des Qualitätsmanagements	**ja**	nein	
1.e. Beispiele	**ja**	nein	im Nachhaltigkeitsbericht veröffentlicht
1.f. Quantifizierte Angaben zur Kundenzufriedenheit	ja	**nein**	Kundenzufriedenheitsanalysen werden nicht veröffentlicht

2. Prinzipien und Politik

Das Unternehmen verfügt über formale Vorgaben

2.a. Qualität	**ja**	nein	
2.b. Kundenzufriedenheit	**ja**	nein	

3. Managementsysteme

3.a. Hierarchische Position des höchstrangigen Managers für Qualitäts- resp. Kundenzufriedenheit	Je ein operativer Manager in der ersten Berichtsebene pro Unternehmensbereich, in manchen Gesellschaften Zuständigkeit direkt beim Vorstand

Das Unternehmen hat

3.b. Eine Qualitäts- resp. Kundenzufriedenheitsprogramm in Anwendung	**ja**	nein	
3.c. Führt Untersuchungen zur Kundenzufriedenheit durch	**ja**	nein	
3.d. Mitarbeiterbonifikationen im Rahmen der Qualitäts- resp. Kundenzufriedenheitsprogramme	**ja**	nein	
3.e. Spezifische Zielkennzahlen bezüglich Qualitäts- resp. Kundenzufriedenheit	**ja**	nein	

4. Kennzahlen/Zahlenangaben

Es gibt Details zu

4.a. Unternehmensbereichen/-prozessen mit Qualitätszertifizierung	im Nachhaltigkeitsbericht veröffentlicht
4.b. Probleme/Verfahren bezüglich Produktsicherheit	Keine Probleme
4.c. Anti-trust-Verfahren	Derzeit nicht relevant

5. Andere Stärken oder Schwächen bezüglich Kundenbeziehungen	Key-Customer-Struktur wird in allen Geschäftsbereichen forciert

E. Mitarbeiter

1. Veröffentlichte Reports und Kommunikation

Das Unternehmen veröffentlicht

1.a. Eigenes Reporting bezüglich Mitarbeiter	**ja**	nein	Im Rahmen des Geschäftsberichts und des Nachhaltigkeitsberichts
1.b. Mitarbeiterinformationen auf der Website	**ja**	nein	
1.c. Mitarbeiterinformationen im Geschäftsbericht	**ja**	nein	

Inhalt

1.d. Verfahren/Prinzipien der Mitarbeiterführung	**ja**	nein	Social Policy, eigene Kriterien über Mitarbeiterführung
1.e. Sonderleistungen/Programme für Mitarbeiter	**ja**	nein	
1.f. Quantifizierbare Angaben	**ja**	nein	

2. Prinzipien und Politik

Das Unternehmen verfügt über formale Vorgaben zu

2.a. Gesundheit und Sicherheit	**ja**	nein	
2.b. Zugang zu medizinischer Versorgung	**ja**	nein	
2.c. Über das gesetzliche Ausmaß hinausgehende Maßnahmen in Entwicklungsländern (z. B. Versammlungs- und Organisationsfreiheit, Kinderarbeit/Zwangsarbeit, Arbeitszeiten, Mindestgehälter etc.)	**ja**	nein	Besonders im gesundheitlichen Bereich (Gesundenuntersuchung, Impfung, …)

3. Managementsysteme

3.a. Hierarchische Position des höchstrangigen Managers für Personalangelegenheiten			Eigene GmbH, in der Personalangelegenheiten direkt dem CEO unterstellt sind
3.b. Hierarchische Position des höchstrangigen Managers für Gesundheit und Sicherheit			siehe 3.a.
Das Unternehmen hat			
3.c. Ein Gesundheit- und Sicherheitsprogramm	**ja**	nein	
3.d. Spezifische Zielkennzahlen bezüglich Gesundheit und Sicherheit	**ja**	nein	
3.e. Trainee-Programm	**ja**	nein	
3.f. Mitarbeiterbeteiligungsprogramme	**ja**	nein	2003 neu aufgelegt
3.g. Programm für Bonuszahlungen	**ja**	nein	Variable Gehaltsbestandteile über alle Ebenen
3.h. Regelmäßige Untersuchungen zur Mitarbeiterzufriedenheit	**ja**	nein	
3.i. Überprüfung spezifischer beschäftigungsorientierter Indikatoren	**ja**	nein	

4. Kennzahlen/Zahlenangaben

4.a. Absenzraten	744.000 Ausfallsstunden durch Krankheit/Unfall (43 Std./Mitarbeiter)
4.b. Mitarbeiterausbildung	7 Mio. Euro in Summe investiert
4.c. Unfälle/Verletzte in den letzten Perioden	nicht erhoben
Benachteiligte/Minderheiten in	
4.d. Vorstand	–
4.e. Obere Managementebene	–
4.f. Mitarbeiter gesamt	nicht erhoben
4.g. Streiks, Aussperrungen, Gewerkschaftskontroversen	keine Streiks in 2002, geringe Auswirkungen der Protestaktionen in Österreich in 2003
4.h. Prozentsatz der Mitarbeiter als Gewerkschaftsmitglieder	derzeit rund 98 %

5. Andere Stärken oder Schwächen bezüglich Kundenbeziehungen	Hohe soziale Standards in Österreich

F. Umwelt

1. Veröffentlichte Reports und Kommunikation

Das Unternehmen veröffentlicht

1.a. Eigenes Umweltreporting	**ja**	nein	Nachhaltigkeitsbericht mit konzernweitem Umweltreporting
1.b. Umweltinformationen auf der Website	**ja**	nein	
1.c. Umweltinformationen im Geschäftsbericht	**ja**	nein	

Inhalt

1.d. Umweltpolitik und -prinzipien	**ja**	nein	Umwelt-Policy
1.e. Beschreibung der Managementsysteme	**ja**	nein	
1.f. Fallstudien und Beispiele	**ja**	nein	
1.g. Quantifizierte Angaben zu umweltbezogenen Indikatoren	**ja**	nein	

2. Prinzipien und Politik

2.a. Das Unternehmen verfügt über eine formale Erklärung zur Umweltpolitik	**ja**	nein	

Details

2.b. Anwendbarkeit (z. B. Länder, Unternehmensbereiche)	Konzernweit
2.c. Erste Veröffentlichung	April 2002
2.d. Letztes Update	März 2003

Weitere

2.e. Förderung der Nutzung des öffentlichen Verkehrs/Car Sharing	ja	**nein**	

3. Managementsysteme

3.a. Hierarchische Position des höchstrangigen Managers für Umweltbelange	Erste Berichtsebene pro Unternehmensbereich

Umweltabteilung

3.b. Anzahl der Mitarbeiter in der Abteilung	Rund 45 Mitarbeiter weltweit, dezentral organisiert

Das Unternehmen

3.c. überprüft seine Umweltbelastung	**ja**	nein	Gemäß ISO 14001 geregelt, d. h. an rund 50 % der Standorte voll erfüllt
3.d. legt Ziele für umweltbezogene Performance	**ja**	nein	siehe 3.c.
3.e. führt interne Untersuchungen durch	**ja**	nein	siehe 3.c.
3.f. führt Untersuchungen durch Externe durch	**ja**	nein	siehe 3.c.
3.g. kommuniziert mit den Mitarbeitern zu Umweltbelangen	**ja**	nein	siehe 3.c.
3.h. führt Umwelttraining der eigenen Mitarbeiter durch	**ja**	nein	siehe 3.c.

Beziehung zu Lieferanten
Kriterien für die Auswahl von Lieferanten beinhalten

3.i. Umweltpolitik oder Umweltmanagement	**ja**	nein	
3.j. Umweltbezogene Charakteristika von deren Produkten	**ja**	nein	

Umsetzung
Das Unternehmen verfügt über Programme zur

3.k. Entwicklung von Produkten mit geringerer Umweltbelastung	**ja**	nein	
3.l. Emissionsbelastungsreduktion	**ja**	nein	
3.m. Abwasserbelastungsreduktion	**ja**	nein	
3.n. Abfallreduktion	**ja**	nein	
3.o. Reduktion von Sondermüll	**ja**	nein	
3.p. Erhöhung von Recycling bei Abfällen	**ja**	nein	
3.q. Erhöhung von Recycling bei Sondermüll	**ja**	nein	
3.r. Erhöhung der Energieeffizienz	**ja**	nein	
3.s. Verbesserung im Umweltmanagement der Logistik	ja	**nein**	In Vorbereitung

4. Kennzahlen/Zahlenangaben

4.a. Details zu Unternehmensbereichen/-prozessen mit Umwelt-Qualitätszertifizierung	**ja**	nein	
4.b. Wesentliche kürzliche Strafen, Zahlungen und Streitbeilegungen	ja	**nein**	Nicht bekannt, keine nennenswerten Ereignisse
4.c. Energieverbrauch			1,75655 Mio GJ
4.c.1. Anteil erneuerbarer Energien			Rund 33 %
4.d. Wasserverbrauch			605.320 m^3
4.e. Wasserverschmutzung	**ja**	nein	447.445 m^3 (inkl. Sanitär, Toilette, Prozesswasser)
4.f. GHG/Green house gas (CO_2 etc.) Emissionen	**ja**	nein	71.520 t
4.g. VOC/Volatile organic components Emissionen	**ja**	nein	310 t
4.h. ODC/Ozone depleting components (CFC11 etc.) Verwendung	ja	nein	nicht erhoben
4.i. Abfall			7.944 t; 13.830 t Recycling
4.j. Sondermüll	**ja**	nein	906 t
4.m. Wesentliche kürzliche Unfälle	ja	nein	Nicht bekannt
4.n. Rückstellungen für Altlastenbeseitigung	ja	**nein**	

5. Umweltfördernde Produkte	Öko-effiziente Produkte in der gesamten Leistungspalette (siehe Nachhaltigkeitsbericht)
6. Andere Stärken oder Schwächen bezüglich Umwelt	

G. Lieferanten

1. Veröffentlichte Reports und Kommunikation

Das Unternehmen veröffentlicht

1.a. Eigene Berichterstattung bezüglich Lieferanten	**ja**	nein	Teilweise im Nachhaltigkeitsbericht
1.b. Lieferantenberichterstattung auf der Website	**ja**	nein	
1.c. Lieferantenberichterstattung im Geschäftsbericht	**ja**	nein	Teilweise

Inhalt

1.d. Verhaltenskodex für Lieferanten	**ja**	nein	Teilweise in Social Policy
1.e. Spezielle Programme und Initiativen	**ja**	**nein**	Teilweise umgesetzt, Einkäuferforum
1.f. Quantifizierte Angaben zu Lieferanten	ja	**nein**	

2. Prinzipien und Politik

2.a. Das Unternehmen verfügt über formale Vorgaben bezüglich der Lieferanten	**ja**	nein	Beitritt zu Global Compact, Social Policy
Diese Vorgaben inkludieren			
2.a.1. Gesundheit und Sicherheit	**ja**	nein	
2.a.2. Arbeitszeiten	**ja**	nein	
2.a.3. Versammlungs- und Organisationsfreiheit	**ja**	nein	
2.a.4. Kinder- und Zwangsarbeit	**ja**	nein	
2.a.5. Akzeptable Lebensbedingungen	**ja**	nein	
2.a.6. Akzeptable Entlohnung	**ja**	nein	

3. Managementsysteme

Das Unternehmen

3.a. hat einen Verantwortlichen für Belange betreffend die Lieferanten	**ja**	nein	
3.b. verifiziert Übereinstimmung mit den eigenen Vorgaben durch			
3.b.1. eigene Überprüfungen	**ja**	nein	
3.b.2. Überprüfungen durch Dritte	**ja**	nein	
3.c. verifiziert Konformität der Zulieferer			
3.c.1. nie	ja	**nein**	
3.c.2. einmal	ja	**nein**	
3.c.3. routinemäßig	**ja**	nein	
3.c.4. sofern notwendig	ja	**nein**	

4. Kennzahlen/Zahlenangaben

4.a. Ungefähre Anzahl von Lieferanten die Produkte für das Unternehmen herstellen oder zusammenstellen

4.a.1. unter 100	ja	**nein**	
4.a.2. 100–400	ja	**nein**	
4.a.3. 400–1000	ja	**nein**	
4.a.4. mehr als 1000	**ja**	nein	ca. 7000 in Österreich
4.b. Wesentlichste Regionen, aus denen Lieferanten stammen			1. Europa, 2. Asien, 3. Amerika
4.c. Prozentsatz der Lieferanten, die bei Überprüfungen Probleme aufwiesen			Wird nicht zentral erhoben
5. Andere Stärken oder Schwächen bezüglich Lieferantenbeziehungen			

H. Umstrittene Geschäftsbereiche

(bis auf 2.h. Atomenergie immer mit Angabe des Ausmaßes, % des Umsatzes, Grund für Aktivität)

1. Umwelt			Ausmaß/% des Umsatzes/Grund für die Aktivität
1.a. Fossile Energieträger	**ja**	nein	VA TECH liefert besonders umweltschonende Gas-Kombi-Kraftwerke mit 1/3 CO_2 Ausstoß, verglichen zu Kohlekraftwerken
1.b. Kohlendioxidbelastende Produkte	ja	**nein**	
1.c. Pestizide	ja	**nein**	
1.d. OSPAR Chemikalien	ja	**nein**	
1.e. Genmanipuliertes Saatgut	ja	**nein**	
1.f. Bergbau	ja	**nein**	
1.g. Kahlschlag	ja	**nein**	
1.h. Pelze	ja	**nein**	
1.i. Industrialisierte Landwirtschaft	ja	**nein**	

2. Umstrittene Produkte/Dienstleistungen

2.a. Alkohol	ja	**nein**	
2.b. Waffen	ja	**nein**	
2.c. Militäraufträge	ja	**nein**	
2.c.1. Nuklearwaffen	ja	**nein**	
2.c.2. Alle Waffen	ja	**nein**	
2.d. Pornografie	ja	**nein**	
2.e. Tabak	ja	**nein**	
2.f. Glücksspiel	ja	**nein**	
2.g. Equipment für Gentechnik	ja	**nein**	
2.h. Atomenergie	ja	**nein**	
2.h.1. Produktion von Atomenergie (*Anteil an der Energieproduktion*)			
2.h.2. Anlagenbau (*Umsatzanteil*)			
2.h.3. Komponenten (*Umsatzanteil*)			

3. Umstrittene Verfahren

3.a. Tierversuche	ja	**nein**	
3.b. Gentechnik für Medikamentenentwicklung	ja	**nein**	

Ausfüllkriterien:
Bei allen Fragen, die mit „ja“ oder „nein“ beantwortet werden können, wären weitere Details hilfreich.

Glossar

Aktiver Veranlagungsstil
Bewusstes Eingehen von „Wetten“, also Abweichungen im Vergleich zur Benchmark zum Erzielen eines Mehrertrages

Asset-Klasse
Veranlagungskategorie

Assets under Management
Von einem Vermögensverwalter oder einer Kapitalanlagegesellschaft veranlagte Volumina

Benchmark
Messlatte für Entwicklungen vor allem bezüglich der Rendite, z. B. der EuroStoxx50 Index für ein Portfolio aus Aktien der Euro-Staaten

Best-in-Class
Ansatz im Rahmen der ethisch-nachhaltigen Veranlagung, wo die (ethisch-nachhaltig) besten Titel jedes Sektors ausgewählt werden; eher positiv orientiert, soll zu ethisch-nachhaltigem Wettbewerb in den Sektoren führen; Kombination mit Negativkriterien möglich

Beta
Maß für das mit einer Kapitalanlage übernommene systematische Risiko; der Faktor verknüpft die Rendite der Kapitalanlage mit der Renditeentwicklung des entsprechenden Gesamtmarktes oder der Benchmark; ein Betafaktor >1 bedeutet ein höheres Risiko vs. dem Gesamtmarkt

Bias
Ausrichtung bzw. Tendenz, hier in der Veranlagung

Blue Chip
Meist Large Caps, also Unternehmen mit hoher Börsenkapitalisierung, Aktien mit auf längere Sicht unterdurchschnittlichem Risiko

Bonität
Aussage zur Kreditwürdigkeit und zum Ausfallsrisiko vor allem im Bereich von Bondveranlagungen; Einteilung in so genannte Bonitätsklassen besserer und schlechterer Schuldner

Bottom-up
Betonung des Unternehmens im Analyse- oder Veranlagungsprozess; globale und sektorale Sichtweise werden hintenangestellt

Contrarian
Investor, der versucht gegen den Trend zu handeln, sofern sich durch den „Herdentrieb" massive Übertreibungen im Positiven oder Negativen ergeben

Corporate Citizenship
Ansatz, der davon ausgeht, dass Unternehmen als Teile einer Gesellschaft neben der Profitorientierung im engeren oder weiteren Sinn auch Verantwortung übernehmen sollten

Corporate Governance
Eigentlich die Leitung und Kontrolle eines Unternehmens; Vorgaben, die Corporate Governance betreffend, zielen auf eine verantwortliche, kontrollierte und auf die Wertschöpfung ausgerichtete Führung des Unternehmens ab

CSR
Corporate Social Responsability, bezeichnet die Verantwortung von Unternehmen im sozialen, aber auch im Umwelt-Bereich

Economies of Scale
Skalenerträge; die Effizienz und Kostengünstigkeit von Produktionen erhöht sich mit deren Umfang

Effizienzlinie
Darstellung einer Verbindung von aus Ertrags-/Risiko-Relationen optimalen Portfolios

Emittenten
Stellen, die Rentenpapiere ausgeben oder emittieren, im Wesentlichen Bund, Länder und Unternehmen

Globalisierung
Trend zu einer globalen Sichtweise auf wirtschaftlicher Ebene, verbunden mit Expansion von Kapital, Konzernen und auch Legislatur

Growth-Ansatz
Investment in Unternehmen mit überdurchschnittlichem Wachstum und Wachstumspotential

Grünbuch
Unterlage zum Anstoß einer Diskussion über Nachhaltigkeit

Informationseffizienz
Verarbeitung von mikro- und makroökonomischen Informationen in der Kursbildung am Kapitalmarkt

Intermediär
Vermittler, Bindeglied

Intermediationsmodell
Modell, das die Vermittlerrolle der Banken zwischen einerseits Unternehmen und andererseits Arbeitnehmern/Kunden beschreibt

Intrinsisches Motiv
Menschliches Verhalten kann „von innen heraus“ (intrinsisch) oder „von außen her“ (extrinsisch) motiviert sein

Investmentfonds
Im Eigentum von vielen Fondsinhabern befindliches Wertpapierportfolio, für das Anteile (Investmentzertifikate) ausgegeben werden, deren Wert laufend errechnet wird

Investmentstil
Art und Weise, wie der Investor die Veranlagungspolitik, die Kriterien für seine Investmententscheidungen, im Portfolio auswählt

Investor Citizenship
Ansatz, der davon ausgeht, dass Aktionäre als Teileigentümer einer Gesellschaft neben den erwarteten Ertragsaussichten auch Verantwortung übernehmen sollten

Kapitalgedeckte Vorsorge
Vorsorgeprinzip, das von der Verzinsung des eingesetzten Kapitals ausgeht und dementsprechend ein – wenn auch langfristig stark abgemildertes – Marktrisiko enthält

Kapitalismus
System, in dem Entscheidungen über Produktion, Verteilung und Konsumation den Besitzern des Kapitals, also überwiegend von privaten, individuell agierenden Wirtschaftseinheiten, getroffen werden

KBV
Kurs/Buchwert-Verhältnis; Maßzahl für die Unternehmensbewertung als Division von Kurs durch Eigenkapital je Aktie; tiefe Werte sind jeweils positiv zu interpretieren

KGV
Kurs-/Gewinn-Verhältnis; Maßzahl für die Unternehmensbewertung als Division von Kurs durch Gewinn je Aktie; tiefe Werte sind jeweils positiv zu interpretieren

Kritische Aktionäre/Shareholder Activists
Aktionäre, die vor allem über die Haupt-/Generalversammlung von Unternehmen versuchen, Einfluss auf das Unternehmen im Hinblick auf ethisch-ökologische Ziele zu nehmen

Magisches Dreieck
Dreieck mit drei angestrebten, aber teils un- oder schwer vereinzubarenden Zielen

Mainstream Investment
Investment, das breite Nachfrage durch die Anlegerschaft genießt

Mega-Trend
Bedeutender, lang anhaltender Trend in der Wirtschaftsentwicklung – auch im Bereich einzelner Sektoren –, der auch gesamtwirtschaftliche Auswirkungen haben kann

Minderheitsanteile
Anteile eines Konzerns an einem Tochterunternehmen, die unter 50 % liegen und daher nicht voll konsolidiert werden

Momentum
Kurzfristige Trendentwicklung

Neglected-Firm-Effekt
Effekt von über dem Marktschnitt liegenden Renditen bei Veranlagung in Aktien, die kaum von Analysten betrachtet werden

NGO
Non-Governmental-Organisation, private Organisationen, wie etwa im Bereich des Umweltaktivismus

Ökoeffizienz
Berechnung des geschaffenen ökonomischen Wertes im Vergleich zu den verursachten Umwelteinwirkungen

Ökonometrisches Modell
Multifaktormodell zur Darstellung und Prognose etwa von gesamtwirtschaftlichen Entwicklungen

Operationalisierung
Umsetzung von theoretischen Vorgaben in die Praxis

Passiver Veranlagungsstil
Bewusstes Vermeiden von Abweichungen im Vergleich zur Benchmark; Investment wie in der Benchmark resp. im als Benchmark dienenden Index vorgegeben

Performance
Rendite der Veranlagung

Pflichtethik
Sie weist im Vergleich zum zweckethischen Ansatz, wo die moralische Bewertung einer Handlung nur von ihren Folgen abhängig gemacht wird, eine Tendenz in Richtung einer Objektivierbarkeit auf

Portfolio
Zusammenstellung einer Vielzahl von Wertpapieren

Prinzip der „unsichtbaren Hand"
Die Theorie von Adam Smith geht davon aus, dass sich der Erfolg im Kapitalismus – was Gewinn, Verteilung und auch Moral betrifft – quasi aus den Marktkräften von selbst ergibt

Prinzipienorientiert
Ansatz im Rahmen der ethisch-nachhaltigen Veranlagung, wo Negativ- und/oder Positivkriterien zum Einsatz kommen

Rating
Bewertung der finanziellen oder auch ethisch/ökologischen Qualität von Unternehmen oder Emittenten

Risikoprämie
Konzept zur Erklärung von höherem Ertrag als Abgeltung für höheres Risiko

Sample
Grundgesamtheit

Screening
Ein Screening durchzuführen oder zu screenen bedeutet, eine Anzahl von z. B. Unternehmen nach Kriterien systematisch zu durchleuchten

Self-fulfilling prophecy
Sich selbst erfüllende Prophezeiung; eine Aussage die durch ihre Befolgung selbst zur Erfüllung gelangt

Shareholder Value
Auf den Mehrwert für den Aktionär fixierter Ansatz des Managements eines Unternehmens

Sin-Sektoren
Branchen, die in Bereichen tätig sind, die ethisch-moralischen Vorstellungen widersprechen

Sin-Stocks
Aktien von Unternehmen, die in Bereichen tätig sind, die ethisch-moralischen Vorstellungen widersprechen

Size-Effekt
Effekt von über dem Marktschnitt liegenden Renditen bei Veranlagung in Aktien, die geringe Börsenkapitalisierungen – also Unternehmenswerte auf Basis der aktuellen Börsenkurse – aufweisen

Small Cap
Vom Börsenwert her kleines börsennotiertes Unternehmen

Spread
Abstand, etwa in der Rendite oder bezüglich verschiedener Renditen oder Kurse

SRI
Social Responsible Investment; englische Bezeichnung für ethisch-nachhaltige resp. ethisch-ökologische Veranlagung

Stakeholder
Mit dem Unternehmen in Beziehung stehende Gruppen, im weiteren Sinn Anspruchsgruppen, etwa Mitarbeiter, Kunden, Gesellschaft, Staat oder Lieferanten

Stakeholder Value
Auf den Mehrwert für den Aktionär und auch anderer mit dem Unternehmen in Zusammenhang stehender Gruppen (Mitarbeiter, Kunden, Gesellschaft, Lieferanten etc.) fixierter Ansatz des Managements eines Unternehmens

Stock-Picking
Auswahl von Einzelaktien auf Basis individueller Faktoren

Sustainability
Englischer Begriff für Nachhaltigkeit

Thesaurierender Fonds
Fonds, bei dem Erträge reinvestiert und nicht ausgeschüttet werden

Timing
Wahl des richtigen Zeitpunkts für Entscheidungen im Anlageprozess

Tobin-Steuer
Konzept einer Besteuerung aller kurzfristigen und internationalen Geldströme zur Vermeidung von Spekulation und auch zur Finanzierung von nachhaltigen Projekten

Top-down
Im Analyse- oder Veranlagungsprozess wird zunächst die globale, dann die sektorale und schließlich die unternehmensspezifische Ebene beleuchtet

Tracking Error
Abweichung von der Benchmark

Trade-off
Systematischer Widerspruch, Unvereinbarkeit

Trigger
Auslöser, auslösender Faktor

Überrendite
Rendite, die höher liegt als die eines Vergleichsportfolios resp. der Benchmark

Underperformance
Rendite, die tiefer liegt als die eines Vergleichsportfolios resp. der Benchmark

Unvereinbarkeit
Bei Bekleidung von mehreren Funktionen kann die objektive Sichtweise in Frage zu stellen sein

Value-Ansatz
Investment in Unternehmen mit überdurchschnittlich attraktiver Bewertung

Verstärkerwirkung
Psychologisches Prinzip einer positiven Wirkung von Bestätigungen zu einem Tatbestand; die Verstärkerwirkung führt zu verstärkter Überzeugung mit der Folge einer verstärkten Motivation

Volatilität
Schwankungsintensität im Kurs einer Veranlagung

Zyklizität
Abhängigkeit eines Investments von der Entwicklung der gesamtwirtschaftlichen Entwicklung

Literatur

ARMBRUSTER, CHRISTIAN (2000). Entwicklung ökologieorientierter Fonds. Köln

BECKSTETT, RAINER (1997). Öko-Rating: Bedeutung und methodische Ansätze zur Integration von Umweltrisiken, in: Finanzmärkte. Diplomarbeit Justus-Liebig-Universität Gießen

CAMEJO, PETER (2002). The SRI Advantage. Canada

DEML, MAX/MAY, HANNE (2002). Grünes Geld. Stuttgart

DERBER, CHARLES (2002). One World. Hamburg

DIEFENBACHER, HANS (2001). Gerechtigkeit und Nachhaltigkeit. Darmstadt

DOMINI, AMY/KINDER, PETER (1986). Ethical Investing. Reading

DZIAWGO, LESZEK/DZIAWGO, DANUTA (Hrsg.). Finance & Natural Environment. Torun

GERARD, JEAN-LUC (2002). Börse oder Leben. Chur

GRIEBLE, PETER (2001). Ethisch-ökologische Geldanlage. Frankfurt

HARDTKE, ARND/PREHN, MARCO (Hrsg.) (2001). Perspektiven der Nachhaltigkeit. Wiesbaden

HILTON, STEVE/GIBBONS, GILES (2002). Good Business. London

HOFFMANN, J./SCHERDORN, G. (2002). Saubere Gewinne. Freiburg

INSTITUT FÜR MARKT UMWELT GESELLSCHAFT E.V. (imug) (1997). Unternehmenstest. Neue Herausforderungen für das Management der sozialen und ökologischen Verantwortung. München

KESSLER, WOLFGANG (Hrsg.) (2000). Geld und Gewissen. Oberursel

KINDER, PETER/LYDENBERG, STEVEN/DOMINI, AMY (1992). Social Investment Almanac. New York

KINDER, PETER/LYDENBERG, STEVEN/DOMINI, AMY (1993). Investing for Good. New York

KIRCHHOFF, KLAUS RAINER/PIWINGER, MANFRED (Hrsg.) (2001). Die Praxis der Investor Relations. Neuwied, Kriftel

KROMPHART, JÜRGEN (1980). Konzeptionen und Analysen des Kapitalismus. Göttingen

LE MONDE DIPLOMATIQUE (Hrsg.) (2003). Atlas der Globalisierung. Berlin

LÜPKE VON, GESEKO (2003). Die Alternative – Wege und Weltbild des Alternativen Nobelpreises. München

PAAPE, DIRK (2000). Vermarktungsstrategien ethischer Investmentfonds. Diplomarbeit Universität Hannover

PAVA, MOSES/KRAUSZ, JOSHUA (1995). Corporate Responsibility and Financial Performance: The Paradox of Social Cost. Westport

PINNER, WOLFGANG (1997). Die verrückte Börse. Düsseldorf

PINNER, WOLFGANG (1999). Die bessere Börsenstrategie. München

RIHA, JOHANNES (2001). Konzeptions- und Konstruktionsmöglichkeiten eines Ethik- und Ökologie-Aktienindex am Beispiel des NAX-Index. Diplomarbeit Wirtschaftsuniversität Wien

ROIDINGER, ANDREAS (1994). Ethik und Kapitalanlage. Dissertation Wirtschaftsuniversität Wien

SALLMUTTER, HANS/FREYSCHLAG, FRITZ (Hrsg.) (2001). Ethische Investments. Wien

SCHNEEWEIß, ANTJE (2002). Kursbuch Ethische Geldanlage. Frankfurt

SCHRÖDER, MICHAEL (2003). Socially Responsible Investments in Germany, Switzerland and the United States. Discussion Paper No. 03-10 ZEW Zentrum für Europäische Wirtschaftsforschung

SIMON, FRANK (1994). Unternehmerischer Erfolg und gesellschaftliche Verantwortung. Wiesbaden

SPARKES, RUSSELL (1995). The Ethical Investor. London

ROSEN VON, RÜDIGER (Hrsg.) (2003). Nachhaltigkeit und Shareholder Value aus Sicht börsennotierter Unternehmen. Studien des Deutschen Aktieninstituts, Heft 22

WEBER, JÖRG (2001). Zukunftssicher anlegen. München

Studien

COMMERZBANK SECURITIES (March 2002). Green with Envy.

COMMERZBANK SECURITIES (Juli 2002). Boxing against Green Shadows.

DEUTSCHES AKTIENINSTITUT (Mai 2003). Nachhaltigkeit und Shareholder Value aus Sicht börsennotierter Unternehmen.

SARASIN (Jänner 2000). Socially Responsible Investment – A statistical analysis of returns.

SARASIN/PLINKE ECKHARD (September 2002). Aktienperformance und Nachhaltigkeit. Sarasin-Studie.

SCORIS (2003). Sustainable Investment – Länder-Report Schweiz 2002.

SCORIS (2003). Sustainable Investment – Report Europa 2003.

SCORIS (2003). Sustainable Investment – Länder-Report Österreich 2003.

WestLB Panmure (November 2002). Lust auf mehr? SRI: Performance mit gutem Gewissen

ZEW/MICHAEL SCHRÖDER (2003). Discussion Paper No. 03-10 – Socially Responsible Investments in Germany, Switzerland and the United States

Internet

www.ecoreporter.de

www.goodfunds.com

www.gruenesgeld.at

www.gruenes-geld.de

www.nachhaltiges-investment.org

www.socialfunds.com

www.sristudies.org

Danksagung

Für die Unterstützung und Mithilfe bei meinem mittlerweile bereits dritten Buch möchte ich mich bei folgenden Personen besonders bedanken:

Zunächst herzlichen Dank an Dipl.-Kaufm. Gerhard Randa, nunmehr Vorstandsmitglied der HypoVereinsbank, für das Verfassen des Geleitwortes.

Außerdem standen mir – wie schon im Fall meiner beiden ersten Bücher – Dr. Christoph Rohrmoser und Dr. Christoph Wiesmayr als Inputgeber und „persönliche Lektoren“ zur Seite.

Die Vorstände der Vereinigten Pensionskasse und der VBV Mitarbeitervorsorgekasse haben das Projekt dankenswerter Weise von Anfang an unterstützt. In diesem Zusammenhang möchte ich Heinz Behacker und Dr. Johannes M. Martinek danken. Dr. Martinek war so freundlich, auch textliche Ideen beizusteuern und half mir auch beim Aufbau einer Rahmenstruktur des Buches – daher gebührt ihm mein besonderer Dank.

Ich möchte auch den Ethik-Beirat der VBV Mitarbeitervorsorgekasse – vertreten durch Mag. Sultana Gruber, Isolde Schönstein, Max Deml, Dr. Reinhard Dörflinger, Dr. Otto Farny und Mag. Klaus Stöger – erwähnen, der mir bei der Erlangung von Basiswissen zum Thema beiseite stand. Max Deml war außerdem so freundlich, mir Teile seiner umfangreichen Bibliothek zum Studium zu überlassen.

Für Details im Bereich der Fondsangebote standen mit Mag. Werner Wiedenbrig und Frank Gans zur Seite.

Schließlich durfte ich Details von SAM („Best-in-Class“-Strukturen), scoris (ethisch-nachhaltiger Fragebogen) und Charts von Bloomberg im Buch veröffentlichen.

Meine Familie litt während meiner Tätigkeit als Autor unter geringer Anwesenheit und erhöhter Angespanntheit meinerseits. Daher auch Dank an meine Frau Andrea und meine Töchter Sophie und Karoline.

Der Autor

Mag. Wolfgang Pinner wurde 1965 in Wien geboren und wohnt in Baden bei Wien. Er ist verheiratet und hat zwei Töchter. Er studierte von 1983–1989 an der Wirtschaftsuniversität Wien und begann seine berufliche Tätigkeit 1988 in der Analyseabteilung der Ersten. 1996 erfolgte der Wechsel in den Investmentbank-Bereich der Bank Austria. In den Jahren 1999 und 2000 war Wolfgang Pinner als Abteilungsleiter Investor Relations der Bank Austria verantwortlich für den Investorenkontakt der Bank. Seit 2001 arbeitet er als Chief Investment Officer in der Vereinigten Pensionskasse.

Bisher sind von ihm die Bücher „Die verrückte Börse“ (1997) und „Die bessere Börsenstrategie“ (1999) – beide zum Thema Börsenpsychologie – erschienen.

VBV

Mitarbeitervorsorgekasse AG

Als führende Mitarbeitervorsorgekasse am österreichischen Markt legen wir größten Wert auf die ethische Veranlagung des uns anvertrauten Sozialkapitals.

Das Thema „ethisches Investment" ist brisanter und zukunftsorientierter als jemals zuvor. Wir übergeben diese grundlegende Arbeit in der Hoffnung, sie möge Information und Anregung in gleicher Weise bieten.

Heinz Behacker   Ing. Mag. Martin A. Vörös